▲ 动手练：替换颜色

▲ 动手练：亮度

▲ 调合曲线

▲ 创造性效果

▲ 调整位图轮廓

▲ 动手练：图像调整实验室

 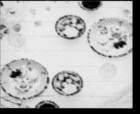

▲ 艺术笔触效果

▲ 三维效果

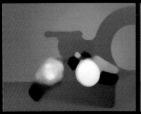 

▲ 校正效果

▲ 样本&目标

▲ 使用快速描摹制作矢量感插图

▲ 健身馆折页宣传册

▲ 产品信息卡片设计

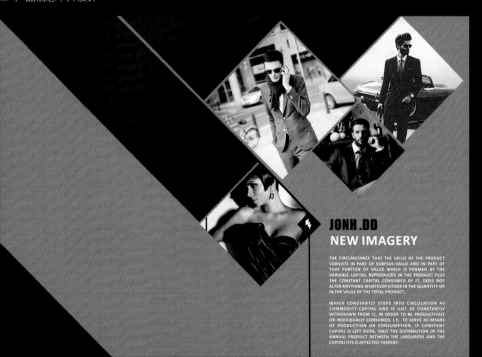

▲ 振动

▲ 中心线描摹、轮廓描摹：丰富的描摹效果

▲ 制作拼贴画

中文版CorelDRAW 2022从入门到实战（全程视频版）

（上册）

190集同步视频+74个综合实例+赠送海量资源+在线交流

☑ 配色宝典 ☑ 构图宝典 ☑ 创意宝典 ☑ 商业设计宝典 ☑ Illustrator 基础视频
☑ Photoshop 基础视频 ☑ PPT 课件 ☑ 素材资源库 ☑ 工具速查 ☑ 快捷键速查

瞿颖健　编著

中国水利水电出版社
www.waterpub.com.cn

· 北京 ·

内 容 提 要

CorelDRAW是一款常用的矢量制图软件，本书上下册分别从CorelDRAW软件的基础核心功能和实战案例应用两个部分系统地讲述了CorelDRAW的基础知识和矢量绘图、图形编辑、文本编辑、图形特效、位图处理等核心技术，以及CorelDRAW在广告设计、网页设计、版式设计等平面设计领域中的实战应用，是一本全面讲述CorelDRAW软件应用的完全自学教程、案例视频教程。

全书共15章，上册8章，是CorelDRAW核心功能部分，主要从CorelDRAW的基础知识、绘制简单图形、填充与轮廓、高级绘图、对象编辑与管理、文本的创建与编辑、图形特效、位图处理等方面进行讲解；下册7章，主要以案例的形式讲解了CorelDRAW软件在标志设计、广告设计、网页设计与电商美工、App UI设计、包装设计、书籍杂志设计、视觉形象设计中的具体应用，对CorelDRAW知识了进行全面梳理和综合应用讲解，帮助读者提高实战技能。

本书提供了大量的教学资源、练习资源和拓展学习资源：

（1）全书190集同步视频+74个综合实例+素材源文件。

（2）软件学习资源，包括《CorelDRAW常用快捷键速查》《CorelDRAW工具速查》《Illustrator基础视频教程》《Photoshop基础视频教程》和《CorelDRAW 基础教学PPT课件》。

（3）设计理论及色彩技巧资源，包括《构图宝典》《配色宝典》《创意宝典》《色彩速查宝典》《行业色彩应用宝典》《解读色彩情感密码》《43个高手设计师常用网站》《商业设计宝典》和常用颜色色谱表。

（4）练习资源包括1000个实用设计素材。

本书适合CorelDRAW初学者学习使用，也适合相关院校及培训机构作为教材使用，还可作为所有CorelDRAW爱好者的学习参考资料。本书在CorelDRAW 2022版本基础上编写，CorelDRAW 2021、CorelDRAW 2020等较低版本的读者也可参考使用。

图书在版编目（CIP）数据

中文版 CorelDRAW 2022 从入门到实战：全程视频版：全两册 / 瞿颖健编著 . — 北京：中国水利水电出版社，2023.5

ISBN 978-7-5226-1467-0

Ⅰ.①中… Ⅱ.①瞿… Ⅲ.①图形软件 Ⅳ.① TP391.412

中国国家版本馆 CIP 数据核字 (2023) 第 054029 号

书　　名	中文版CorelDRAW 2022从入门到实战（全程视频版）（上册） ZHONGWENBAN CorelDRAW 2022 CONG RUMEN DAO SHIZHAN
作　　者	瞿颖健　编著
出版发行	中国水利水电出版社 （北京市海淀区玉渊潭南路1号D座 100038） 网址：www.waterpub.com.cn E-mail: zhiboshangshu@163.com 电话：（010）62572966-2205/2266/2201（营销中心）
经　　售	北京科水图书销售有限公司 电话：（010）68545874、63202643 全国各地新华书店和相关出版物销售网点
排　　版	北京智博尚书文化传媒有限公司
印　　刷	北京富博印刷有限公司
规　　格	190mm×235mm　16开本　30印张（总）　961千字（总）　2插页
版　　次	2023年5月第1版　2023年5月第1次印刷
印　　数	0001—5000册
总 定 价	128.00元（全两册）

前 言

Preface

　　CorelDRAW是加拿大Corel公司开发的一款常用的矢量图形制作工具，因其具有功能全面、直观易用以及文件格式的兼容性、较快的处理速度、先进的设计工具和友好的用户界面等优点，深受广大设计人员喜欢，因此被广泛应用于平面设计、VI设计、标志设计、书籍画册设计、包装设计、网页美工设计、插图绘制、印刷制版等领域。本书采用CorelDRAW 2022版本进行编写，因此建议读者安装CorelDRAW 2022版本进行学习和练习。

本书显著特色

1. 配备大量视频讲解，手把手教你学CorelDRAW

　　本书配备了大量的教学视频，涵盖全书几乎所有案例、常用重要知识点，如同老师在身边手把手教你，让学习更轻松、更高效！

2. 扫描二维码，随时随地看视频

　　本书在章首页、重点、难点等多处设置了二维码，手机扫一扫，就可以随时随地看视频（若个别手机不能播放，可下载视频后在计算机上观看）。

3. 内容全面，注重学习规律

　　本书涵盖CorelDRAW 2022 几乎所有的常用工具、命令，同时采用"知识点+理论实践+操作实战+综合实战+技巧提示"的模式编写，符合轻松易学的学习规律。

4. 案例丰富，强化动手能力

　　步骤式的操作讲解便于读者动手操作，在模仿中学习。"练习案例"用来加深印象，熟悉实战流程。大型商业案例则可以为将来的设计工作奠定基础。

5. 案例效果精美，注重审美熏陶

　　CorelDRAW只是工具，设计好的作品时一定要有美的意识。本书案例效果精美，目的是加强读者美感的熏陶和培养。

6. 配套资源完善，便于深度、广度拓展

　　除了提供几乎覆盖全书案例的配套视频和素材源文件外，本书还根据设计师必学的内容赠送了大量教学与练习资源。

　　（1）软件学习资源包括《CorelDRAW常用快捷键速查》《CorelDRAW工具速查》《Illustrator基础视频教程》《Photoshop基础视频教程》和《CorelDRAW 基础教学PPT课件》。

　　（2）设计理论及色彩技巧资源包括《构图宝典》《配色宝典》《创意宝典》《色彩速查宝典》《行业色彩应用宝典》《解读色彩情感密码》《43个高手设计师常用网站》《商业设计宝典》和常用颜色色谱表。

（3）练习资源包括1000个实用设计素材。

7. 专业作者心血之作，经验技巧尽在其中

作者系艺术专业高校教师、中国软件行业协会专家委员、Adobe创意大学专家委员会委员、Corel中国专家委员会成员，设计和教学经验丰富，将大量的经验和技巧融入书中，极大地提高了学习效率，让读者少走弯路。

8. 提供在线服务，随时随地交流学习

提供公众号、QQ群等在线互动、答疑及资源下载服务。

关于本书资源的使用及下载方法

（1）加入本书学习QQ群：283827818（群满后，会创建新群，请注意加群时的提示，根据提示加入相应的群），查看群公告，获取本书所有资源的下载链接，读者需将资源从网盘下载到计算机，解压后才能使用。这是最快捷、最常规的下载方法。

（2）扫描并关注下方的"设计指北"微信公众号，可以及时获取图形图像、辅助设计等方面的最新出版信息。另外，回复关键词CDR1467，即可获取本书的资源下载链接（将链接复制到计算机浏览器的地址栏中进行下载，下载完成并解压后方可进行学习）。

提示：本书提供的下载文件包括教学视频和素材等，教学视频可以演示观看。要按照书中案例操作，必须安装CorelDRAW 2022软件之后才可以进行。读者可以通过以下方式获取CorelDRAW 2022简体中文版。

（1）登录Corel官方网站https://www.corel.com/cn/查询。

（2）可到网上咨询、搜索购买方式。

说明：为了方便读者学习，本书提供了大量的素材资源，这些资源仅限于读者个人学习使用，不可用于其他任何商业用途。否则，由此带来的一切后果由读者个人承担。本书案例及插图中出现的企业、机构、品牌、文字、图形等内容均属虚构，仅用于辅助软件功能的讲解以及案例效果的展示，不具有任何实际作用。

本书部分案例中使用到的文字为"假字"，仅用作保证作品画面效果的完整性。请勿执着于插图中文字的具体含义，多多关注软件功能的学习即可。

关于作者

本书由瞿颖健编写，参与本书资料整理等工作的还有曹茂鹏、瞿学严、杨力、曹元钢、张玉华、杨宗香、孙晓军等，在此一并表示感谢。

编 者
2023年1月

目录

Contents

第1章　CorelDRAW基础知识 ·············· 1

📹 视频讲解：15分钟

1.1　认识CorelDRAW ······················· 2
1.1.1　CorelDRAW 与矢量制图 ········· 2
1.1.2　CorelDRAW 的应用领域 ········· 3
重点 1.1.3　熟悉 CorelDRAW 的操作界面 ····· 4

1.2　文档的操作方法 ······················· 7
重点 1.2.1　动手练：创建新文档 ··········· 7
重点 1.2.2　动手练：打开已有的 CorelDRAW 文件 ··· 8
1.2.3　动手练：查看文档画面 ············ 9
重点 1.2.4　动手练：导入其他元素 ········· 10
1.2.5　练习案例：制作拼贴画 ············ 11
重点 1.2.6　动手练：保存文档 ············· 12
重点 1.2.7　导出其他格式图像 ············· 13
重点 1.2.8　打印文档 ·················· 13
1.2.9　关闭文档 ····················· 14
重点 1.2.10　撤销与重做 ················ 14

1.3　设置文档的页面属性 ··················· 14
1.3.1　修改页面常见属性 ··············· 14
1.3.2　插入和删除文档页面 ············· 15
1.3.3　显示页边框、出血、可打印区域 ····· 15
1.3.4　综合案例：制作简单的产品主图 ······ 16

第2章　绘制简单图形 ···················· 19

📹 视频讲解：32分钟

2.1　使用绘图工具 ························· 20
重点 2.1.1　认识常用的绘图工具 ··········· 20
重点 2.1.2　动手练：绘图工具的基本使用方法 ··· 20
重点 2.1.3　动手练：绘制尺寸精确的图形 ······ 21

2.2　使用"矩形"工具 ····················· 21
重点 2.2.1　动手练：绘制长方形、正方形 ····· 21
重点 2.2.2　动手练：绘制不同转角的矩形 ······ 22

2.2.3　绘制倾斜的矩形 ················ 23
2.2.4　练习案例：使用"矩形"工具制作企业宣传图 ··· 23

2.3　使用"椭圆形"工具 ··················· 25
重点 2.3.1　动手练：绘制椭圆、正圆 ········· 26
重点 2.3.2　动手练：绘制饼图和弧线 ········· 26
2.3.3　动手练：绘制倾斜的椭圆 ·········· 27
2.3.4　练习案例：使用"3 点椭圆形"工具制作圆环标志 ··· 28

2.4　图形对象的基本操作 ··················· 29
重点 2.4.1　动手练：选择图形对象 ··········· 29
重点 2.4.2　动手练：移动图形对象 ··········· 30
重点 2.4.3　动手练：设置图形对象基本的填充色与轮廓色 ··· 31
重点 2.4.4　动手练：将图形转换为曲线 ········ 32
重点 2.4.5　删除图形 ·················· 32
重点 2.4.6　动手练：复制、粘贴与剪切 ········ 33

2.5　动手练：绘制其他常见图形 ··············· 33
重点 2.5.1　绘制多边形 ················· 33
2.5.2　绘制星形 ····················· 34
2.5.3　绘制螺纹 ····················· 36
2.5.4　"常见的形状"工具 ·············· 37
2.5.5　"冲击效果"工具 ··············· 39
2.5.6　"图纸"工具 ·················· 40

2.6　常用的辅助工具 ······················· 41
重点 2.6.1　动手练：使用标尺 ············· 41
重点 2.6.2　动手练：使用辅助线 ············ 41
2.6.3　使用动态辅助线 ················ 42
2.6.4　文档网格 ····················· 43
2.6.5　自动贴齐对象 ················· 43
2.6.6　综合案例：极简风格登录界面 ········· 43

第3章　填充与轮廓 ···················· 46

📹 视频讲解：38分钟

重点 3.1　矢量图形的填充与轮廓线 ············· 47

3.2　动手练：使用调色板 ··················· 47
重点 3.2.1　设置填充色 ················· 47
重点 3.2.2　设置轮廓色 ················· 48
3.2.3　使用其他调色板 ················ 48
3.2.4　练习案例：使用调色板轻松填充颜色，制作同类色搭配 ··· 49

3.3　单色填充与渐变填充 ··················· 50
重点 3.3.1　动手练：单色填充 ············· 51
重点 3.3.2　动手练：渐变填充 ············· 52

3.3.3 练习案例：制作渐变色的下载按钮 ……… 55

3.4 动手练：填充不同类型的图样 ……………… 57
3.4.1 向量图样填充 ……………………………… 57
3.4.2 位图图样填充 ……………………………… 58
重点 3.4.3 双色图样填充 ……………………… 60
3.4.4 底纹填充 …………………………………… 61
3.4.5 PostScript 填充 …………………………… 63
3.4.6 练习案例：制作带有图案的按钮 ……… 63

3.5 动手练：设置轮廓线样式 ………………… 64
重点 3.5.1 设置轮廓线的颜色 ………………… 65
重点 3.5.2 设置轮廓线的宽度 ………………… 65
重点 3.5.3 制作虚线轮廓 ……………………… 66
3.5.4 制作带有箭头的线条 …………………… 67
3.5.5 设置不同类型的转角 …………………… 67
3.5.6 设置线条的端头样式 …………………… 67
3.5.7 设置轮廓线的位置 ……………………… 68
3.5.8 设置轮廓线的书法样式 ………………… 68
重点 3.5.9 将轮廓转换为对象 ………………… 69
3.5.10 练习案例：设置轮廓线参数制作立体文字 … 69

3.6 其他填充方式 …………………………… 70
3.6.1 动手练：认识 "网状填充" 工具 ……… 70
重点 3.6.2 动手练："智能填充" 工具 ……… 72
重点 3.6.3 动手练："颜色滴管" 工具 ……… 73
重点 3.6.4 动手练："属性滴管" 工具 ……… 74
3.6.5 综合案例：俱乐部纳新海报 …………… 74

第4章 高级绘图 …………………… 77

视频讲解：50分钟

4.1 动手练：编辑路径形态 ………………… 78
重点 4.1.1 添加或删除节点 …………………… 79
重点 4.1.2 节点的断开与连接 ………………… 79
重点 4.1.3 将路径转换为直线或曲线 ……… 80
重点 4.1.4 更改节点类型 ……………………… 80
重点 4.1.5 延长曲线使之闭合与闭合曲线 … 81
4.1.6 延展与缩放节点、 旋转与倾斜节点 … 81
4.1.7 对齐节点 …………………………………… 82
4.1.8 反转路径方向 …………………………… 82
4.1.9 调整节点的其他操作 …………………… 82

4.2 常用的绘图工具 ………………………… 83
重点 4.2.1 动手练："手绘" 工具 …………… 83
4.2.2 动手练："2 点线" 工具 ……………… 84
4.2.3 练习案例：使用 "2 点线" 工具绘制线段
制作卡片 ………………………………… 84
重点 4.2.4 动手练："贝塞尔" 工具 ………… 86

4.2.5 练习案例：使用 "贝塞尔" 工具绘制海豚
标志 ……………………………………… 87
重点 4.2.6 动手练："钢笔" 工具 …………… 88
4.2.7 动手练："B 样条" 工具 ……………… 89
4.2.8 动手练："折线" 工具 ………………… 89
4.2.9 动手练："3 点曲线" 工具 …………… 90
4.2.10 动手练：使用 LiveSketch 工具绘图 … 90
4.2.11 动手练："智能绘图" 工具 ………… 91

4.3 路径形状编辑 …………………………… 91
重点 4.3.1 动手练："平滑" 工具 …………… 91
重点 4.3.2 动手练："涂抹" 工具 …………… 92
4.3.3 动手练："转动" 工具 ………………… 93
4.3.4 动手练："吸引和排斥" 工具 ………… 93
4.3.5 动手练："弄脏" 工具 ………………… 94
重点 4.3.6 动手练："粗糙" 工具 …………… 94
4.3.7 练习案例：平滑路径制作文字描边 … 95

4.4 切分与擦除 ……………………………… 96
重点 4.4.1 动手练："裁剪" 工具 …………… 96
重点 4.4.2 动手练："刻刀" 工具 …………… 97
4.4.3 动手练："虚拟段删除" 工具 ………… 98
重点 4.4.4 动手练："橡皮擦" 工具 ………… 99

4.5 使用艺术笔绘画 ………………………… 100
4.5.1 动手练：使用预设艺术笔 …………… 100
4.5.2 动手练：使用笔刷艺术笔 …………… 101
4.5.3 动手练：使用喷涂艺术笔 …………… 101
4.5.4 动手练：使用书法艺术笔 …………… 102
4.5.5 动手练：使用表达式艺术笔 ………… 103
4.5.6 练习案例：使用 "艺术笔" 工具绘制手绘感
优惠券 …………………………………… 103

4.6 尺寸度量与标注 ………………………… 104
4.6.1 动手练："平行度量" 工具 …………… 105
4.6.2 动手练："水平或垂直度量" 工具 … 106
4.6.3 动手练："角度尺度" 工具 …………… 106
4.6.4 动手练："线段度量" 工具 …………… 107
4.6.5 动手练："2 边标注" 工具 …………… 107

4.7 连接多个对象 …………………………… 108
4.7.1 动手练：绘制图形之间的连接线 …… 108
4.7.2 动手练：编辑连接线上的锚点 ……… 109
4.7.3 综合案例：购物网站网页广告 ……… 109

第5章 对象编辑与管理 …………… 112

视频讲解：31分钟

5.1 对象的变换 ……………………………… 113
重点 5.1.1 动手练：缩放对象 ……………… 113

5.1.2 练习案例：调整矩形高度制作直方图 ········ 115
【重点】5.1.3 动手练：旋转对象 ················ 116
【重点】5.1.4 动手练：倾斜对象 ················ 117
【重点】5.1.5 动手练：镜像对象 ················ 118
5.1.6 "自由变换"工具 ···················· 118
5.1.7 "变换"泊坞窗：复制并变换 ·········· 119

【重点】5.2 动手练：透视 ························· 120

5.3 矢量图形的造型功能 ························· 121
【重点】5.3.1 动手练：焊接 ···················· 121
【重点】5.3.2 动手练：修剪 ···················· 121
【重点】5.3.3 动手练：相交 ···················· 122
5.3.4 动手练：简化 ························· 122
【重点】5.3.5 动手练：移除后面对象 ············ 122
【重点】5.3.6 动手练：移除前面对象 ············ 122
【重点】5.3.7 动手练：边界 ···················· 122
5.3.8 练习案例：使用造型功能制作镂空文字 ··· 123

5.4 合并与拆分 ································· 124
5.4.1 合并 ································· 124
5.4.2 拆分 ································· 124

5.5 动手练：图框精确剪裁 ····················· 125
【重点】5.5.1 创建图框精确剪裁 ················ 125
5.5.2 编辑图文框中的内容 ················ 125
5.5.3 练习案例：画册目录页设计 ·········· 127

5.6 对象的管理 ································· 129
【重点】5.6.1 动手练：调整对象的堆叠顺序 ······ 129
【重点】5.6.2 动手练：锁定对象与解除锁定 ······ 130
【重点】5.6.3 动手练：组合与取消组合 ·········· 130
【重点】5.6.4 动手练：对齐多个对象 ············ 131
【重点】5.6.5 动手练：均匀分布多个对象 ········ 132

5.7 高效复制对象 ······························· 132
【重点】5.7.1 再制 ························· 132
5.7.2 克隆对象 ························· 133
5.7.3 步长和重复 ······················· 134
5.7.4 综合案例：彩妆杂志内页版面 ········· 134

第6章 文本的创建与编辑 ········· 137

■◎视频讲解：37分钟

6.1 "文本"工具 ······························· 138

6.2 创建文字 ································· 138
【重点】6.2.1 动手练：创建美术字 ·········· 138
【重点】6.2.2 动手练：创建段落文字 ············ 139
【重点】6.2.3 动手练：创建路径文字 ············ 139

【重点】6.2.4 动手练：创建区域文字 ············ 141
6.2.5 插入特殊字符 ····················· 142
6.2.6 练习案例：杂志感的照片排版 ········ 142

6.3 编辑文字属性 ····························· 144
【重点】6.3.1 动手练：选择文本对象 ············ 144
【重点】6.3.2 动手练：设置合适的字体 ·········· 145
【重点】6.3.3 动手练：更改文本字号 ············ 146
【重点】6.3.4 动手练：更改文本颜色 ············ 146
【重点】6.3.5 设置文字背景填充颜色 ············ 147
【重点】6.3.6 单个字符的移动与旋转 ············ 147
6.3.7 动手练：设置文本的对齐方式 ········ 148
6.3.8 练习案例：更改文字属性制作标志 ···· 148
【重点】6.3.9 动手练：切换文字方向 ············ 149
【重点】6.3.10 调整字符间距 ·················· 149
6.3.11 字符效果 ·························· 150
6.3.12 动手练：将文字对象转换为曲线对象 ··· 151
6.3.13 练习案例：调整文字位置制作运动通栏广告··· 151

6.4 调整文字的段落格式 ······················· 152
【重点】6.4.1 动手练：调整段落缩进 ············ 153
【重点】6.4.2 动手练：调整行间距 ·············· 154
6.4.3 调整段间距 ······················· 156
6.4.4 英文"断字"功能 ················ 156
6.4.5 添加"项目符号" ················ 157
【重点】6.4.6 动手练：使用"首字下沉" ········ 157
【重点】6.4.7 动手练：制作多栏文字 ············ 158
【重点】6.4.8 动手练：链接段落文本框 ·········· 158
【重点】6.4.9 动手练：文本换行 ················ 160
6.4.10 练习案例：制作男装宣传页 ·········· 161

6.5 使用制表位处理文字 ······················· 161
6.5.1 添加与使用制表位 ················· 162
6.5.2 添加前导符 ······················· 162

6.6 创建与编辑表格 ··························· 163
【重点】6.6.1 动手练：使用"表格"工具创建
表格 ····························· 163
【重点】6.6.2 动手练：创建精确尺寸的表格 ·······164
6.6.3 动手练：选择单元格/行/列 ········ 164
6.6.4 动手练：向表格中添加内容 ·········· 165
【重点】6.6.5 动手练：编辑单元格中的文字 ······ 166
6.6.6 动手练：调整表格的行高和列宽 ······ 166
6.6.7 动手练：平均分布行/列 ············ 167
6.6.8 动手练：调整表格的行数与列数 ······ 167
【重点】6.6.9 动手练：合并多个单元格 ·········· 168
【重点】6.6.10 动手练：拆分单元格 ············ 169
6.6.11 设置表格的颜色 ················ 170
6.6.12 设置表格或单元格的边框 ············ 170

6.7　文本与表格的相互转换 ················ 170
　　6.7.1　将文本转换为表格 ··········· 170
　　6.7.2　将表格转换为文本 ··········· 171
　　6.7.3　综合案例：制作简约表格 ········· 171

第7章　图形特效 ·············· 174

　　🎬 视频讲解：50分钟

7.1　设置对象透明度 ················· 175
　　重点 7.1.1　动手练：创建均匀透明度效果 ······· 175
　　重点 7.1.2　动手练：创建渐变透明度效果 ······· 176
　　7.1.3　动手练：创建向量图样透明度效果 ···· 178
　　7.1.4　创建位图图样透明度效果 ········ 179
　　7.1.5　创建双色图样透明度效果 ········ 179
　　7.1.6　创建底纹透明度效果 ·········· 180
　　重点 7.1.7　设置合并模式 ··········· 180
　　7.1.8　练习案例：使用 "透明度" 工具制作色彩叠加
　　　　　感海报 ················· 181

7.2　制作阴影效果 ················· 182
　　重点 7.2.1　动手练：为对象添加阴影 ······· 182
　　重点 7.2.2　调整阴影效果 ··········· 183
　　7.2.3　设置阴影效果参数 ··········· 185
　　7.2.4　拆分阴影 ··············· 185
　　重点 7.2.5　清除阴影 ············· 186
　　7.2.6　练习案例：炫彩文字广告 ········ 186

7.3　制作图形的多层轮廓 ·············· 187
　　重点 7.3.1　动手练：为图形添加 "轮廓图" 效果 ···· 187
　　7.3.2　编辑 "轮廓图" 效果 ········· 187
　　重点 7.3.3　拆分轮廓图 ············ 190
　　7.3.4　清除 "轮廓图" 效果 ········· 190
　　7.3.5　复制轮廓图属性 ············ 190

7.4　制作图形的 "混合" 效果 ············ 190
　　重点 7.4.1　动手练：混合矢量图形 ········ 190
　　重点 7.4.2　编辑混合对象 ··········· 192

7.5　图形变形 ··················· 194
　　重点 7.5.1　动手练：创建与编辑变形效果 ······ 194
　　7.5.2　"推拉变形" 模式 ·········· 195
　　7.5.3　"拉链变形" 模式 ·········· 196
　　7.5.4　"扭曲变形" 模式 ·········· 197

7.6　使用封套改变对象形态 ············· 197
　　重点 7.6.1　动手练：为对象添加封套 ······· 198
　　重点 7.6.2　编辑封套 ············· 198
　　7.6.3　根据其他形状创建封套 ········· 199

　　7.6.4　练习案例：使用 "封套" 工具制作建筑
　　　　　公司标志 ················ 199

7.7　制作立体图形 ················· 200
　　重点 7.7.1　动手练：为图形添加立体化效果 ······ 200
　　7.7.2　设置立体化类型 ············ 201
　　重点 7.7.3　编辑立体化效果 ·········· 201
　　7.7.4　立体化效果的照明设置 ········· 203
　　7.7.5　练习案例：制作立体感文字 ······· 204

7.8　制作带有体积感的阴影 ············· 205

7.9　为图形添加斜角 ················ 205
　　综合案例：缤纷艺术字 ············· 207

第8章　位图处理 ·············· 210

　　🎬 视频讲解：21分钟

8.1　位图的常用操作 ················ 211
　　重点 8.1.1　将矢量图转换为位图 ········· 211
　　重点 8.1.2　动手练：快速将位图描摹为矢量图 ··· 211
　　8.1.3　练习案例：使用快速描摹制作矢量感插图 ·· 212
　　8.1.4　中心线描摹、轮廓描摹：丰富的描摹效果 ·· 213
　　8.1.5　调整位图轮廓 ············· 214
　　8.1.6　矫正图像 ··············· 215
　　8.1.7　重新取样 ··············· 216
　　8.1.8　位图边框扩充 ············· 217
　　8.1.9　位图颜色模式 ············· 217
　　8.1.10　位图颜色遮罩 ············ 219

8.2　调色 ···················· 220
　　重点 8.2.1　动手练：调色命令的使用方法 ······ 220
　　8.2.2　自动调整位图颜色 ··········· 221
　　重点 8.2.3　动手练：图像调整实验室 ······· 221
　　8.2.4　色阶 ················· 223
　　8.2.5　均衡 ················· 224
　　8.2.6　样本 & 目标 ············· 224
　　重点 8.2.7　动手练：调合曲线 ········· 225
　　重点 8.2.8　动手练：亮度 ·········· 226
　　重点 8.2.9　动手练：颜色平衡 ········· 227
　　8.2.10　伽玛值 ··············· 228
　　8.2.11　白平衡 ··············· 228
　　重点 8.2.12　动手练：色度 / 饱和度 / 亮度 ···· 228
　　8.2.13　动手练：黑与白 ··········· 229
　　8.2.14　动手练：振动 ············ 230
　　重点 8.2.15　动手练：所选颜色 ········· 231
　　8.2.16　动手练：替换颜色 ·········· 231
　　重点 8.2.17　取消饱和 ············ 232

8.2.18 练习案例：健身馆折页宣传册 ·············· 232

8.2.19 通道混合器 ··············· 235

8.2.20 去交错 ··············· 236

8.2.21 反转颜色 ··············· 236

8.2.22 极色化 ··············· 236

8.2.23 阈值 ··············· 237

8.3 特效 ··············· 237

[重点]8.3.1 动手练：使用特效 ··············· 237

8.3.2 三维效果 ··············· 238

8.3.3 艺术笔触效果 ··············· 239

[重点]8.3.4 模糊效果 ··············· 241

8.3.5 练习案例：设计产品信息卡片 ··············· 243

8.3.6 相机效果 ··············· 244

8.3.7 颜色转换效果 ··············· 245

8.3.8 轮廓图效果 ··············· 246

8.3.9 校正效果 ··············· 246

8.3.10 创造性效果 ··············· 247

8.3.11 自定义效果 ··············· 248

8.3.12 扭曲效果 ··············· 248

8.3.13 杂点效果 ··············· 250

[重点]8.3.14 鲜明化效果 ··············· 251

8.3.15 底纹效果 ··············· 251

8.3.16 练习案例：节日活动宣传广告 ··············· 253

CoreIDRAW基础知识

本章内容简介

　　本章主要带领新手朋友和CorelDRAW "打个招呼"，使新手朋友对Corel-DRAW有初步认识。本章内容介绍的都是一些很简单的操作，如打开文档、新建文档、保存文档、关闭文档等关于文档的基础操作，还有一些如查看文档页面、设置文档页面等简单易学的小知识。虽然这些操作不难，但却最基础、最实用，在以后的学习中会经常用到。

重点知识掌握

- 熟悉CorelDRAW的操作界面
- 学会新建、打开、导入、保存、导出、关闭文档的操作方法
- 学会查看文档页面的方法
- 学会撤销与重做的操作方法

通过本章的学习，我们能做什么

　　本章是学习CorelDRAW的第一课。通过本章的学习，我们应该对CorelDRAW有了初步的认识，熟悉CorelDRAW的工作界面，在后面的学习中能够准确地找到需要使用的命令或工具所在的位置。本章学习完后，我们可以新建一个文档，把图片素材导入文档并保存，熟练应用基本的文档操作流程；还可以打开已有文件，调节文档的显示比例，如放大文档查看细节、利用抓手工具平移画面等。

1.1 认识CorelDRAW

在正式开始学习CorelDRAW之前，首先需要了解CorelDRAW的应用领域及操作界面。

1.1.1 CorelDRAW与矢量制图

CorelDRAW是一款常用的矢量制图软件。矢量制图就是通过绘制一条条直线和曲线，设定格式的颜色，从而构成画面的过程。矢量图形的颜色与分辨率无关，图形被放大/缩小时，能维持原有的清晰度及弯曲度，颜色和外形也不会发生偏差和变形，效果如图1-1所示。

图 1-1

矢量制图从画面上看，比较明显的特点有：画面内容多以图形出现，造型随意不受限制，图形边缘清晰锐利，可供选择的色彩范围广，但颜色使用相对单一，放大/缩小图形不会变得模糊。具有以上特点的矢量制图常用于标志设计、户外广告、UI设计、插画设计、服装设计等。图1-2～图1-5所示为优秀的矢量制图作品。

图 1-2

图 1-3

图 1-4　　　　　　　　　　图 1-5

单纯的路径是无法在打印时显示出来的，路径的呈现依赖于颜色的填充。在填充颜色时，系统将按照用户指定的颜色沿路径的轮廓线进行着色处理，这部分颜色被称为轮廓色/描边色；如果出现交叉或存在闭合的路径，那么路径之间封闭的区域也可以进行单独着色，这部分颜色被称为填充色，如图1-6所示。

图 1-6

提示：认识位图

与矢量图像相对应的是位图图像。例如，使用相机拍摄的照片就是非常典型的位图图像。位图图像是由一个个像素点构成的，将画面放大到一定程度就可以看到一些"小方块"，每个"小方块"都是一个"像素"。例如，通常所说的图像尺寸为800像素×500像素，就表明图像的高度上有800个这样的"小方块"，宽度上有500个这样的"小方块"。

将位图图像按较大比例显示，就会看到这些像素块。位图图像的清晰度与尺寸和分辨率有关，如果强行将位图图像的尺寸增大，那么会使位图图像变得模糊，影响图像质量，效果如图1-7所示。

中文版CorelDRAW 2022从入门到实战（全程视频版）（上册）

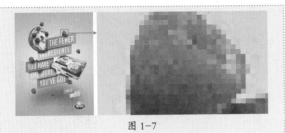

图 1-7

1.1.2　CorelDRAW的应用领域

CorelDRAW可以说是平面设计师的"老朋友"了。作为一款实用且高效的矢量制图软件，CorelDRAW常被用于海报设计、标志设计、书籍装帧设计、广告设计、包装设计、卡片设计等多个领域。CorelDRAW平面设计的效果如图1-8～图1-13所示。

图 1-8　　　　　　　　　图 1-9

图 1-10　　　　　　　　图 1-11

图 1-12　　　　　　　　图 1-13

随着互联网技术的发展，网站页面美化的需求逐

年攀升，网店美工设计更是火爆。对于网页设计师而言，CorelDRAW是非常方便的网页设计工具之一。CorelDRAW网页设计的效果如图1-14和图1-15所示。

图 1-14　　　　　　　　图 1-15

UI设计也是近几年非常热门的设计职业。随着IT行业的发展，智能手机、移动设备及其他智能设备的普及，企业越来越重视网站和产品的交互设计，所以对相关UI设计专业人才的需求与日俱增。CorelDRAW UI设计的效果如图1-16和图1-17所示。

图 1-16

图 1-17

对于服装设计师而言，在CorelDRAW中不仅可以进行服装款式图、服装效果图的绘制，还可以进行服装产品宣传画册的绘制。CorelDRAW服装款式设计的效果如图1-18和图1-19所示。

图1-18　　　　　　　　图1-19

插画设计并不算一个新的职业，但是随着数字技术的普及，插画设计过程逐渐地从纸上转移到计算机上。在计算机上进行的数字绘图不仅可以在多种绘图模式之间切换，还可以轻松消除绘图过程中的"失误"，创造出前所未有的视觉效果，从而使插画更方便地为印刷行业服务。与Pain Photos一样，CorelDRAW也是数字插画师常用的绘图软件。CorelDRAW插画设计的效果如图1-20和图1-21所示。

图1-20　　　　　　　　图1-21

重点 **1.1.3　熟悉CorelDRAW的操作界面**

成功安装CorelDRAW之后，双击桌面上的Corel-DRAW快捷方式（图1-22），弹出如图1-23所示的启动界面，稍做等待，该软件即可打开。到此，我们终于见到了CorelDRAW的"芳容"，如图1-24所示。

图1-22

图1-23

图1-24

虽然打开了CorelDRAW，但是此时看到的却不是CorelDRAW的全貌。为了便于学习，在这里创建一个新文档，或者打开一个已有文档。单击"新文档"按钮，如图1-25所示。在弹出的"创建新文档"对话框中单击OK按钮，如图1-26所示。

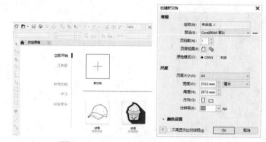

图1-25　　　　　　　　图1-26

在创建文档后，此时呈现出的才是CorelDRAW的全貌。CorelDRAW的操作界面主要由菜单栏、标准工具栏、属性栏、工具箱、绘图区、泊坞窗（也常称为面板）、调色板及状态栏组成，如图1-27所示。

图1-27

1. 菜单栏

菜单栏中包含多个菜单项，单击菜单项会打开相应的下拉菜单。每个下拉菜单都包含多个命令，有的命令后方带有按钮▶，表示该命令还包含多个子命令；有的命令后方带有一连串"字母"，这些字母就是该命令的快捷键。例如，"文件"菜单中的"新建"命令后方显示Ctrl+N，那么同时按下Ctrl键和N键即可快速执行该命令，如图1-28所示。

图1-28

本书中，命令的书写方式通常为：执行"文件"→"新建"命令。该命令所代表的含义为：先单击菜单栏中的"文件"菜单项，接着将光标向下移动至"新建"命令，单击即可，如图1-29所示。

图1-29

提示：为什么一些命令是浅灰色的

在菜单中有一些命令是浅灰色的，执行命令后也没有反应。这是因为这个命令没有被激活，不能使用。例如，创建一个文档，然后执行"打印"命令，然而文档中没有内容，就无法打印，这个命令自然无法使用。

2. 标准工具栏

标准工具栏位于菜单栏的下方，其中包含了一些常用菜单命令的快捷按钮，单击这些按钮就可以执行相应的菜单命令。例如，单击"新建"按钮，随即会弹出"创建新文档"对话框，如图1-30所示。在一些按钮的右侧有"倒三角"按钮▼，单击按钮▼，即可看到隐藏的选项，如图1-31所示。

图1-30   图1-31

3. 属性栏与工具箱

工具箱位于CorelDRAW操作界面的左侧。在工具箱中可以看到多个图标，每个图标都代表一种工具。有的工具右下角带有按钮◢，表示这是一个工具组，其中可能包含多个工具。将光标放置在带有按钮的图标上方，单击就会显示工具列表。将光标移动到需要的工具上方，单击即可选中该工具，如图1-32所示。

图1-32

选择了某个工具后，在属性栏中可以看到当前工具的参数选项。不同工具的属性栏也不同，如图1-33所示。

图1-33

4. 绘图区

绘图区中的边框用于标识画布的区域，当前画布的尺寸为创建文档时设定的尺寸。但画布以外的区域也可以进行绘图，如图1-34所示。

图1-34

5. 泊坞窗

泊坞窗常称为"面板"，其中包含大量的对象编辑的功能、命令及选项设置等。泊坞窗显示的内容并不固定，执行"窗口"→"泊坞窗"命令，在子菜单中可以选择需要打开的泊坞窗，如图1-35所示。如果命令前方带有 ✔ 标志，就表明该泊坞窗已经打开，再次执行该命令则会将该泊坞窗关闭。

图1-35

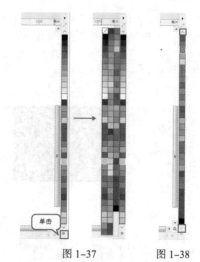

图1-37　　　图1-38

默认情况下，泊坞窗位于窗口的右侧，多个泊坞窗堆叠在一起，如图1-36所示。单击泊坞窗的名称即可切换到相应的泊坞窗。

图1-36

6. 调色板

在调色板中可以方便地为对象设置轮廓色或填充色。单击调色板底部的按钮 »，会显示更多的颜色，如图1-37所示。单击按钮 ∧ 或 ∨，可以上下滚动调色板以便查看和使用更多的颜色，如图1-38所示。执行"窗口"→"调色板"命令，选择子菜单中的相应命令，可以打开其他类型的调色板，如图1-39所示。

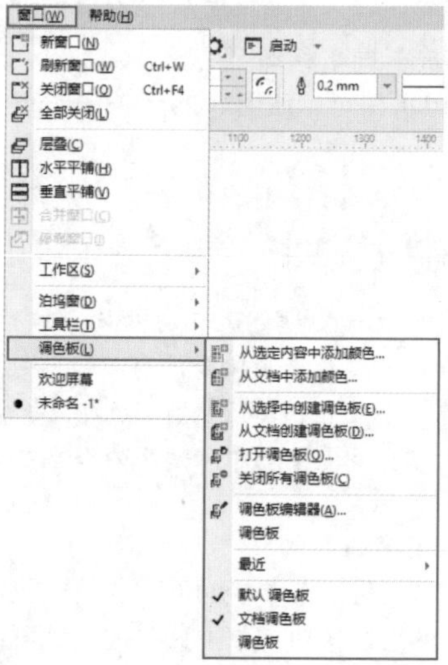

图1-39

7. 状态栏

状态栏位于操作界面的最底部，常用于设置对象的填充色和轮廓色，如图1-40所示。

图1-40

可以通过单击左下角的按钮 ⚙，设置状态栏中显示的内容，如图1-41所示。

8. 退出

当不需要使用CorelDRAW时，就可以将其关闭。单击操

图1-41

作界面右上角的"关闭"按钮 ✕，即可关闭软件窗口。也可以执行"文件"→"退出"命令（快捷键Alt+F4）退出CorelDRAW软件，如图1-42所示。

如果当前绘图区中有打开的文档，那么将光标移动到文档名称上时，名称的右侧也会显示一个关闭按钮⊠，单击此按钮可以关闭当前文档，而不退出软件，如图1-43所示。

图1-42

图1-43

提示：CorelDRAW的操作界面为什么不一样

目前，市面上常用的CorelDRAW版本很多，不同版本的CorelDRAW的操作界面及功能名称可能略有不同，但通常不会对学习造成过多的影响。对于由于版本差异造成的操作问题，可以借助网络搜索相关功能的使用方法。

1.2　文档的操作方法

在CorelDRAW中，文档是呈现画面的载体。创建、保存、打开、导入、导出、关闭文档都是最基本的操作，也是每个文档几乎都会进行的操作。图1-44和图1-45所示为优秀的设计作品。

图1-44　　　　　　　　图1-45

重点 1.2.1　动手练：创建新文档

打开CorelDRAW之后，要想进行绘图操作，首先就需要创建一个新文档。创建新文档之前，我们要考虑如下几个问题：我们创建文档的目的是什么？需要创建一个多大的文档？分辨率要设置为多少？颜色模式选择哪一种？这一系列参数选项都需要在"创建新文档"对话框中进行设置。

扫一扫，看视频

打开CorelDRAW，执行"文件"→"新建"命令（快捷键Ctrl+N），在弹出的"创建新文档"对话框中设置合适的参数，然后单击OK按钮，如图1-46所示，即可创建一个空白的新文档，如图1-47所示。

图1-46　　　　　　　　图1-47

- 名称：用于设置当前文档的名称。
- 预设：可以在下拉列表中选择CorelDRAW内置的

预设类型。选择不同的类型，在"创建新文档"对话框中就会出现不同的参数。

- 页码数：设置当前文档包含的页数。如果创建了多页文档，则可以在界面底部的状态栏中切换页面，如图1-48所示。

图1-48

图1-48

- 页面视图：选择在一个文档中显示一个或多个页面。
- 原色模式：选择文档的原色模式。如果文档是用于打印的，则需要设置为CMYK，如书籍、户外广告等；如果文档是用于显示在计算机、电视、手机等电子显示屏上的，则需要设置为RGB，如网页设计、软件界面设计等。
- 页面大小：在下拉列表中设置页面尺寸，如A4、A3等。
- 宽度/高度：设置文档的宽度/高度数值。在宽度数值后方的下拉列表中可以进行单位设置。在设置文档尺寸时，首先要设置单位，然后设置数值，避免因为单位错误使文档尺寸出现巨大偏差。
- 方向：选择文档页面的方向为纵向或横向。
- 分辨率：设置在文档中将会出现的栅格化部分的分辨率，如透明、阴影等。在下拉列表中有一些常用的分辨率。在不同情况下分辨率需要进行不同的设置。一般印刷品分辨率为150～300dpi，高档画册分辨率为350dpi以上，大幅的喷绘广告（1m以内）分辨率为70～100dpi，巨幅喷绘分辨率为25dpi，多媒体显示图像分辨率为72dpi。当然，分辨率的数值并不是一成不变的，需要根据计算机及印刷精度等实际因素进行设置。

单击标准工具栏中的 按钮，也可以打开"创建新文档"对话框。

[重点]1.2.2 动手练：打开已有的 CorelDRAW文件

扫一扫，看视频

如果需要对已有的CorelDRAW文件进行编辑，就需要使用"打开"命令。"打开"命令用于在CorelDRAW中打开已有的文档或位图素材。

（1）执行"文件"→"打开"命令（快捷键Ctrl+O），

在弹出的"打开绘图"对话框中选择要打开的文件，单击"打开"按钮，如图1-49所示。

图1-49

（2）文件便会在软件中打开，如图1-50所示。

图1-50

单击标准工具栏中的按钮 ，也可以打开"打开绘图"对话框。

（1）在"打开绘图"对话框中可以一次性地加选多个文件进行打开。按住Ctrl键单击多个文件，然后单击"打开"按钮，如图1-51所示。

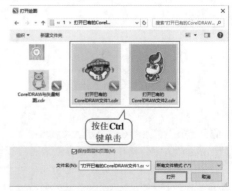

图1-51

（2）选中的多个文件就都被打开了，如图1-52所示。

图 1-52

（3）虽然一次性打开了多个文件，但是窗口中只显示一个。单击文件名称，即可切换到相应的窗口，如图1-53所示。

图 1-53

（4）文件窗口还可以脱离界面呈现浮动状态。将光标移动至文件名称上方，按住鼠标左键向界面外拖动，松开鼠标后窗口即可处于浮动状态，如图1-54所示。

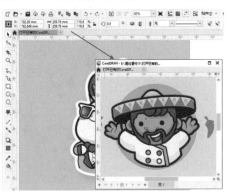

图 1-54

提示：多文档同时显示

如果要一次性查看多个文档，除了让窗口浮动外，还有一种方法。单击"窗口"菜单项，在下拉菜单中有5个用来设置窗口显示的命令，如图1-55所示。图1-56所示为执行"水平平铺"命令后的效果。

图 1-55

图 1-56

1.2.3 动手练：查看文档画面

在制图的过程中，有时需要观看整体画面，有时则需要放大显示局部画面，这时就要用到工具箱中的"缩放工具"和"平移工具"。

扫一扫，看视频

工具箱中的"缩放工具"按钮 🔍 是用来放大或缩小图像显示比例的。

（1）选择工具箱中的"缩放工具"，在属性栏中可以看到相关的参数选项，如图1-57所示。

（2）此时光标变为 🔍 状，单击图像，即可放大图像的显示比例，如图1-58所示。

（3）在画面中右击，或者单击属性栏中的"缩小"按钮 🔍 ，即可缩小图像的显示比例，如图1-59所示。

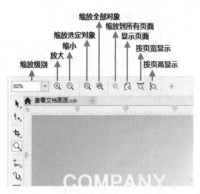

缩放全部对象
缩放选定对象　缩放到所有页面
缩小　　　显示页面
放大　　　　按页宽显示
缩放级别　　　　　　按页高显示

图 1-57

图 1-58　　　　　　图 1-59

虽然图像的显示比例增大了，但是窗口的显示范围却是固定的，那么看不见的地方该怎么办呢？此时可以使用"平移工具"对画面进行平移，以查看隐藏的区域。单击"缩放工具"右下角的按钮◢，在弹出的工具组中选择"平移工具"按钮🖐（快捷键H），在画面中按住鼠标左键向其他位置移动，如图 1-60 所示。释放鼠标，画面平移完毕，如图 1-61 所示。

图 1-60

图 1-61

扫一扫，看视频

【重点】1.2.4　动手练：导入其他元素

在制图的过程中，经常需要用其他元素来丰富画面效果，这需要通过"导入"操作实现。

（1）打开或新建一个文档，执行"文件"→"导入"命令（快捷键Ctrl+I），或者单击标准工具栏中的"导入"按钮↓；在弹出的"导入"对话框中选择要导入的素材，单击"导入"按钮，如图 1-62 所示。

图 1-62

（2）在文档内可以看到光标显示了所选文档的基本信息，如图 1-63 所示。单击即可将选中的图片导入文档，如图 1-64 所示。

图 1-63　　　　　　图 1-64

中文版CorelDRAW 2022从入门到实战（全程视频版）（上册）

提示：嵌入与链接

　　选择位图图像作为素材时，默认情况下会将其"嵌入"文件中。为了避免出现嵌入的位图图像过多而使文件过大的情况，可以单击"导入"按钮右侧的下拉按钮，在弹出的下拉列表中选择"导入为外部链接的图像"命令，如图1-65所示。这样在以后编辑原图像时，所做的修改会自动反映在绘图中。需要注意的是，如果原位图文件丢失或位置更改，那么文件中的位图图像将会出现显示错误的问题。

图1-65

　　（3）如果要在导入过程中控制对象的大小，可以在单击"导入"按钮之后，在画面中按住鼠标左键进行拖动，如图1-66所示。拖动到合适大小后松开鼠标完成导入，如图1-67所示。

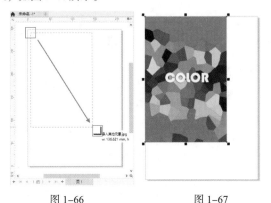

图1-66　　　　　　　图1-67

1.2.5　练习案例：制作拼贴画

文件路径	资源包\第1章\制作拼贴画
难易指数	★★★★★
技术掌握	打开、导入

扫一扫，看视频

案例效果

　　案例效果如图1-68所示。

 提示：关于案例效果图

　　为了便于读者阅读查看，本书的案例效果图既会在操作前出现，也会在操作结束后出现。

图1-68

操作步骤

步骤 01 执行"文件"→"打开"命令，在弹出的对话框中选中素材"1.cdr"，单击"打开"按钮，如图1-69所示。接着背景素材被打开，如图1-70所示。

图1-69

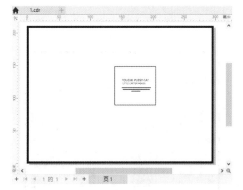

图1-70

第1章　CorelDRAW基础知识

11

步骤 02 在新建的文档中导入素材。执行"文件"→"导入"命令，在弹出的"导入"对话框中选择素材"2.jpg"，单击"导入"按钮，如图1-71所示。

图 1-71

步骤 03 在画面中按住鼠标左键拖动，如图1-72所示。

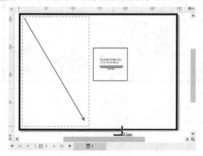

图 1-72

步骤 04 释放鼠标完成导入操作，如图1-73所示。

图 1-73

步骤 05 使用同样的方法导入其他素材。案例效果如图1-74所示。

图 1-74

扫一扫，看视频

【重点】1.2.6　动手练：保存文档

如果对一个文档进行了编辑，就需要将编辑结果保存到当前文档中。执行"文件"→"保存"命令（快捷键Ctrl+S），如果没有弹出任何对话框，则会按原始位置保存更改，替换上一次保存的文档。

如果是第一次对文档进行保存，则可能会弹出"保存绘图"对话框，在这里可以重新选择文件的存储位置，设置文档存储格式及文档名称。

当然，也可以将之前存储过的文档更换位置、名称或格式后再次进行存储。执行"文件"→"另存为"命令（快捷键Shift+Ctrl+S），打开"保存绘图"对话框，在这里进行存储位置、文件名、保存类型的设置，然后单击"保存"按钮，如图1-75所示。

图 1-75

提示：选择文档要存储的版本

CorelDRAW更新了很多版本，高版本的CorelDRAW可以打开低版本的文件，但低版本的CorelDRAW打不开高版本的文件。在存储时可以通过更改"版本"选项来选择文件要存储的软件版本，如图1-76所示。

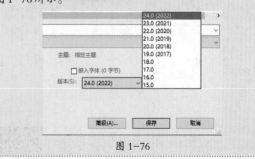

图 1-76

重点 1.2.7 导出其他格式图像

作品制作完成后通常会保存为CDR格式（Corel-DRAW默认的工程文件格式）的文件，便于之后的修改。除此之外，通常还会导出一幅JPG格式的图片。JPG格式是通用的图片格式，可以方便地预览、传输图片，及将图片上传网络。

这时需要使用"导出"命令进行导出操作。执行"文件"→"导出"命令（快捷键Ctrl+E），或者单击标准工具栏中的"导出"按钮，在弹出的"导出"对话框中设置导出文档的位置保存类型，然后单击"导出"按钮，如图1-77所示。

图 1-77

提示：格式的选择

在"导出"对话框的"保存类型"下拉列表中可以看到多种格式，但并不是每种格式都被经常用到。下面介绍几种常见的格式。

（1）PDF：Adobe可移植文档格式。

PDF格式是由Adobe Systems创建的一种文档格式，允许在屏幕上查看，也就是通常我们所说的"电子书"。PDF文件可以存储多页信息，可以实现图形和内容的查找与导航功能。PDF文件还可被嵌入Web的HTML文档。PDF格式常用于多页面的排版，如画册、书籍、杂志等的排版。"发布为PDF"命令可以保存为便于预览和印刷的PDF格式。

（2）AI：Adobe Illustrator工程文档格式。

AI格式是Adobe Illustrator特有的工程文档格式。Adobe Illustrator也是一款常用的矢量制图软件，将文档存储为AI格式可以方便地在Adobe Illustrator中打开并编辑。

（3）CPT：Corel PHOTO-PAINT位图格式。

CPT是Corel PHOTO-PAINT特有的一种位图图像格式，存储为CPT格式可以方便地在Corel PHOTO-PAINT中编辑图像。

（4）JPEG：位图图像格式。

JPEG是最常用的图像格式之一，这是一种最有效、最基本的有损压缩格式，得到绝大多数的图形处理软件的支持。JPEG格式的图像适用于对质量要求不高，而且需要上传网络、传输给他人或在计算机上随时查看的情况。例如，制作一个标志当作作业等。要输出打印要求极高的图像，最好不要使用JPEG格式，因为它是通过损坏图像质量来提高压缩质量的。原理是将文档中的所有图层合并，进行一定的压缩。JPEG格式的图像在绝大多数计算机、手机等电子设备上可以轻松预览。"保存类型"中的全称显示为JPEG(*.jpg,*.jpeg,*.jpe)，JPEG是这种图像格式的名称，而这种图像格式的后缀名可以是.jpg或.jpeg。

（5）PNG：透明背景，无损压缩。

当图像文档中有一部分区域透明时，如果存储为JPEG格式，则透明的部分会被填充颜色；如果存储为PSD格式，则不方便打开；如果存储为TIFF格式，则文档会比较大。这时不要忘了PNG格式。PNG格式是一种专门为Web开发的，用于将图像压缩到Web上的文件格式。PNG格式与JPEG格式不同的是，PNG格式支持244位图像并产生无锯齿状的透明背景。PNG格式由于可以实现无损压缩，而且背景部分是透明的，因此常用于存储背景透明的素材。

（6）TIFF：高质量图像，保存通道和图层。

TIFF格式是一种通用的图像文档格式，可以在绝大多数制图软件中打开并编辑，而且是桌面扫描仪扫描生成的图像格式。TIFF格式最大的特点就是能够最大限度地保持图像质量不受影响。

（7）BMP：无损压缩。

BMP格式是微软开发的固有格式，这种格式得到大多数软件的支持。BMP格式采用了一种名为RLE的无损压缩方式，压缩时对图像质量不会产生影响。BMP格式主要用于保存位图图像，支持RGB、位图、灰度和索引颜色模式。

重点 1.2.8 打印文档

设计稿制作完成后就可以将其打印，以便于观看、展示或携带。在打印文档前，需要对打印参数进行正确的设置。在"打印"对话框中可以对打印的"常规""颜色""复合"等选项卡进行设置。一般情况下，打印前需要进行打印预览，以便确认打印的总体效果。

（1）执行"文件"→"打印"命令（快捷键Ctrl+P），如图1-78所示。

（2）弹出"打印"对话框，在"常规"选项卡中可以进行打印机、方向及副本份数的设置。设置完成后，单击"打印"按钮，如图1-79所示。

图1-78　　　　　　　图1-79

1.2.9　关闭文档

执行"文件"→"关闭"命令，可以关闭当前文档，如图1-80所示。单击文档窗口右上角的"关闭"按钮，也可以关闭所选文档。执行"文件"→"全部关闭"命令，可以关闭所有打开的文档，但是不会退出软件。

图1-80

【重点】1.2.10　撤销与重做

"撤销"命令能够撤销上一步操作，还原其操作状态。"重做"命令能够恢复上一步被撤销的操作。执行"编辑"→"撤销"命令（快捷键Ctrl+Z），或者单击标准工具栏中的"撤销"按钮，可以撤销错误操作。如果错误地撤销了某一操作，则可以执行"编辑"→"重做"命令（快捷键Ctrl+Shift+Z），或者单击标准工具栏中的"重做"按钮，撤销的操作将会被恢复。

在标准工具栏中，单击"撤销"按钮后侧的按钮，在弹出的下拉列表中可以选择需要撤销的步骤，如图1-81所示。

图1-81

提示：设置撤销步骤

执行"工具"→"选项"→CorelDRAW命令，在弹出的"选项"对话框中选择"常规"选项卡，在右侧可以对"撤销级别"进行设置，"普通"参数可以指定在对矢量对象使用"撤销"命令时要撤销的操作数，如图1-82所示。

图1-82

1.3　设置文档的页面属性

文档创建完成后还可以对文档页面的大小、页数以及其他参数进行设置，以便适应不同的设计需求。图1-83和图1-84所示为优秀的设计作品。

图1-83　　　　　　　图1-84

1.3.1　修改页面常见属性

绘画区域是默认可以打印的。在新建文档时，可以在"创建新文档"对话框中进行绘画区域的尺寸设置。如果要对现有绘画区域的尺寸进行修改，可以先单击工具箱中的"选择工具"按钮，属性栏中会显示当前文档页面的尺寸、方向等信息。当然也可以快速对页面进行简单的设置，如图1-85所示。

- 页面尺寸：在该下拉列表中有多种标准规格的纸张尺寸。
- 页面度量：显示当前页面的尺寸，也可以在此处自定义页面大小。

图 1-85

- 自动适合页面：按照放置在局部图层上的内容边界调整页面大小，如图 1-86 所示。

图 1-86

- 方向：切换页面方向，▯ 为纵向，▭ 为横向。单击相应的按钮即可快速切换纸张方向。
- 所有页面 🗐：将当前设置应用于文档中的所有页面（当文档包含多个页面时）。
- 当前页面 ▯₀₀：将当前设置应用于当前页面，其他页面的属性不会发生变化。

如果想要对页面的渲染分辨率、出血等参数进行设置，可以执行"布局"→"页面尺寸"命令，在弹出的"选项"对话框中选择"页面尺寸"选项卡，在右侧可以设置与页面相关的参数，如图 1-87 所示。

图 1-87

- 宽度、高度：在"宽度"和"高度"数值框中输入数值，自定义页面尺寸。
- 只将大小应用到当前页面：勾选该复选框，当前参数设置只应用于当前页面，而不会影响到其他

页面。
- 显示页边框：勾选该复选框，可以显示页边框。
- 添加页框：单击该按钮，可在页面周围添加边框。
- 渲染分辨率：在该下拉列表中选择文档的分辨率。该选项仅在测量单位设置为像素时才可用。
- 出血：在"出血"数值框中输入所需数值，勾选"显示出血区域"复选框，即可设置并显示出血区域。

1.3.2　插入和删除文档页面

在制作画册、杂志这类多页作品时，一个页面是不够的。此时无须再新建文档，只需插入页面，保存后所有页面都会在一个文档内。在文档创建后，可以插入删除文档页面。

执行"布局"→"插入页面"命令，在弹出的"插入页面"对话框中可以设置页码数及页面尺寸等信息，如图 1-88 所示。

此外，还可以单击操作界面左下角的 + 按钮，在当前页前方或后方插入页面，如图 1-89 所示。

图 1-88　　　　　　　图 1-89

当要删除某个页面时，在页面控制栏中选择需要删除的页数，右击在弹出的快捷菜单中执行"删除页面"命令即可，如图 1-90 所示。

图 1-90

1.3.3　显示页边框、出血、可打印区域

1. 页边框

在默认情况下页边框是显示的，页边框可以让用户更

加方便地观察页面。也就是说，需要打印的部分要在页边框内部，如图1-91所示。执行"查看"→"页"→"页边框"命令，可以选择页边框是否显示。

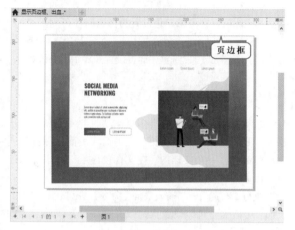

图 1-91

2. 出血

印刷品在设计过程中需要预留"出血"，这部分区域需要包含画面的背景内容，但主体文字和图形不可绘制在该区域，因为该区域在印刷后会被剪切掉。执行"查看"→"页"→"出血"命令，可以看到在页边框外部以虚线形式显示了出血线。在制图过程中，背景部分应覆盖出血的范围，以避免在裁切之后留下白色边缘，如图1-92所示。

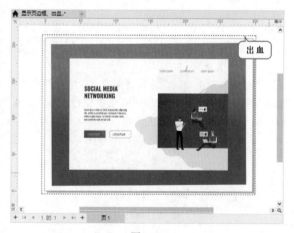

图 1-92

3. 可打印区域

执行"查看"→"页"→"可打印区域"命令后，显示在页边框内部的虚线框为"可打印区域"。在进行画

面元素布置时，重要的元素应摆放在虚线框以内，避免在打印时出现差错，如图1-93所示。

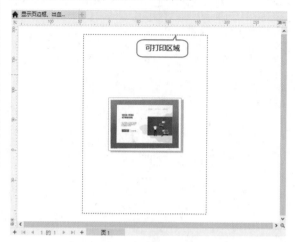

图 1-93

1.3.4 综合案例：制作简单的产品主图

扫一扫，看视频

文件路径	资源包\第1章\制作简单的产品主图
难易指数	★★★★★
技术掌握	新建、导入、导出、保存

案例效果

案例效果如图1-94所示。

图 1-94

操作步骤

步骤 01 执行"文件"→"新建"命令，在弹出的"创建新文档"对话框中设置"原色模式"为RGB，"宽度"为800.0px，"高度"为800.0px，"分辨率"为300dpi，如图1-95所示。

步骤 02 单击OK按钮，即可完成空白文档的创建，如图1-96所示。

图 1-95　　　　　　　　图 1-96

步骤 03 执行"文件"→"导入"命令（快捷键Ctrl+I），在弹出的"导入"对话框中找到素材，选择"1.png"，单击"导入"按钮，如图1-97所示。

步骤 04 在画面中按住鼠标左键拖动，直至覆盖整个绘图区域，松开鼠标后素材就导入进来了，如图1-98所示。

图 1-97　　　　　　　　图 1-98

步骤 05 以同样的方式依次导入"2.png"和"3.png"，如图1-99所示。

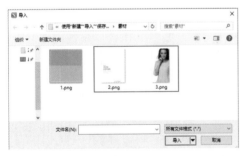

图 1-99

步骤 06 将"2.png"和"3.png"分别放置到合适的位置，如图1-100所示。

步骤 07 产品主图制作完成后需要保存文档。执行"文件"→"保存"命令（快捷键Ctrl+S），如图1-101所示。

步骤 08 在弹出的"保存绘图"对话框中选择要保存的位置，设置合适的"文件名"，将"保存类型"设置为CDR-CorelDRAW(*.cdr)后单击"保存"按钮，如图1-102所示。

图 1-100　　　　　　　　图 1-101

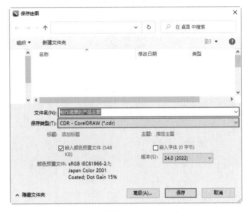

图 1-102

步骤 09 将CDR格式的文件导出为便于传输和预览的JPEG格式的文件。执行"文件"→"导出"命令（快捷键Ctrl+E），如图1-103所示。

步骤 10 在弹出的"导出"对话框中选择要导出的文件位置，设置合适的"文件名"，将"保存类型"设置为"JPG – JPEG位图(*.jpg;*.jtf;*.jff;*.jpeg)"后单击"导出"按钮，如图1-104所示。

图 1-103　　　　　　　　图 1-104

步骤 11 在弹出的"导出到JPEG"窗口中设置"颜色模式"为"RGB色（24位）"，"质量"为"高80%"，单击OK按钮，如图1-105所示。最终效果如图1-106所示。

图 1-105

图 1-106

中文版CorelDRAW 2022从入门到实战（全程视频版）（上册）

Chapter

2

第2章

扫一扫，看视频

绘制简单图形

本章内容简介

本章主要学习如何使用常见的绘图工具绘制简单的几何图形。虽然这些工具的使用方法类似，但是作为矢量制图软件，使用CorelDRAW绘制的作品很多都是由矩形、圆形、弧形等几何图形组合而成的，所以这些知识点非常重要。另外，本章还讲解了一些比较基础的图形操作知识，如选择对象、设置对象颜色的方法，这些操作与绘制图形息息相关。

重点知识掌握

- 掌握绘制常见图形的方法
- 掌握简单的设置颜色的方法
- 掌握选择及移动对象的方法

通过本章的学习，我们能做什么

通过本章的学习，我们能够轻松绘制矩形、圆形、弧线等常见的几何图形。通过绘制这些基本图形，导入一些位图元素，就可以尝试制作简单的海报或标志了。如果想要为绘制的图形设置复杂的颜色，或者想要为画面添加文字，则可以参考后面章节。

2.1 使用绘图工具

CorelDRAW具有非常强大的矢量绘图功能，可以轻松满足日常设计工作的需要。究竟如何制作一幅完整的设计作品呢？以一个简单而又常见的海报设计作品为例，从整体看来，海报主要包括图形（矢量图形）、位图（照片、图片素材）和文字（矢量文字），如图2-1所示。

图 2-1

其中，"矢量图形"占较大比例，所以矢量图形是我们要学习制作的重点。矢量图形由两部分构成：矢量路径和颜色。矢量路径可以理解为限制图形的边界，而颜色则是通过"填充"和"描边"设置填充图形颜色，如图2-2所示。

图 2-2

重点 2.1.1 认识常用的绘图工具

单击"矩形"工具□右下角的按钮◢，在弹出的工具列表中可以看到用于绘制矩形的"矩形"工具和"3点矩形"工具；单击"椭圆形"工具○右下角的按钮◢，在弹出的工具列表中可以看到用于绘制椭圆形的"椭圆形"工具和"3点椭圆形"工具；单击"多边形"工具○右下

角的按钮◢，在弹出的工具列表中可以看到"多边形"工具、"星形"工具、"螺纹"工具、"常见的形状"工具、"冲击效果"工具、"图纸"工具，如图2-3所示。图2-4所示为使用这些工具绘制的图形。

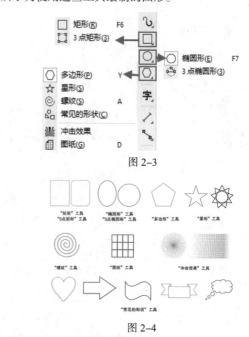

图 2-3

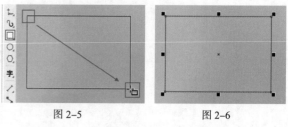

图 2-4

重点 2.1.2 动手练：绘图工具的基本使用方法

工具箱中的绘图工具虽然很多，但是它们的使用方法非常相似，在这里以"矩形"工具为例，讲解其使用方法。

（1）单击工具箱中的"矩形"工具按钮□，在画面中按住鼠标左键并拖动，如图2-5所示。

（2）确定矩形绘制的大小后，释放鼠标就可以得到一个矩形，如图2-6所示（其他工具的使用方法与此类似，区别在于部分工具可能需要在属性栏中进行一些设置，用于调整图形的部分属性）。

图 2-5　　　　图 2-6

（3）进行进一步的编辑操作，如设置色彩、对局部进行编辑或删除，这些操作将在后面学习。编辑后的效果如图2-7所示。

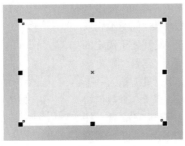

图2-7

2.1.3　动手练：绘制尺寸精确的图形

制作名片、网页、App图标时，都需要保证尺寸的精确性，那么如何绘制尺寸精确的图形呢？

（1）绘制一个图形，然后将其选中。在属性栏中可以看到该图形现在的尺寸，如图2-8所示。

（2）单击"锁定比率"按钮，取消长宽比的锁定。在数值框内输入数值，设置图形宽度；在数值框内输入数值，设置图形高度。设置完后按Enter键，即可调整选中图形的尺寸，如图2-9所示。

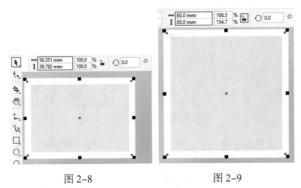

图2-8　　　　　　　图2-9

2.2 使用"矩形"工具

矩形是非常常见的几何图形，通常给人方正、坚实、有力的视觉感受，在平面设计中应用非常广泛。在CorelDRAW中使用"矩形"工具 不仅能绘制长方形与正方形，还能更改角的形状，绘制出圆角、扇形角和倒棱角三种矩形，如图2-10所示。

在"矩形"工具组中，除了"矩形"工具还有"3点矩

扫一扫，看视频

形"工具 ，这个工具的使用方法与"矩形"工具不同，它主要是用来绘制倾斜的矩形。图2-11所示为"矩形"工具组。

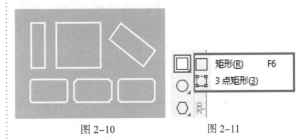

图2-10　　　　　　　图2-11

图2-12和图2-13所示为使用"矩形"工具制作的作品。

图2-12

图2-13

2.2.1　动手练：绘制长方形、正方形

1. 绘制长方形

（1）单击工具箱中的"矩形"工具按钮（快捷键F6），在画面中按住鼠标左键从左上角向右下角拖动，如图2-14所示。

（2）释放鼠标，即可得到一个矩形，如图2-15所示。

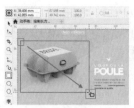

图 2-14　　　　　　　　图 2-15

2. 绘制正方形

按住Ctrl键拖动鼠标，即可得到一个正方形，如图2-16所示。

按住Ctrl
键拖动

图 2-16

【重点】2.2.2　动手练：绘制不同转角的矩形

在默认情况下，使用"矩形"工具绘制的矩形，其转角样式为直角，也就是通常的长方形或正方形。除此之外，在属性栏中可以将矩形的转角样式更改为"圆角" ⬜、"扇形角" ⬜ 和"倒棱角" ⬜。图2-17所示为3种不同矩形。

（a）圆角矩形　　（b）扇形角矩形　　（c）倒棱角矩形

图 2-17

1. 绘制圆角矩形

首先单击工具箱中的"矩形"工具按钮⬜，然后单击属性栏中的"圆角"按钮⬜，接着单击激活"同时编辑所有角"按钮，使其处于锁定的状态🔒，然后设置"圆角半径"参数，此时只需输入一个圆角的数值，其余3个数值将同时改变。设置完成后，按住鼠标左键拖动即可绘制圆角矩形，如图2-18所示。

图 2-18

2. 绘制扇形角矩形或倒棱角矩形

以同样的方式，单击"扇形角"按钮⬜或"倒棱角"按钮⬜，接着设置"圆角半径"参数，即可得到扇形角矩形或倒棱角矩形，如图2-19和图2-20所示。

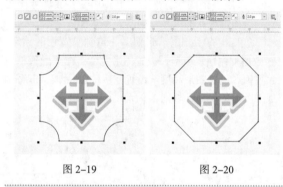

图 2-19　　　　　　　　图 2-20

3. 绘制其他角

属性栏中的"圆角半径"有4个数值框，分别对应矩形的4个角。当要单独调整某个角的数值时，可以先单击"同时编辑所有角"按钮，使其处于解锁的状态🔓。然后对单个角的参数进行调整，如图2-21所示。

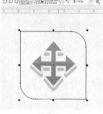

图 2-21

提示：手动调整圆角半径的方法

（1）首先选中绘制的矩形，单击工具箱中的"形状"工具，此时矩形的4个角出现黑色控制点，如图2-22所示。

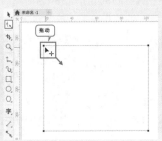

图 2-22

（2）按住鼠标左键拖动黑色控制点，此时虚线的部分为更改圆角半径后的效果，如图2-23所示。

（3）调整到合适大小后松开鼠标左键，效果如图2-24所示。

图 2-23 图 2-24

也可以使用"形状"工具调整单个角的圆角半径。

（1）使用工具箱中的"形状"工具，单击矩形的一个黑色控制点，其他的控制点变为白色，如图2-25所示。

（2）按住鼠标左键拖动至合适大小后松开，如图2-26所示。

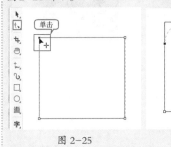 

图 2-25 图 2-26

2.2.3 绘制倾斜的矩形

在其他制图软件中，要想得到一个倾斜的矩形，需要先使用"矩形"工具绘制一个矩形，然后进行旋转。

但是在CorelDRAW中只需使用"3点矩形"工具就可以"一次性"绘制成功。

（1）单击"矩形"工具右下角的按钮，在弹出的工具列表中选择"3点矩形"工具。将光标移动到画面中，按住鼠标左键从一点拖动到另一点，然后释放鼠标。此时两点之间连成的一条直线，该直线为矩形的一条边，如图2-27所示。

（2）向其他方向拖动鼠标并单击，完成倾斜矩形的绘制，如图2-28所示。

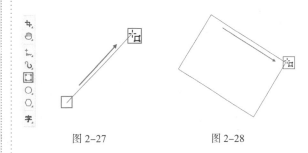

图 2-27 图 2-28

2.2.4 练习案例：使用"矩形"工具制作企业宣传图

文件路径	资源包\第2章\使用"矩形"工具制作企业宣传图
难易指数	★★★★★
技术掌握	"矩形"工具、复制、粘贴、移动

扫一扫，看视频

案例效果

案例效果如图2-29所示。

图 2-29

操作步骤

步骤 01 执行"文件"→"新建"命令，在弹出的"创建

23

新文档"对话框中，设置"原色模式"为RGB，"页面大小"为A4，"方向"为横向，单击OK按钮，如图2-30所示。新建的A4大小的横向空白文档如图2-31所示。

图 2-30　　　　　　　　　图 2-31

步骤 02 在新建的文档中绘制背景矩形。选择工具箱中的"矩形"工具，按住鼠标左键自左上向右下拖动，绘制一个和画板等大的矩形，如图2-32所示。

步骤 03 在右侧的调色板中单击90%黑的色块，将其设置为深灰色，并右击"调色板"中的"无"选项，去除轮廓色，如图2-33所示。

图 2-32　　　　　　　　　图 2-33

步骤 04 使用"矩形"工具，在深灰色矩形中间位置绘制一个颜色稍浅的等长矩形，如图2-35所示。

步骤 05 将人物素材导入文档。执行"文件"→"导入"命令，将人物素材导入并摆放在画面偏右侧位置，同时使其底部与刚刚绘制的矩形底部边缘重合，如图2-36所示。

图 2-35　　　　　　　　　图 2-36

步骤 06 制作右侧的多个小矩形。从案例效果中可以看到，矩形的左侧为圆角，而右侧为直角。所以在绘制之前需要在属性栏中进行相关参数的设置。选择工具箱中的"矩形"工具，单击属性栏中的"圆角"按钮和"同时编辑所有角"按钮，将链接断开。接着设置左侧的"圆角半径"数值为2.0mm，右侧的"圆角半径"数值为0.0 mm。设置完成后在人物素材右侧绘制矩形，如图2-37所示。

步骤 07 在该矩形被选中的状态下，在"调色板"中单击"幼蓝"色块，将其填充为幼蓝色，并设置轮廓色为"无"，如图2-38所示。

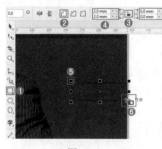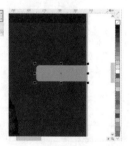

图 2-37　　　　　　　　　图 2-38

步骤 08 将绘制完成的小矩形选中，使用快捷键Ctrl+C进行复制，使用快捷键Ctrl+V进行粘贴。然后使用"选择工具"向下拖动，将其放在已有矩形的下方，如图2-39所示。

步骤 09 使用同样的方法，再复制4个矩形，放在已有矩形的下方。效果如图2-40所示。

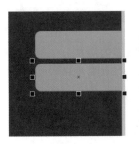

图 2-39　　　　　　　　图 2-40

步骤 10 对6个矩形进行对齐设置。执行"对象"→"对齐与分布"→"对齐与分布"命令，打开"对齐与分布"泊坞窗。接着按住Shift键依次单击加选6个矩形，单击"对齐与分布"泊坞窗中的"右对齐"按钮，如图2-41所示。

步骤 11 对矩形进行分布设置。在6个矩形都被选中的状态下，单击"垂直分散排列中心"按钮，将其进行分布设置，如图2-42所示。

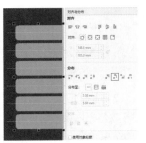

图 2-41　　　　　　　　图 2-42

步骤 12 对最后一个矩形进行颜色更改。使用"选择"工具，选中最后一个矩形，在调色板中将其填充颜色更改为秋橘红色，如图2-43所示。

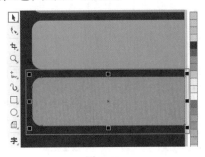

图 2-43

步骤 13 在文档中添加文字，丰富整体的细节效果。打开文字素材，使用快捷键Ctrl+C复制该文档中的所有文字，然后回到当前文档使用快捷键Ctrl+V粘贴，使用"选择"工具将文字移动至合适的位置。最终效果如图2-44所示。

图 2-44

2.3　使用"椭圆形"工具

在平面设计中圆形使人感到随意、舒适、柔美，是非常常见的艺术符号。圆形可以分为正圆和椭圆两种，使用"椭圆形"工具 即可轻松进行绘制。除此之外，使用"椭圆形"工具还可以绘制饼形和弧形，如图2-45所示。

扫一扫，看视频

图 2-45

若想绘制倾斜的圆形，可以选择"椭圆形"工具组中的"3点椭圆形"工具 ，这个工具与"3点矩形"工具有异曲同工之处。图2-46所示为"椭圆形"工具组。

○	○ 椭圆形(E)	F7
⬡	3 点椭圆形(3)	

图 2-46

图2-47和图2-48所示为使用该工具绘制的作品。

图 2-47

图 2-48

[重点] 2.3.1　动手练：绘制椭圆、正圆

1. 绘制椭圆

（1）单击"椭圆形"工具按钮 ⊙，在画面中按住鼠标左键拖动，如图2-49所示。

（2）释放鼠标，即可完成绘制，如图2-50所示。

图 2-49

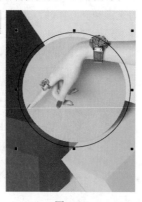

图 2-50

2. 绘制正圆

在绘制过程中按住Ctrl键拖动鼠标，即可绘制出正圆，如图2-51所示。

图 2-51

[重点] 2.3.2　动手练：绘制饼图和弧线

饼图和弧线可以说是圆形的一部分，因此使用"椭圆形"工具，通过一定的设置也可以得到饼图和弧线。

1. 绘制饼图和弧线

饼图常用于统计图中，在这里就以饼图为例讲解其绘制方法。

（1）绘制一个正圆，如图2-52所示。

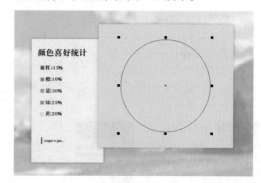

图 2-52

（2）选择正圆，单击属性栏中的"饼图"按钮 ⊙，在 ⊙ 数值框内设置饼图起始角度，在 ⊙ 数值框内设置饼图的结束角度，按Enter键，效果如图2-53所示。

（3）选中饼图，在调色板中将其填充色设置为红色，将其轮廓色设置为"无"。效果如图2-54所示。

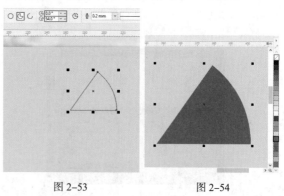

图 2-53　　　　　　　图 2-54

🤓 **提示：角度数值的计算方法**

整个圆为360°，"红"为15%，那么"红"的饼图的角度为54°（360°×0.15），起始角度为0°，结束角度为54°。

（4）制作第二个饼图。为了保证饼图在一个圆心，

可以先选中红色的饼图，使用快捷键Ctrl+C进行复制，使用快捷键Ctrl+V进行粘贴，然后在属性栏中更改参数，更改饼图颜色。效果如图2-55所示。

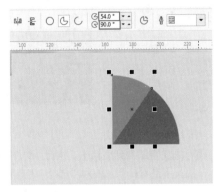

图 2-55

（5）采用同样的方法绘制出其他饼图，组合出饼形统计图。效果如图2-56所示。

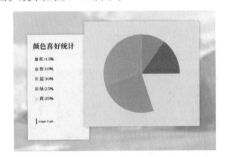

图 2-56

2. 绘制弧线

选择工具箱中的"椭圆形"工具，单击属性栏中的"弧形"按钮 ◯，设置合适的起始角度和结束角度，即可在画面中绘制出弧线，如图2-57所示。

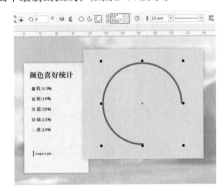

图 2-57

3. 更改饼图或弧线的方向

（1）选中绘制完成的饼图或弧线，如图2-58所示。

（2）单击属性栏中的"更改方向"按钮 ↻，即可切换饼图或弧形的方向，如图2-59所示。

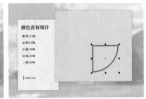

图 2-58   图 2-59

2.3.3 动手练：绘制倾斜的椭圆

"3点椭圆形"工具可以用于创建倾斜的椭圆。接下来会通过制作圆形标志学习"3点椭圆形"工具的使用方法。

（1）绘制一个轮廓色为黄色的正圆作为圆形标志的圆心，如图2-60所示。

（2）选择工具箱中的"3点椭圆形"工具，在绘图区按住鼠标左键拖动，拖动到合适长度（该长度为椭圆的一个直径的长度）后释放鼠标，如图2-61所示。

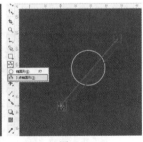

图 2-60   图 2-61

（3）向另一个方向拖动鼠标以确定椭圆的另一个直径（注意：在调整椭圆形直径时至少一个边要贴近正圆的边缘），然后单击，完成椭圆的绘制，如图2-62所示。

（4）选中椭圆，设置椭圆的轮廓色为黄色，如图2-63所示。

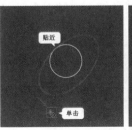

图 2-62   图 2-63

（5）使用同样的方法绘制其他椭圆。效果如图2-64所示。

图2-64

2.3.4 练习案例：使用"3点椭圆形"工具制作圆环标志

扫一扫，看视频

文件路径	资源包\第2章\使用"3点椭圆形"工具制作圆环标志
难易指数	★★★★★
技术掌握	"3点椭圆形"工具

案例效果

案例效果如图2-65所示。

图2-65

操作步骤

步骤 01 执行"文件"→"新建"命令，在弹出的"创建新文档"对话框中，设置"页面大小"为A4，"方向"为横向，单击OK按钮，新建一个A4大小的横向空白文档，如图2-66所示。

步骤 02 执行"文件"→"导入"命令，将背景素材导入，调整大小，使其充满整个画板，如图2-67所示。

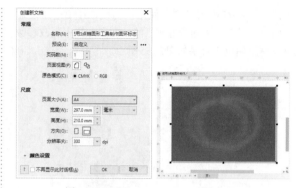

图2-66   图2-67

步骤 03 将标志文字添加到文档中。执行"文件"→"打开"命令，将文字素材打开。使用"选择"工具将文字全部框选，使用快捷键Ctrl+C将文字复制到剪贴板中。然后回到当前文档，使用快捷键Ctrl+V将其粘贴，将文字摆放在绘图区中间。效果如图2-68所示。

步骤 04 制作环绕在标志文字周围的圆环。选择工具箱中的"3点椭圆形"工具，在绘图区按住鼠标左键，拖动至合适长度（该长度为椭圆的一个直径的长度）后释放鼠标，效果如图2-69所示。

图2-68   图2-69

步骤 05 将鼠标向右上角拖动以确定椭圆的另一个直径，然后单击，完成椭圆的绘制。效果如图2-70所示。

图2-70

步骤 06 对椭圆的颜色与描边粗细进行更改。使用"选择"工具将绘制的椭圆选中，执行"窗口"→"泊坞窗"→

中文版CorelDRAW 2022从入门到实战（全程视频版）（上册）

"属性"命令，在打开的"属性"泊坞窗中设置"颜色"为橙黄色，"宽度"为60.0px，按Enter键确认，如图2-71所示。效果如图2-72所示。

图2-71   图2-72

步骤 07 使用"3点椭圆形"工具，在橙色椭圆形上方绘制一个从右上向左下倾斜的椭圆形。然后在"属性"泊坞窗中设置"颜色"为青色，"宽度"为60.0px。效果如图2-73所示。

步骤 08 使用同样的方法，在已有图形上方，绘制另外两个颜色与大小不同的椭圆形。然后在"属性"泊坞窗中设置合适的颜色，设置"宽度"为60.0px。至此，本案例制作完成，最终效果如图2-74所示。

图2-73   图2-74

2.4 图形对象的基本操作

在对图形对象进行编辑之前，首先需要选中它。单击"选择"工具按钮可以选中一个图形对象，也可以一起选中多个图形对象。此外，还可以使用"手绘选择"工具通过绘制一个不规则的区域来选择多个图形对象。

扫一扫，看视频

[重点]2.4.1 动手练：选择图形对象

1. 选择一个图形对象
（1）单击工具箱中的"选择"工具按钮，将光标移

动至需要选择的图形对象上方，单击即可将其选中，如图2-75所示。

（2）单击后，选中的图形对象周围会出现8个黑色的正方形控制点，如图2-76所示。

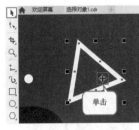
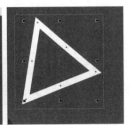

图2-75   图2-76

2. 加选多个图形对象
如果想要加选画面中的其他图形对象，可以按住Shift键单击要选择的图形对象，如图2-77所示。

图2-77

3. 框选图形对象
还可以通过"框选"的方式选中多个图形对象。在工具箱中单击"选择"工具，在需要选取的图形对象周围按住鼠标左键拖动出一个矩形框，如图2-78所示。释放鼠标，框内的图形对象将被选中，如图2-79所示。

图2-78   图2-79

4. 手绘选择区域

（1）选择工具箱中的"手绘选择"工具，然后在画面中按住鼠标左键拖动，即可随意地绘制一个虚线区域。效果如图2-80所示。

（2）松开鼠标后，区域内的图形对象将被选中，如图2-81所示。

图 2-80 　　　　　　　图 2-81

5. 全选图形对象

方法1：使用"全选"命令（快捷键Ctrl+A）可以选中画面中未锁定的图形对象，效果如图2-82所示。

方法2：执行"编辑"→"全选"命令，在子菜单中可以看到4种可供选择的命令，如图2-83所示。执行其中某项命令即可选中文档中所有该类型的图形对象。

图 2-82 　　　　　　　图 2-83

图 2-84 　　　　　　　图 2-85

（3）按住鼠标左键拖动，释放鼠标后即可完成对图形对象的移动，如图2-86所示。

图 2-86

2. 设置图形对象的精确位置

如果要精确移动，可以通过调整属性栏中的"对象位置"选项进行精确移动。

（1）选择一个图形，在属性栏中会显示所选图形对象的当前位置，效果如图2-87所示。其中，X：⬚表示图形对象在水平方向的坐标；Y：⬚表示图形对象在垂直方向的坐标。

（2）在这两个数值框中输入数值，然后按Enter键，即可将图形对象移动到精确位置（界面上方和界面左侧的标尺上会显示坐标值），效果如图2-88所示。

【重点】2.4.2 动手练：移动图形对象

1. 手动移动图形对象

（1）单击工具箱中的"选择"工具按钮（该工具也被称为"挑选"工具），然后在图形边缘单击，如图2-84所示。

（2）单击后，该图形会显示控制点，这表示该图形对象被选中了，如图2-85所示。

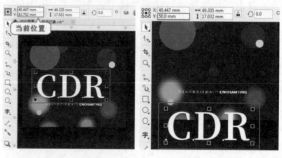

图 2-87 　　　　　　　图 2-88

【重点】2.4.3　动手练：设置图形对象基本的填充色与轮廓色

1. 设置图形对象基本的填充色

　　（1）调色板位于界面的右侧，由一个色块组成，每个色块都是一个按钮。选中绘制好的图形对象，单击任意一种颜色按钮，即可为选中的图形对象填充该颜色。效果如图2-89所示。

　　（2）调色板中的颜色有限，当不能满足需求时可以打开"编辑填充"对话框进行颜色的设置。首先选中图形对象，双击界面底部的"编辑填充"按钮，如图2-90所示。

图 2-89　　　　　　　　　图 2-90

　　（3）在弹出的"编辑填充"对话框中，单击顶部的"均匀填充"按钮，滑动颜色滑块，选择合适的色相，然后在左侧色域中选中一种颜色，最后单击OK按钮。颜色设置完成，如图2-91所示。颜色效果如图2-92所示。

图 2-91　　　　　　　　　图 2-92

2. 设置图形对象基本的轮廓色

　　方法1：选中图形对象，然后右击调色板中的深褐色色块，设置轮廓色。效果如图2-93所示。

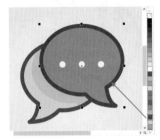

图 2-93

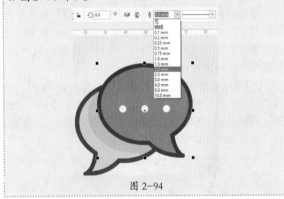

图 2-94

　　方法2：选中图形对象，在"属性"泊坞窗中设置合适的轮廓宽度和轮廓色，按Enter键确认，如图2-95所示。效果如图2-96所示。

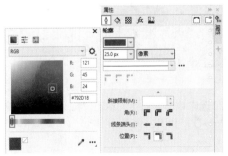

图 2-95

图 2-96

提示：如何打开"属性"泊坞窗

执行"窗口"→"泊坞窗"→"属性"命令。

【重点】2.4.4　动手练：将图形转换为曲线

使用"矩形"工具、"椭圆形"工具、"常用的形状"工具等绘制的图形都带有特定的属性，这就限制了一些编辑操作。例如，不能使用"形状"工具调整节点进行变形。如果想要使用"形状"工具调整图形的节点，就需要将图形转换为曲线。

（1）以心形图形为例。使用"常见的形状"工具，选择"基本形状"中的"心形"图形，在画面中绘制一个图形。此时使用"形状"工具无法调整图形各个节点的位置。效果如图2-97所示。

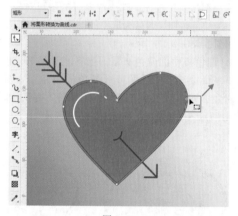

图 2-97

（2）选中该图形右击，执行"转换为曲线"命令（快捷键Ctrl+Q），如图2-98所示。

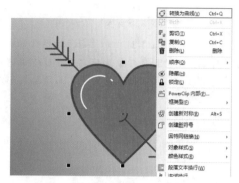

图 2-98

（3）选择工具箱中的"形状"工具在路径上单击就会显示节点，拖动节点就可以更改形状。效果如图2-99所示。

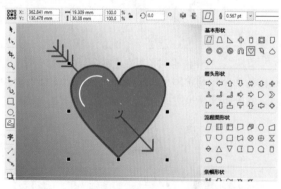

图 2-99

【重点】2.4.5　删除图形

想要删除多余的图形，可以使用"选择"工具，单击图形后按Delete键。效果如图2-100和图2-101所示。

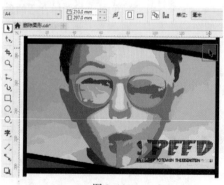

图 2-100

图 2-101

【重点】2.4.6 动手练：复制、粘贴与剪切

"复制"是指将文件从一处备份一份完全一样的到另外一处，而原来的那一份依然保留。复制与粘贴是两个密切关联的操作，如果不进行"粘贴"，那么"复制"就没有意义。

1. 复制

以制作文字的阴影为例来讲解复制与粘贴的使用方法。选中需要复制的对象，然后执行"编辑"→"复制"命令（快捷键Ctrl+C）。此时选中的对象将被复制到剪切板中，但是画面没有变化，如图2-102所示。

2. 粘贴

执行"编辑"→"粘贴"命令（快捷键Ctrl+V），然后使用"选择"工具移动图形，将粘贴的图形更改为另外一种颜色，这样简单的阴影效果就制作完成了。效果如图2-103所示。

图 2-102

图 2-103

3. 剪切

接下来学习剪切操作。

（1）选择一个对象，如图2-104所示。

（2）执行"编辑"→"剪切"命令（快捷键Ctrl+X），此时选择的对象被复制到剪切板中，但画面中不会显示该对象，如图2-105所示。

图 2-104

图 2-105

（3）执行"编辑"→"粘贴"命令（快捷键Ctrl+V），图形被粘贴到了画面中原来的位置，并且出现在画面的最顶层，如图2-106所示。

图 2-106

提示：剪切的小提示

执行"剪切"操作后，不能再执行其他的"复制"或"剪切"操作，否则第一次"剪切"的对象将被删除。这是因为"剪切板"内只能存放一个对象。

2.5 动手练：绘制其他常见图形

【重点】2.5.1 绘制多边形

扫一扫，看视频

"多边形"工具常用于绘制边数等于3或大于3的多边形。除此之外，还可以通过调整多边形上的控制点绘制多种奇特星形。效果如图2-107所示。

图 2-107

（1）选择工具箱中的"多边形"工具，在属性栏的"点数或边数"数值框 ⬠ 5 中输入多边形的边数，然后在绘图区按住鼠标左键拖动，释放鼠标后多边形绘制完成。效果如图2-108所示。

（2）为多边形填充颜色并添加文字。效果如图2-109所示。

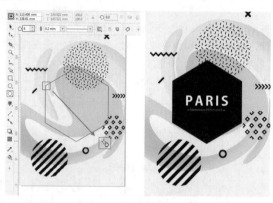

图2-108　　　　　　　图2-109

（3）更改已绘制完成的多边形的边数。选中多边形，在属性栏中的"点数或边数"数值框中输入新的数值，按Enter键即可更改边数。效果如图2-110所示。

图2-110

提示：通过多边形绘制奇特星形

（1）选中绘制完成的多边形，接着选择工具箱中的"形状"工具，然后在显示的控制点上方按住鼠标左键拖动，如图2-111所示。

（2）随意拖动可以产生意想不到的效果，如图2-112所示。

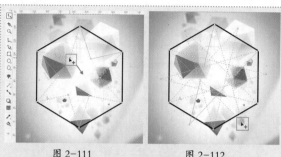

图2-111　　　　　　　图2-112

（3）单击，完成图形的绘制，如图2-113所示。

（4）设置填充色、轮廓色等属性，效果如图2-114所示。

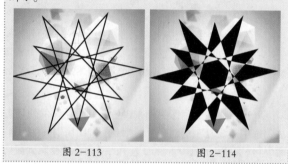

图2-113　　　　　　　图2-114

2.5.2　绘制星形

使用"星形"工具☆可以绘制不同边数、不同锐度的普通星形和复杂星形。效果如图2-115所示。

图2-115

1. 绘制普通星形

选择工具箱中的"星形"工具☆，在属性栏中设置合适的"点数或边数"及"锐度"，然后在绘图区按住鼠标左键拖动，确定星形的大小后释放鼠标。效果如图2-116所示。

中文版CorelDRAW 2022从入门到实战（全程视频版）（上册）

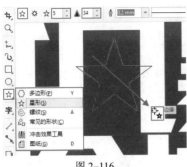

图 2-116

- 点数或边数 ☆ 5 ⌄ ：用于设置星形的"点数或边数"，数值越大，星形的角越多，如图 2-117 所示。

（a）点数或边数：6　　　　　（b）点数或边数：4

图 2-117

- 锐度 ▲ 53 ⌄ ：设置星形上每个角的"锐度"，数值越大，星形的角就越尖，如图 2-118 所示。

（a）锐度：80　　　　　（b）锐度：20

图 2-118

对于已经绘制好的星形，其"锐度"也可以使用"形状"工具 ⛬ 拖动控制点进行调整，效果如图 2-119 所示。更改星形的颜色，效果如图 2-120 所示。

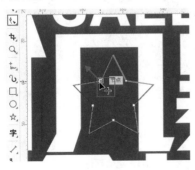

图 2-119

图 2-120

2. 绘制复杂星形

（1）在使用"星形"工具状态下，在属性栏中单击"复杂星形"按钮，同时设置合适的"点数或边数"和"锐度"。设置完成后在绘图区按住鼠标左键拖动，释放鼠标后即可得到复杂星形。效果如图 2-121 所示。

（2）在绘制的复杂星形被选中状态下，在右侧的调色板中选择合适的颜色，去除"轮廓色"。效果如图 2-122 所示。

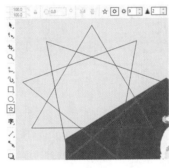

图 2-121　　　　　　图 2-122

（3）调整图形的外观形状。选择工具箱中"形状"工具 ⛬ ，将光标放在任意一个控制点上进行拖动，即可调整复杂星形的形状。效果如图 2-123 所示。

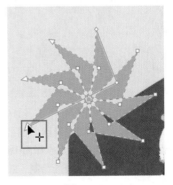

图 2-123

提示：拆分复杂星形

复杂星形是由多个几何图形组合而成的，可以将复杂星形转换为曲线后进行拆分，从而得到多个几何图形。

选择绘制好的复杂星形，执行"对象"→"转换为曲线"命令（快捷键Ctrl+Q）使其失去图形的属性。接着执行"对象"→"拆分曲线"命令（快捷键Ctrl+K）；或者在星形上右击，执行"拆分曲线"命令，如图2-124所示。

拆分复杂星形后，可以使用"选择"工具选择单个图形，再执行移动、缩小、设置填充与描边等操作，如图2-125所示。

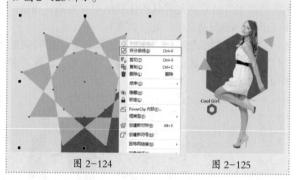

图 2-124　　　　　图 2-125

2.5.3 绘制螺纹

使用"螺纹"工具可以绘制螺旋线，如图2-126所示。

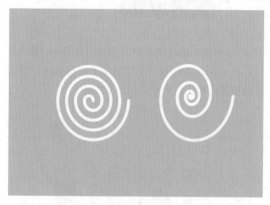

图 2-126

在工具箱中选择"形状"工具组中的"螺纹"工具，在属性栏中设置合适的参数，然后在画面中按住鼠标左键拖动，释放鼠标即可完成螺旋线的绘制。效果如图2-127所示。

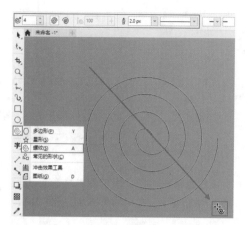

图 2-127

● 螺纹回圈 🌀 2 ：设置新的螺纹对象中要显示的完整的螺纹回圈数。效果如图2-128所示。

（a）螺纹回圈：2　　　　（b）螺纹回圈：5

图 2-128

● 对称式螺纹 🌀：对新的螺纹对象应用均匀回圈间距，如图2-129(a)所示。

● 对数螺纹 🌀：对新的螺纹对象应用更紧凑的回圈间距，如图2-129(b)所示。

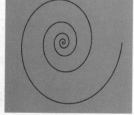

（a）对称式螺纹　　　　（b）对数螺纹

图 2-129

● 螺纹扩展参数 100 ＋：更改新的螺纹向外扩展的速率，如图2-130所示。

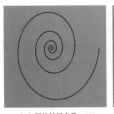

(a) 螺纹扩展参数: 100   (b) 螺纹扩展参数: 30

图 2-130

2.5.4 "常见的形状"工具

使用"常见的形状"工具可以绘制多种系统内置的图形效果。

选择工具箱中的"常见的形状"工具 ，然后单击属性栏中的"常用形状"按钮 ，在下拉面板中可以看到"基本形状""箭头形状""流程图形状""条幅形状""标注形状"5种形状，如图2-131所示。

图 2-131

下面介绍这5种形状的绘制方法。

1. 基本形状

（1）在"常用形状"下拉面板中的"基本形状"区域选择一个合适的基本形状，接着在画面中按住鼠标左键拖动，即可绘制出所需图形。效果如图2-132所示。

（2）绘制出的图形上方有一个红色的控制点 ，使用"形状"工具 拖动红色控制点，即可对绘制的图形进行变形。效果如图2-133所示。

图 2-132   图 2-133

（3）为其设置合适的"轮廓宽度"与"轮廓色"，适当调整位置。效果如图2-134所示。

图 2-134

> 💡 提示："常用形状"按钮
>
> "常用形状"按钮的图标并不固定，其图标为当前所选图形的缩览图。图2-135所示为"常用形状"按钮不同的图标效果。在CorelDRAW中，这样会产生变化的按钮图标还有很多，读者还需细心观察。
>
>
>
> 图 2-135

2. 箭头形状

（1）在"常用形状"下拉面板中的"箭头形状"区域选择一个合适的箭头形状，接着在画面中按住鼠标左键拖动，释放鼠标后即可得到箭头形状。效果如图2-136所示。

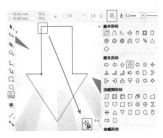

图 2-136

（2）使用"形状"工具 拖动红色控制点，如图2-137所示。拖动后箭头形状就会变形，效果如图2-138所示。

（3）进行填充色、轮廓色等的设置。效果如图2-139所示。

（4）添加部分装饰元素。效果如图2-140所示。

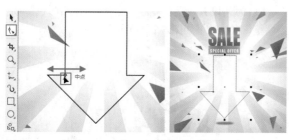

图 2-137   图 2-138

图 2-139   图 2-140

3. 流程图形状

（1）在"常用形状"下拉面板中的"流程图形状"区域选择一个合适的流程图形状，接着在画面中按住鼠标左键拖动，释放鼠标后即可得到流程图形状。效果如图 2-141 所示。

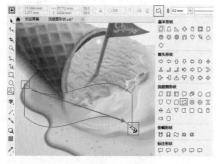

图 2-141

（2）设置填充色、轮廓色。效果如图 2-142 所示。

（3）添加部分装饰元素。效果如图 2-143 所示。

图 2-142   图 2-143

4. 条幅形状

（1）在"常用形状"下拉面板中的"条幅形状"区域选择一个合适的条幅形状，接着在画面中按住鼠标左键拖动，释放鼠标后即可得到条幅形状。效果如图 2-144 所示。

图 2-144

（2）使用"形状"工具拖动黄色的控制点✐可以更改图形的高度，拖动红色的控制点✐可以更改图形的宽度。效果如图 2-145 所示。

（3）选中该图形，更改填充色、轮廓色。效果如图 2-146 所示。

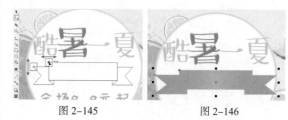

图 2-145   图 2-146

（4）添加装饰元素。效果如图 2-147 所示。

图 2-147

5. 标注形状

（1）在"常用形状"下拉面板中的"标注形状"区域选择一个合适的标注形状，接着在画面中按住鼠标左键拖动，释放鼠标后即可得到标注形状。效果如图 2-148 所示。

中文版CorelDRAW 2022从入门到实战（全程视频版）（上册）

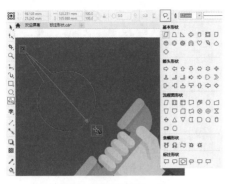

图 2-148

提示：使用"常见的形状"工具绘图时控制点的拖动

使用"常见的形状"工具绘制的图形，如果要对图的形状进行调整，可以有两种方式。

第一种：在该工具使用状态下，将光标放在黄色◆或红色◆控制点上方，待其变为黑色箭头时，按住鼠标拖动进行调整。

第二种：选择工具箱中的"形状"工具，将光标放在需要调整的控制点上方，按住鼠标拖动。

（2）更改填充色，如图 2-149 所示。

（3）按住鼠标左键拖动形状上的红色控制点，调整尖角的位置。效果如图 2-150 所示。

2.5.5 "冲击效果"工具

在平面设计中，放射状背景非常常见，它能够将视线引导至放射状图形的焦点位置。使用"冲击效果"工具能够轻松绘制出放射状背景。效果如图 2-152 所示。

| 图 2-149 | 图 2-150 |

（4）在文档中添加合适的文字，此时一个简单的矢量插画效果就制作完成了。效果如图 2-151 所示。

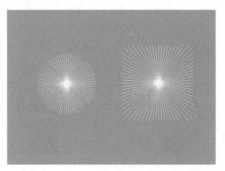

图 2-152

（1）单击工具箱中的"冲击效果"工具按钮，在属性栏中设置"效果样式"为"辐射"，"辐射"能够产生由中心向外的放射效果。接着在画面中按住鼠标左键拖动进行绘制，如图 2-153 所示。

（2）释放鼠标后即可看到放射状图形，拖动控制点可以调整放射状图形的大小。效果如图 2-154 所示。

图 2-151

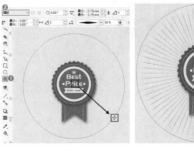

| 图 2-153 | 图 2-154 |

"效果样式"用来设置冲击效果的样式，分为平行和辐射两种。效果如图2-155所示。

（a）平行 （b）辐射

图 2-155

（3）"冲击效果"工具的属性栏中的"内边界"按钮📧和"外边界"按钮📧用来设置冲击效果与边框的关系。首先绘制一个图形在冲击效果图形上方，然后单击"内边界"按钮📧，将光标移动至边框图形上方，当光标变为➥时单击，如图2-156所示。"内边界"效果如图2-157所示。

图 2-156 图 2-157

同理，可以单击"外边界"按钮📧来设置冲击效果，"外边界"效果如图2-158所示。

图 2-158

2.5.6 "图纸"工具

使用"图纸"工具📖可以绘制出不同行/列数的网格对象。效果如图2-159所示。

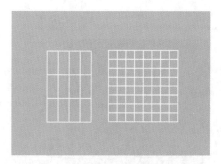

图 2-159

（1）网格的行/列数需要在属性栏中设置。选择工具箱中的"图纸"工具，属性栏中的 🔲4 ▼▲用来设置网格的行数，🔲3 ▼▲用来设置网格的列数。行数与列数设置完成后，在绘图区中按住鼠标左键拖动，松开鼠标后即可得到图纸对象，效果如图2-160所示。

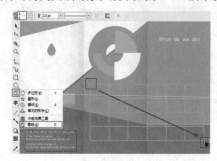

图 2-160

（2）图纸对象是一个群组对象，先将其"转换为曲线"，然后右击，执行"取消群组"命令，即可将网格打散，如图2-161所示。

图 2-161

（3）使用"选择"工具选择单个网格进行移动。效果如图2-162所示。

中文版CoreIDRAW 2022从入门到实战（全程视频版）（上册）

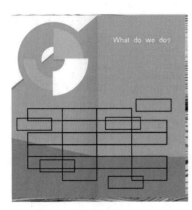

图 2-162

2.6 常用的辅助工具

CorelDRAW提供了多种非常方便的辅助工具，如标尺、辅助线、网格、对齐辅助线等。利用这些工具，我们可以轻松地制作出尺寸精准的对象和排列整齐的版面。

【重点】2.6.1 动手练：使用标尺

标尺能够帮助用户精确地绘制、缩放和对齐对象。可以根据需要自定义标尺的原点、选择测量单位、指定每个完整单位标记之间显示标记或记号的数目。

1. 显示与隐藏标尺

执行"查看"→"标尺"命令（快捷键Alt+Shift+R），可以切换标尺的显示状态。标尺分为水平标尺和垂直标尺两种，都带有精确的尺寸，可以度量横向和纵向的尺寸。效果如图2-163所示。

图 2-163

2. 改变标尺原点的位置

标尺原点的默认位置是页面的左上角，如果想要更改标尺原点的位置，那么可以直接在画面中标尺原点处按住鼠标左键拖动。效果如图2-164和图2-165所示。

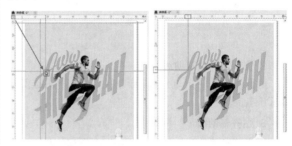

图 2-164   图 2-165

3. 恢复标尺原点的位置

如果需要恢复标尺原点的位置，在标尺左上角交点处双击即可，如图2-166所示。

图 2-166

【重点】2.6.2 动手练：使用辅助线

辅助线（又称参考线）可以辅助用户更精确地绘图。辅助线是虚拟对象，不会被印刷，但是能够在存储文件时保留。

1. 创建辅助线

（1）调出标尺，将光标移动至水平标尺上，按住鼠标左键向下拖动，释放鼠标后即可创建水平参考线。效果如图2-167所示。

（2）使用同样的方法，将光标移动至垂直标尺上，按住鼠标左键向右拖动，释放鼠标后即可创建垂直参考线，效果如图2-168所示。

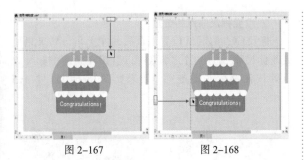

图 2-167　　　　　　　　图 2-168

2. 显示与隐藏辅助线

执行"查看"→"辅助线"命令，可以切换辅助线的显示状态。

3. 贴齐辅助线

执行"查看"→"对齐辅助线"命令（快捷键Alt+Shift+A），使"对齐辅助线"命令处于选中状态，绘制或移动对象时会自动将其捕获到最近的辅助线上。效果如图2-169所示。

图 2-169

4. 旋转辅助线

（1）CorelDRAW中的辅助线可以旋转。选中辅助线并单击，即可显示控制点。效果如图2-170所示。

（2）将光标移动至 ↔ 或 ↕ 处，按住鼠标左键拖动即可旋转辅助线，如图2-171所示。旋转完成后在空白位置单击，即可结束旋转操作。

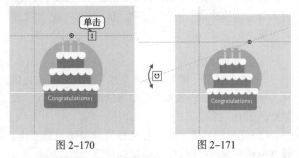

图 2-170　　　　　　　　图 2-171

5. 删除辅助线

如果要删除某一条辅助线，则单击该辅助线，当辅

助线变为红色的选中状态时，按Delete键即可删除。效果如图2-172和图2-173所示。

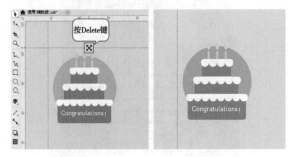

图 2-172　　　　　　　　图 2-173

6. 锁定与解锁辅助线

选中辅助线右击，在弹出的快捷菜单中执行"锁定"命令，即可将辅助线锁定，如图2-174所示。

被锁定的辅助线可以被选中，但是不能被移动。如果要解锁辅助线，则要先选中被锁定的辅助线右击，在弹出的快捷菜单中执行"解锁"命令，如图2-175所示。

图 2-174　　　　　　　　图 2-175

2.6.3　使用动态辅助线

动态辅助线是一种"临时"的辅助线，可以帮助用户准确地移动、对齐和绘制对象。执行"查看"→"动态辅助线"命令（快捷键Alt+Shift+D），可以开启或关闭动态辅助线。

启用动态辅助线后，当移动对象时对象周围就会出现动态辅助线，如图2-176和图2-177所示。

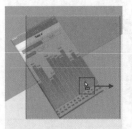

图 2-176　　　　　　　　图 2-177

中文版CorelDRAW 2022从入门到实战（全程视频版）（上册）

2.6.4　文档网格

文档网格是一组显示在绘图区的交叉线条，便于在绘图过程中对齐对象。使用网格可以更加精确地绘制，但是网格在输出或印刷时无法显示。文档网格多用于标志制作、界面设计。执行"查看"→"网格"→"文档网格"命令，随即就会显示文档网格。效果如图2-178所示。

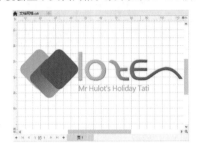

图 2-178

执行"工具"→"选项"→CorelDRAW命令，在弹出的"选项"对话框中选择"网格"选项卡，在右侧可以对文档网格、基线网格、像素网格等进行设置。设置完成后单击OK按钮，如图2-179所示。

图 2-179

- 文档网格有两种定义方式，当设置为"毫米间距"时，输入的参数表示网格的间距；当设置为"每毫米的网格线数"时，输入的参数表示网格的数量。
- 如果标尺的测量单位设置为像素，或者启用了像素预览，则可以指定像素网格的颜色和不透明度。
- 勾选"贴齐像素"复选框，可以使对象与网格或像素网格贴齐，这样在移动对象时，对象就会在网格线之间跳动。

2.6.5　自动贴齐对象

移动或绘制对象时，使用"贴齐"命令可以将它与绘图区中的另一个对象贴齐，或者将一个对象与目标对象中的多个贴齐点贴齐。

（1）执行"查看"→"贴齐"命令，在弹出的子菜单中选择需要对齐的对象，如图2-180所示。

图 2-180

（2）选择完成后，当光标接近贴齐点时，贴齐点将突出显示，表示该贴齐点是光标要贴齐的目标。效果如图2-181和图2-182所示。

图 2-181　　　　　　图 2-182

> **提示：关于贴齐的小知识**
>
> 可以选择多个贴齐对象，也可以禁用某些或全部贴齐对象使程序运行速度加快。此外，还可以对贴齐阈值进行设置，指定贴齐点在变成活动状态时距离光标的距离。

2.6.6　综合案例：极简风格登录界面

文件路径	资源包\第2章\极简风格登录界面
难易指数	★★★★★
技术掌握	"矩形"工具、"椭圆形"工具、复制、粘贴

扫一扫，看视频

案例效果

案例效果如图2-183所示。

图 2-183

操作步骤

步骤 01 执行"文件"→"新建"命令，在弹出的"创建新文档"对话框中，设置"页面大小"为A4，"方向"为横向，如图2-184所示。单击右下角的OK按钮，新建一个A4大小的横向空白文档，效果如图2-185所示。

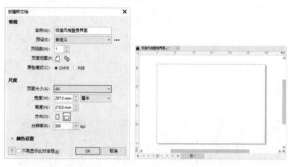

图 2-184　　　　　　　图 2-185

步骤 02 在新建的文档中绘制背景。选择工具箱中的"矩形"工具，从左上向右下拖动，绘制一个和绘图区等大的矩形。效果如图2-186所示。

步骤 03 为绘制的背景矩形填充颜色。使用"选择"工具将矩形选中，在右侧的调色板中单击色块，设置填充色，右击"无"，去除轮廓色，如图2-187所示。

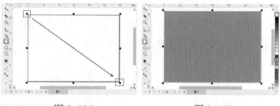

图 2-186　　　　　　　图 2-187

步骤 04 单击工具箱中的"矩形"工具按钮，在画面左上角位置绘制一个细长的矩形。效果如图2-188所示。

步骤 05 选中该矩形，在调色板中单击"冰蓝色"色块，将其填充为冰蓝色，同时去除黑色的轮廓线。效果如图2-189所示。

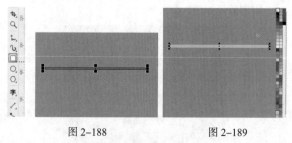

图 2-188　　　　　　　图 2-189

步骤 06 将绘制的细长矩形进行旋转。使用"选择"工

具将图形选中，在属性栏中设置"旋转角度"为30.0。同时适当调整图形的摆放位置。效果如图2-190所示。

步骤 07 使用"矩形"工具绘制细长矩形，填充为相同的颜色，将矩形进行相同度数的旋转。效果如图2-191所示。

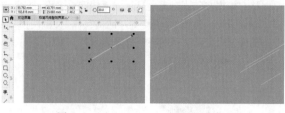

图 2-190　　　　　　　图 2-191

步骤 08 使用"矩形"工具，在画面中按住鼠标左键并拖动，绘制一个浅灰色矩形，去除黑色的轮廓线。效果如图2-192所示。

步骤 09 使用同样的方法绘制顶部和中间偏上部位的矩形，在调色板中填充合适的颜色。效果如图2-193所示（浅灰色矩形中间位置是一个颜色稍深的正方形）。

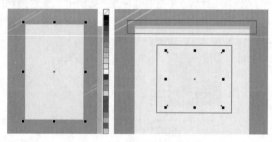

图 2-192　　　　　　　图 2-193

步骤 10 绘制浅灰色矩形底部的两个矩形。继续使用工具箱中的"矩形"工具，在浅灰色矩形中绘制一个浅蓝色的矩形，去除轮廓色。效果如图2-194所示。

步骤 11 将浅蓝色矩形选中，使用快捷键Ctrl+C进行复制，使用快捷键Ctrl+V进行粘贴。使用"选择"工具，将光标放在浅蓝色矩形上方按住鼠标左键向下拖动，此时就得到一个与原始图形等大的矩形，将其"填充色"更改为绿色。效果如图2-195所示（在将复制得到的图形向下拖动时，可以按住Shift键让图形在垂直方向上保持对齐）。

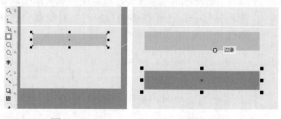

图 2-194　　　　　　　图 2-195

提示：将所绘制的矩形对齐

当画面中存在多个需要进行对齐或均匀分布的图形时，可以使用"对齐与分布"功能。例如，本案例可以按住Shift键通过单击加选矩形，然后单击属性栏中的"对齐与分布"按钮，在弹出的"对齐与分布"泊坞窗中单击"对齐"区域的"水平居中对齐"按钮进行对齐，如图2-196所示。

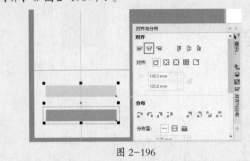

图 2-196

步骤 12 绘制在浅灰色矩形中间位置的分割线。选择工具箱中的"2点线"工具，在浅蓝色矩形上方，在按住Shift键的同时按住鼠标左键从左向右拖动，绘制一条水平的直线。效果如图2-197所示。

步骤 13 将直线选中，然后执行"窗口"→"泊坞窗"→"属性"命令，在打开的"属性"泊坞窗中设置"颜色"为灰色，"宽度"为2.0px，如图2-198所示。效果如图2-199所示。

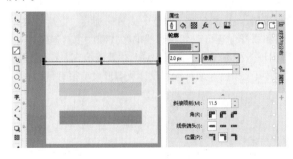

图 2-197   图 2-198

步骤 14 绘制简易头像。单击工具箱中的"矩形"工具按钮，在淡灰色正方形外围绘制一个宽度为4.0px的深灰色描边正方形。效果如图2-200所示。

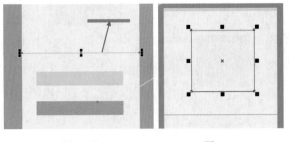

图 2-199   图 2-200

步骤 15 继续使用该工具绘制一个淡灰色的矩形，在属性栏中单击"圆角"按钮，将"同时编辑所有角"的链接断开，设置左上角和右上角的圆角数值为15.0mm，左下角和右下角的圆角数值为0.0mm，如图2-201所示。

步骤 16 绘制人物头部轮廓。选择工具箱中的"椭圆形"工具，在按住Ctrl键的同时按住鼠标左键拖动绘制一个正圆，将其填充为淡灰色并去除轮廓色。效果如图2-202所示。

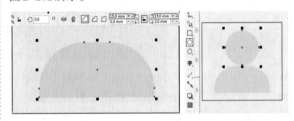

图 2-201   图 2-202

步骤 17 打开文字素材，选中文字对象，使用快捷键Ctrl+C将文字复制到剪贴板中。接着回到当前操作文档中，使用快捷键Ctrl+V进行粘贴，将其摆放在底部的两个矩形中间。至此，本案例制作完成，效果如图2-203所示。

图 2-203

填充与轮廓

本章内容简介

色彩是设计作品的第一视觉语言，任何设计作品都离不开颜色。前两章我们学习了如何使用调色板进行简单的填充色和轮廓色的设置，但是调色板中的颜色是远远不够的，这时就需要自定义颜色。在CorelDRAW中，设置颜色的方法有很多种。此外，还可以为图形填充纯色以外的效果，如渐变色、图样等。轮廓线的设置也不仅仅局限于使用调色板和属性栏进行，还可以通过"属性"泊坞窗进行。

重点知识掌握

- 掌握填充与轮廓线的设置方法
- 掌握"交互式填充"工具的使用方法
- 掌握"网状填充"工具的使用方法
- 掌握"智能填充"工具的使用方法

通过本章的学习，我们能做什么

通过本章的学习，我们可以随心所欲地进行颜色的设置，通过"交互式填充"工具为选定的图形填充渐变色和图样，还可改变轮廓线的样式和颜色。通过"网状填充"工具可以使一个图形中出现多种不规则的色彩，通过"智能填充"工具能够为两个或两个以上图层重叠的区域填充颜色，这对标志设计及图形设计很有帮助。

{重点}3.1 矢量图形的填充与轮廓线

矢量图形所展示出的色彩主要由轮廓线的颜色与填充的颜色两部分组成。轮廓线指图形的边缘线，也称为描边；填充指轮廓线内的部分。矢量图形的填充与轮廓线可以是纯色、渐变色，甚至是图案等。效果如图3-1所示。

图 3-1

一个图形，可以同时拥有填充和轮廓线，也可以只有填充或只有轮廓线。效果如图3-2所示。如果所绘制的图形没有填充、轮廓线，那么打印中的它将是不可见的。需要注意的是，在CorelDRAW中只能为矢量图形设置颜色，位图对象无法设置填充、轮廓线的颜色。

（a）填充+轮廓线　　（b）轮廓线　　（c）填充

图 3-2

提示：设置颜色的几种方法

为图形设置填充色、轮廓色的方法在前面的章节中作了简单的介绍，除了使用调色板进行填充外，还可以使用"交互式填充"工具 ◇ 进行填充。效果如图3-3所示。

或者双击界面底部的 ◇ ⬚ 填充色 按钮，在弹出的"编辑填充"对话框中进行颜色的设置，如图3-4所示。

如果要设置轮廓线的颜色、宽度等属性，可以打开界面右侧的"属性"泊坞窗进行设置。在这里只在"属性"泊坞窗的轮廓属性中设置轮廓线的颜色，如图3-5所示。

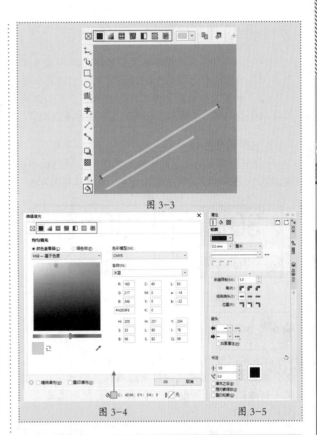

图 3-3

图 3-4　　　　图 3-5

3.2 动手练：使用调色板

调色板位于CorelDRAW界面的右侧，由一个个颜色色块组成。在这里可以通过选择一种颜色并单击的方式，为所选图形设置填充色/轮廓色。

扫一扫，看视频

{重点}3.2.1 设置填充色

1. 使用调色板设置填充色

（1）选择一个图形，如图3-6所示。

（2）单击调色板中的色块，即可填充颜色，如图3-7所示。

图 3-6　　　　图 3-7

提示：调色板的默认显示方式

"调色板"默认会根据当前文档的颜色模式发生变化，如果文档的颜色模式为RGB，则默认的调色板也是RGB；如果文档的颜色模式为CMYK，则默认的调色板也是CMYK。不同颜色模式的色彩会略有区别。

2. 去除填充色

选择一个带有填充色的图形，然后单击调色板顶部的按钮☑（图3-8），即可去除填充色，如图3-9所示。

图3-8　　　　　　　　　图3-9

提示："更改文档默认值"对话框

在未选择任何对象时单击调色板中的某一颜色色块，将会更改下次创建的对象的属性，还可以在"更改文档默认值"对话框中选择可以被更改的工具，如图3-10所示。

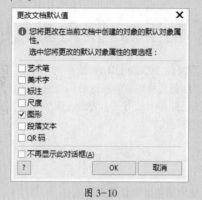

图3-10

[重点]
3.2.2　设置轮廓色

1. 使用调色板设置轮廓色

（1）选择一个图形，如图3-11所示。

（2）右击界面右侧调色板中的色块，即可为选中的图形添加轮廓色。效果如图3-12所示。

图3-11　　　　　　　　　图3-12

2. 去除轮廓色

（1）选择一个带有轮廓线的图形，如图3-13所示。

（2）右击调色板顶部的按钮☑，即可去轮廓色。效果如图3-14所示。

图3-13　　　　　　　　　图3-14

3.2.3　使用其他调色板

在默认情况下，CorelDRAW中仅显示了"默认RGB调色板"，其实还有另外几种调色板，而每种调色板中都有大量的颜色可供选择，非常方便。

（1）执行"窗口"→"调色板"→"调色板"命令，如图3-15所示。

图3-15

（2）此时在打开的"调色板"泊坞窗中可以看到不同颜色的分类选项，如果其前方带有一个黑色的对钩，则表明该色板已经被打开。单击"调色板"选项前面的三角图形后，可以显示更多的选项窗口，如图3-16所示。例如，在"灰度百分比"前面的小方框中单击，随即在右侧的调色板中将出现相应的色块，如图3-17所示。

图 3-16　　　　　　　图 3-17

3.2.4　练习案例：使用调色板轻松填充颜色，制作同类色搭配

文件路径	资源包\第3章\使用调色板轻松填充颜色，制作同类色搭配
难易指数	★★★★★
技术掌握	调色板、"矩形"工具

扫一扫，看视频

案例效果

案例效果如图3-18所示。

图 3-18

操作步骤

步骤 01 首先执行"文件"→"新建"命令，新建一个宽度和高度相同的空白文档。接着选择工具箱中的"矩形"工具，绘制一个和绘图区等大的矩形，如图3-19所示。

步骤 02 执行"窗口"→"调色板"→"调色板"命令，如图3-20所示。

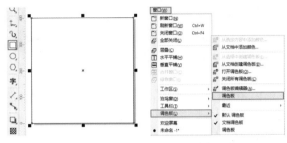

图 3-19　　　　　　　图 3-20

步骤 03 将"调色板"泊坞窗打开，单击Spot前面的三角图形，将隐藏选项展开。然后单击PANTONE前面的三角图形，在展开的隐藏选项中选择® Goe™ coated。此时在右侧的调色板中即可看到该颜色的色板，如图3-21所示。

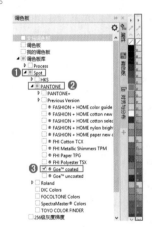

图 3-21

步骤 04 使用"选择"工具将绘制的矩形选中，在右侧的调色板中单击，选择合适的颜色色块进行颜色的填充。然后右击顶部的按钮⊠，去除黑色的轮廓线，如图3-22所示。

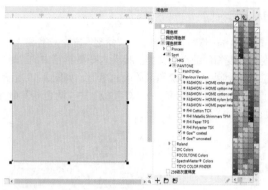

图 3-22

步骤 05 继续使用"矩形"工具，绘制一个1/2绘图区大小的矩形，放在画板左侧，将其填充为比背景稍深一些的颜色，去除轮廓线，如图 3-23 所示。

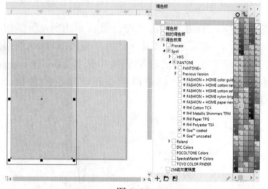

图 3-23

步骤 06 绘制案例效果中的正方形。在使用"矩形"工具的状态下，按住Ctrl键的同时按住鼠标左键，在画板中间绘制一个正方形，将其填充为橙色，同时去除轮廓线。效果如图 3-24 所示。

步骤 07 在画面中添加文字。执行"文件"→"导入"命令，在橙色正方形上中按住鼠标左键拖动将文字导入。此时案例制作完成，效果如图 3-25 所示。

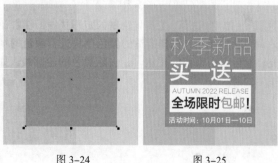

图 3-24　　　　　　图 3-25

3.3 单色填充与渐变填充

使用调色板虽然可以更方便地设置颜色，但是其中的颜色数量是有限的，有时无法满足设计需要。更多时候需要使用"交互式填充"工具来完成。"交互式填充"工具集合了多种填充效果，其中包括"纯色""渐变""图样"以及其他丰富多彩的效果。

选择工具箱中的"交互式填充"工具 ，在属性栏中可以看到多种填充方式，如图 3-26 所示。

图 3-26

除此之外，还可以在选中对象后，双击界面右下角的"填充色"按钮，在弹出的"编辑填充"对话框中选择"纯色""渐变""图样"等填充方式，如图 3-27 所示。

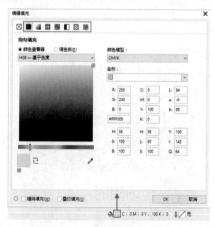

图 3-27

- 无填充 ：选择一个图形，单击"无填充"按钮，可将其填充色去除。
- 均匀填充 ：在封闭图形对象内填充纯色。

- 渐变填充 ：这是设计中常用的一种颜色填充方式，既增强了图形对象的可视效果，又丰富了信息的传达方式。
- 向量图样填充 ▦：可以将大量重复的图案以拼贴的方式填入图形对象中，使图形对象呈现更丰富的视觉效果，常用于材质及质感的效果表现。
- 位图图样填充 ▧：可以将位图填充到选择的图形中。
- 双色图样填充 ▨：可以在预设的下拉面板中选择一种黑白双色图样，然后通过分别设置前景色和背景色来改变图样效果。
- 底纹填充 ▩：使用一系列自然纹理来填充图形。
- PostScript填充 ▥：使用由PostScript语言计算出来的花纹来填充，这种填充不仅纹路细腻，而且占用的空间不大，适用于较大面积的花纹设计。

[重点]3.3.1 动手练：单色填充

（1）选择要填充的图形，单击工具箱中的"交互式填充"工具按钮 ◈，然后单击属性栏中的"均匀填充"按钮 ▊，就会在属性栏中显示用来设置均匀填充的相关参数，如图3-28所示。

（2）单击"填充色"按钮 ▊ ▾，在弹出的下拉面板中拖动颜色条上的滑块选择一种色相，然后在左侧的色域中单击，选择一种颜色，如图3-29所示。填充效果如图3-30所示。

图 3-28

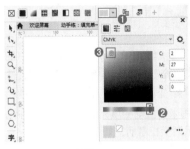

图 3-29

图 3-30

这里有多种选择纯色的方法，如果单击"显示颜色滑块"按钮 ▤，则可以通过拖动滑块调整颜色，如图3-31所示；如果单击"显示调色板"按钮 ▦，则可以通过单击色块设置颜色，如图3-32所示。

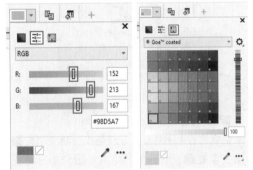

图 3-31   图 3-32

> **提示**：用精确数值进行颜色设置的方法
>
> 为了更加精确地设置颜色，可以通过在下拉面板右侧的"颜色"数值框中输入相应的数值来指定颜色，如图3-33所示。可以在"模式"下拉列表中选择不同的颜色模式，进行颜色设置，如图3-34所示。
>
>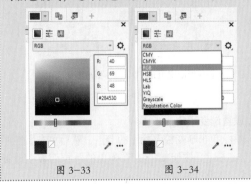
>
> 图 3-33   图 3-34

{重点}3.3.2 动手练：渐变填充

扫一扫，看视频

选中要填充的图形，单击工具箱中的"交互式填充"工具按钮，然后单击属性栏中的"渐变填充"按钮，就会在属性栏中显示用来设置渐变填充的相关参数，在选择的图形上也会显示渐变控制柄，如图3-35所示。

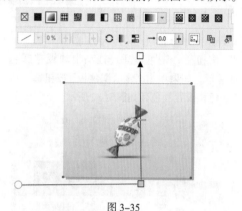

图 3-35

1. 渐变填充类型

渐变填充有4种类型，分别是线性渐变填充、椭圆形渐变填充、圆锥形渐变填充和矩形渐变填充。效果如图3-36所示。

（a）线性渐变填充　　（b）椭圆形渐变填充

（c）圆锥形渐变填充　　（d）矩形渐变填充

图 3-36

2. 设置渐变颜色

方法1：单击渐变控制柄上的节点，然后单击属性栏中的"节点颜色"按钮，在弹出的下拉面板中设置渐变颜色，如图3-37所示。

图 3-37

方法2：单击渐变控制柄上的节点，随即在其下方出现浮动工具栏，从中单击左侧的"节点颜色"按钮，在弹出的下拉面板中设置渐变颜色，如图3-38所示。

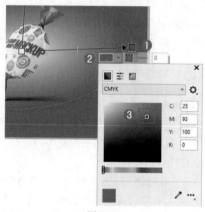

图 3-38

3. 添加或删除节点

如果要对某一处的颜色进行单独编辑，可以添加节点。

（1）将光标放置在渐变控制柄上，如图3-39所示。

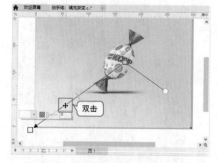

图 3-39

（2）双击，即可添加一个节点，添加后就可以进行颜色的编辑，如图3-40所示。在渐变控制柄上可以添加多个节点，如图3-41所示。

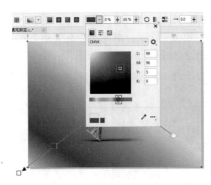

图 3-40

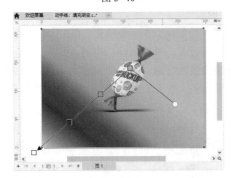

图 3-41

如果要删除节点，则先单击节点将其选中，然后按Delete键，或者直接双击节点。

4. 调整渐变效果

在只有两种颜色的渐变中，可以通过拖动渐变控制柄上的滑块┼来调整两种颜色的过渡效果，如图 3-42 和图 3-43 所示。

图 3-42　　　　　　　图 3-43

渐变控制柄上的圆形控制点○主要用来调整渐变的角度，拖动该控制点即可调整渐变效果。图 3-44 和图 3-45 所示为线性渐变填充和椭圆形渐变填充中拖动圆形控制点○进行调整后的效果。

图 3-44　　　　　　　图 3-45

拖动渐变控制柄上的箭头→，可以移动渐变控制柄的位置，从而改变渐变效果，如图 3-46 和图 3-47 所示。

图 3-46　　　　　　　图 3-47

还可以以旋转的方式拖动颜色节点，从而调整渐变效果，如图 3-48 所示。

图 3-48

5. 调整节点透明度

单击一个节点将其选中，在属性栏中的"节点透明度"选项 100 % ┼中设置节点的透明度，数值越大，节点越透明，如图 3-49 所示。

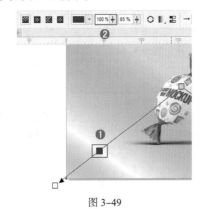

图 3-49

也可以单击节点后，在浮动工具栏中进行设置，如图3-50所示。

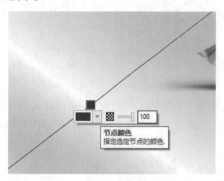

图 3-50

6. 反转填充

选择填充渐变的图形，在"交互式填充"工具的属性栏中单击"反转填充"按钮○，如图3-51所示。即可看到渐变颜色反转的效果，如图3-52所示。

图 3-51　　　　　　　　图 3-52

7. 设置渐变排列方式

渐变有3种排列方式，即"默认渐变填充""重复和镜像""重复"。当渐变控制柄小于图形的大小时，渐变排列方式才有效。在属性栏中单击"排列"按钮█，在弹出的下拉列表中可以看到这3种渐变排列方式，如图3-53所示。

选择"默认渐变填充"选项，渐变会变成从一种颜色过渡到另外一种颜色的效果，末端节点颜色会填充图形的剩余部分，如图3-54所示。

图 3-53　　　　　　　　图 3-54

选择"重复和镜像"选项，渐变会以重复和镜像的方式填充整个图形，如图3-55所示。

选择"重复"选项，渐变会以重复的方式填充整个图形，如图3-56所示。

图 3-55　　　　　　　　图 3-56

8. 平滑

"平滑"功能用来在渐变填充节点之间创建更加平滑的颜色进行过渡。单击属性栏中的"平滑"按钮█，即可控制该功能的启用。图3-57所示为未启用"平滑"功能的效果；图3-58所示为启用"平滑"功能的效果。

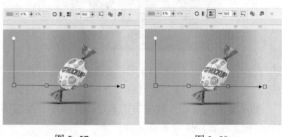

图 3-57　　　　　　　　图 3-58

9. 加速

"加速"选项█用来指定渐变填充从一种颜色变为另一种颜色的速度。图3-59所示是"加速"为0和100的对比效果。

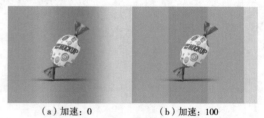

（a）加速：0　　　　　　（b）加速：100

图 3-59

> **提示：使用"编辑填充"对话框编辑渐变颜色**
>
> 选择图形，在"渐变填充"状态下单击属性栏中的"编辑填充"按钮█，或者双击界面右下角的◇█按钮，都可以打开如图3-60所示的"编辑填充"对话框。

中文版CorelDRAW 2022从入门到实战（全程视频版）（上册）

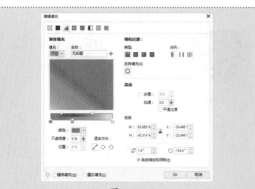

图 3-60

在渐变颜色条上双击，即可添加颜色节点；接着通过"节点颜色"选项 ▧ ▾ 编辑颜色，在"编辑填充"对话框的预览框中可以预览渐变效果，如图3-61所示。在"编辑填充"对话框中，还有其他编辑渐变颜色的功能，其操作方法与操作属性栏中的选项的方法相同。

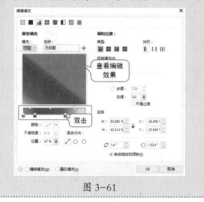

图 3-61

3.3.3 练习案例：制作渐变色的下载按钮

文件路径	资源包\第3章\制作渐变色的下载按钮
难易指数	★★★★★
技术掌握	"交互式填充"工具、渐变填充

扫一扫，看视频

案例效果

案例效果如图3-62所示。

图 3-62

操作步骤

步骤 01 执行"文件"→"新建"命令，新建一个A4大小的横向空白文档，接着选择工具箱中的"矩形"工具，绘制一个与绘图区等大的矩形；然后将其填充为紫色，并去除黑色的轮廓线。效果如图3-63所示。

步骤 02 继续使用"矩形"工具，在画面中间绘制一个白色的矩形，并去除轮廓线，如图3-64所示。

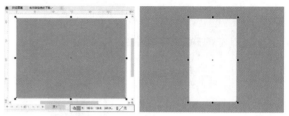

图 3-63   图 3-64

步骤 03 制作白色矩形底部的投影效果。将白色矩形选中，使用快捷键Ctrl+C复制，再使用快捷键Ctrl+V粘贴，将其填充为颜色深一些的紫色。效果如图3-65所示。

步骤 04 调整图层顺序。在深紫色矩形被选中状态下，右击，执行"顺序"→"向后一层"命令，将其摆放在白色矩形下层。然后将白色矩形适当地往左上角移动，将底部图形显示出来，白色矩形的阴影效果制作完成。效果如图3-66所示。

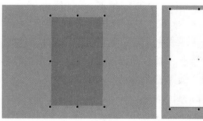

图 3-65   图 3-66

步骤 05 制作箭头效果。选择工具箱中的"常见的形状"工具，在下拉面板中的"箭头形状"区域选择合适的箭头形状，在白色矩形上绘制。效果如图3-67所示。

步骤 06 对绘制的箭头形状进行调整。将箭头形状选中，选择工具箱中的"形状"工具，将光标放在红色控制点上，按住鼠标左键拖动进行调整。效果如图3-68所示。

步骤 07 继续使用"形状"工具，对形状进行调整。同时使用"选择"工具将箭头图形调整至合适大小。然后为其填充任意一种颜色，去除轮廓线。效果如图3-69所示。

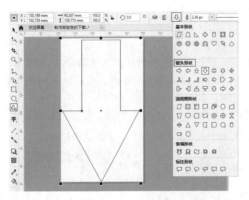

图 3-67

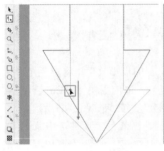

图 3-68   图 3-69

步骤 08 为箭头图形填充渐变色。在图形被选中状态下，选择工具箱中的"交互式填充"工具，在属性栏中单击"渐变填充"按钮，设置"渐变类型"为"线性渐变"。画面效果如图 3-70 所示。

步骤 09 在"交互式填充"工具使用状态下，将光标放在左侧的黑色节点上，按住鼠标左键向箭头图形的中间位置拖动。效果如图 3-71 所示。

图 3-70   图 3-71

步骤 10 使用同样的方法将白色节点向下方拖动，使两个节点与箭头朝向相一致。效果如图 3-72 所示。

步骤 11 从案例效果中可以看出，箭头图形是 3 种颜色的渐变效果，所以需要在渐变控制柄上添加一个节点。将光标放在控制柄上双击，即可添加节点，如图 3-73 所

示（删除节点的方法可参考 3.3.2 小节）。

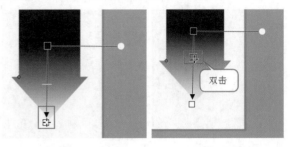

图 3-72   图 3-73

步骤 12 对每个节点的颜色进行调整。单击最顶端的黑色节点，接着单击属性栏中的"节点颜色"按钮，在弹出的下拉面板中设置颜色，如图 3-74 所示。

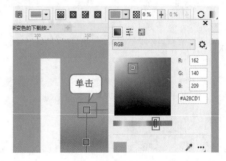

图 3-74

步骤 13 除了上一种方法之外，还可以单击该渐变节点，其下方会出现浮动工具栏，在浮动工具栏中单击右侧的"节点颜色"按钮，即可进行颜色的设置，如图 3-75 所示。第一个节点的颜色设置完成。但是颜色节点所在位置过低，需要将其向上移动。

步骤 14 将光标放在节点上方，按住鼠标左键往上拖动。效果如图 3-76 所示。

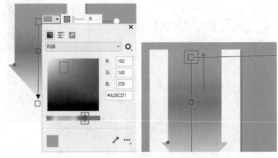

图 3-75   图 3-76

步骤 15 使用同样的方法，对其他两个节点的颜色进行更改，效果如图 3-77 所示。添加的节点的位置是可以更

改的。不同的位置，呈现的效果不同。

步骤 16 制作箭头底部的白色矩形框。选择工具箱中的"矩形"工具，按住鼠标左键拖动绘制矩形，如图3-78所示。

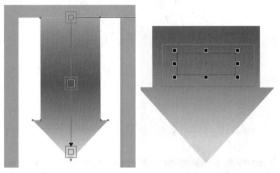

图 3-77　　　　　　　图 3-78

步骤 17 将矩形选中，打开"属性"泊坞窗，设置"颜色"为白色，"宽度"为8.0px，如图3-79所示。效果如图3-80所示。

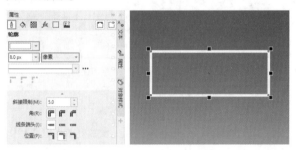

图 3-79　　　　　　　图 3-80

步骤 18 将文字素材打开，使用快捷键Ctrl+C将全部文字复制到剪贴板中。然后回到当前文档，使用快捷键Ctrl+V进行粘贴，摆放在合适的位置。至此，本案例制作完成，效果如图3-81所示。

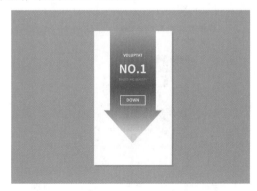

图 3-81

3.4 动手练：填充不同类型的图样

3.4.1 向量图样填充

"向量图样填充" ▦ 通过将大量重复的图案以拼贴的方式填入对象图形中，使对象图形呈现更丰富的视觉效果，常用于材质及质感效果的表现。

扫一扫，看视频

1. 为图形填充向量图样

（1）首先选择一个图形，单击工具箱中的"交互式填充"工具按钮 ◇ ，然后单击属性栏中的"向量图样填充"按钮 ▦ ，此时选中的图形被填充了默认的图样，如图3-82所示。

图 3-82

（2）选择其他的图样进行填充。单击属性栏中的"填充挑选器"按钮 ▦▾ ，再通过单击下拉面板中的缩览图选择图样，如图3-83所示。

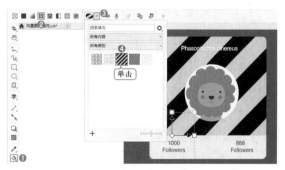

图 3-83

2.调整图样效果

图形被填充图样后会显示控制柄，拖动圆形控制点○既可以等比缩放图样，又可以旋转图样，效果如图3-84所示。

图 3-84

拖动方形控制点□可以非等比缩放图样，效果如图3-85所示。

图 3-85

> 提示：其他图样的填充方式
>
> 进行"位图图样填充" ▦、"双色图样填充" ◫ 及"底纹填充" ▦ 后都会显示控制柄，通过控制柄编辑图样的方法与"向量图样填充" ▦ 的方法相同。

3.调整图样平铺效果

图样平铺的本质是由一个图案通过不断复制的方式进行无缝填充。效果如图3-86所示。

图 3-86

单击"水平镜像平铺"按钮▦，效果如图3-87所示。
单击"垂直镜像平铺"按钮▦，效果如图3-88所示。

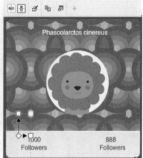

图 3-87　　　　　　　　图 3-88

3.4.2　位图图样填充

"位图图样填充" ▦ 可以将预先设置好的无缝拼接图案填充到所选图形中。

1.为图形填充位图图样

（1）首先选择一个图形，单击工具箱中的"交互式填充"工具按钮 ◇，然后单击属性栏中的"位图图样填充"按钮 ▦，随即被选中的图形会以默认的位图图样进行填充。效果如图3-89所示。

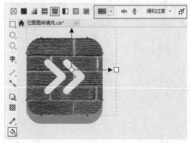

图 3-89

（2）选择位图图样。单击属性栏中的"填充挑选器"按钮 ▦▾，再通过单击下拉面板中的缩览图选择要填充的位图图样。效果如图3-90所示。

图 3-90

2. 设置位图图样调和过渡

（1）"调和过渡"选项用来调整图样平铺的颜色和边缘过渡。选择以位图图样填充的图形，如图3-91所示。

（2）在属性栏中单击"调和过渡"右侧的下拉按钮，在弹出的下拉面板中可以进行相应的设置，如图3-92所示。

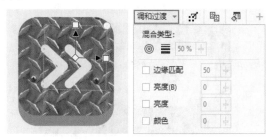

图 3-91   图 3-92

- 径向调和◎：在每个图样平铺角中，在对角线方向调和图像的一部分。
- 线性调和▤ 50 % ➕：调和图样平铺边缘和相对边缘。
- 边缘匹配 ☑ 边缘匹配 50 ➕：使图样平铺边缘与相对边缘的颜色过渡平滑。
- 亮度（B）☑ 亮度(B) 0 ➕：增加或降低位图图样的亮度。图3-93所示为不同亮度（B）的对比效果。

图 3-93

- 亮度 ☑ 亮度 0 ➕：增加或降低图样的灰阶对比度。图3-94所示为不同亮度的对比效果。

图 3-94

- 颜色 ☑ 颜色 0 ➕：增加或降低图样的颜色对比度。图3-95所示为不同颜色的对比效果。

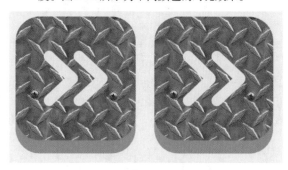

图 3-95

3. 将图像素材作为位图图样进行填充

在CorelDRAW中还可以将图像素材作为位图图样进行填充。

（1）单击属性栏中的"编辑填充"按钮 🖳，在弹出的"编辑填充"对话框中单击"选择"按钮，如图3-96所示。

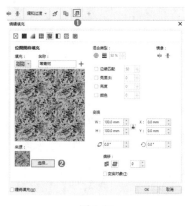

图 3-96

（2）在弹出的"导入"对话框中选择要使用的位图图样文件，单击"导入"按钮，如图3-97所示。

图 3-97

（3）单击"编辑填充"对话框中的OK按钮，如图3-98所示。

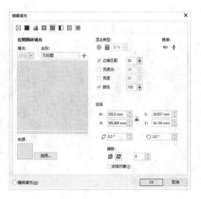

图 3-98

至此，该图像素材就被作为位图图样填充了，效果如图3-99所示。

图 3-99

【重点】3.4.3 双色图样填充

"双色图样填充" 🔲 是在预设下拉面板中选择一种黑白双色图样，然后通过分别设置前景色和背景色来改变

图样效果的。双色图样填充常用于制作背景。

1. 填充双色图样

（1）选中要填充的图形，如图3-100所示。

图 3-100

（2）单击工具箱中的"交互式填充"工具按钮 🔷，在属性栏中单击"双色图样填充"按钮 🔲，就会在属性栏中显示用于设置双色图样填充的相关选项。此时图形会被填充为默认的双色图样。效果如图3-101所示。

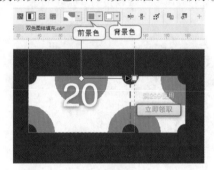

图 3-101

（3）选择图样。单击属性栏中的"第一种填充色或图样"按钮，在弹出的下拉面板中选择图样进行填充，如图3-102所示。

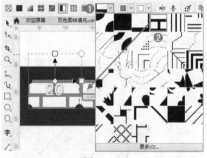

图 3-102

2. 更改双色图样的颜色

在属性栏中，"前景色"选项主要用于设置图样的颜色。单击其右侧的下拉按钮，在弹出的下拉面板中可以根据需要选择合适的颜色，如图3-103所示。

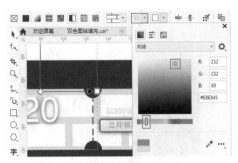

图 3-103

"背景色"选项则用于设置背景的颜色。单击其右侧的下拉按钮选择合适的颜色,如图 3-104 所示。

图 3-104

3. 自定义双色图样

(1)单击属性栏中的"第一种填充色或图样"右侧的下拉按钮,在弹出的下拉面板中单击"更多"按钮,如图 3-105 所示。

图 3-105

(2)在弹出的"双色图案编辑器"对话框中进行图案的编辑,然后单击OK按钮,如图 3-106 所示。此时,填充效果如图 3-107 所示。

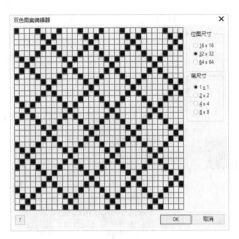

图 3-106

图 3-107

3.4.4 底纹填充

"底纹填充" ▦ 使用预设的一系列自然纹理填充图形,还可以使用它更改底纹各个部分的颜色。

1. 为图形进行底纹填充

(1)选择一个图形,如图 3-108 所示。

(2)单击工具箱中的"交互式填充"工具按钮 ◈,然后单击属性栏中的"底纹填充"按钮 ▦,所选图形就会被填充上默认的底纹,效果如图 3-109 所示。

图 3-108

图 3-109

（3）挑选底纹。在属性栏中打开 ![样品]下拉列表，从中选择一个合适的底纹库，然后单击"填充挑选器"按钮，在弹出的下拉面板中选择合适的底纹，如图3-110所示。填充后的效果如图3-111所示。

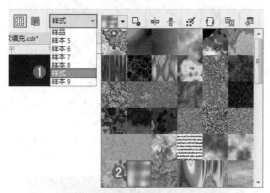

图 3-110

图 3-111

2. 编辑底纹选项

单击属性栏中的"底纹选项"按钮，在弹出的"底纹选项"对话框中可以对底纹的"位图分辨率"和"最大拼贴宽度"进行设置，如图3-112所示。

图 3-112

3. 编辑底纹样式

（1）预设好的底纹，各个部分的颜色都可以更改。

选择底纹填充的图形，单击属性栏中的"编辑填充"按钮，如图3-113所示。

图 3-113

（2）在"编辑填充"对话框右侧可以对底纹的密度、亮度等属性进行设置（每种底纹的设置选项不同），如图3-114所示。

图 3-114

（3）设置完成后单击OK按钮，效果如图3-115所示。

图 3-115

3.4.5 PostScript填充

"PostScript填充"▒填充的是一种由PostScript语言计算出的填充花纹，这种填充花纹纹路细腻，占用的空间也不大，适用于较大面积的花纹设计。

1. 为图形进行PostScript填充

（1）选择一个图形，单击工具箱中的"交互式填充"工具按钮◇，在属性栏中单击"PostScript填充"按钮▒，所选图形就会被填充为默认的图样。效果如图3-116所示。

图 3-116

（2）选择图样。单击属性栏中的"PostScript填充底纹"按钮，在弹出的下拉列表中选择图样，如图3-117所示。

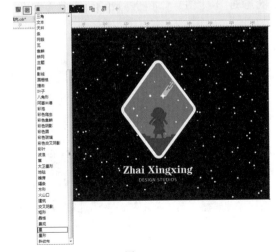

图 3-117

2. 编辑PostScript填充

选择带有PostScript填充的图形，单击属性栏中的"编辑填充"按钮▒，打开"编辑填充"对话框。在"填充底纹"下拉列表中选择图样，再对图样进行相应的参数设置（随着参数的变化，图样效果也会发生变化）。在"填充底纹"下拉列表框下方可以预览PostScript填充图样的效果，如图3-118所示。

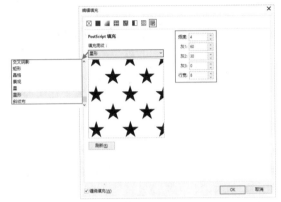

图 3-118

3.4.6 练习案例：制作带有图案的按钮

文件路径	资源包\第3章\制作带有图案的按钮
难易指数	★★★★★
技术掌握	"交互式填充"工具、向量图样填充

扫一扫，看视频

案例效果

案例效果如图3-119所示。

图 3-119

操作步骤

步骤 01 新建一个A4大小的横向空白文档。接着选择工具箱中的"矩形"工具，绘制一个与绘图区等大的矩形。然后将其填充为薄荷绿，去除黑色的轮廓线。效果如图3-120所示。

步骤 02 在画面中绘制圆角矩形。选择工具箱中的"矩形"工具，在属性栏中单击"圆角"按钮，设置"圆角半径"为11.0mm，设置完成后按Enter键。然后在画面中按住鼠标左键拖动，绘制图形，效果如图3-121所示。

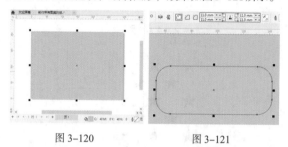

图3-120　　　　　　　图3-121

步骤 03 将绘制的图形选中，在属性栏中设置"轮廓宽度"为20.0px，将轮廓色设置为白色。效果如图3-122所示。

步骤 04 为绘制的圆角矩形填充图案效果。在图形被选中状态下，选择工具箱中的"交互式填充"工具，在属性栏中单击"向量图样填充"按钮，在"填充挑选器"的下拉面板中选择合适的填充类型，随即选中的图形就被填充了所选的向量图样。效果如图3-123所示。

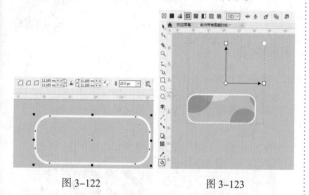

图3-122　　　　　　　图3-123

步骤 05 在图形上方添加文字，丰富按钮效果。将文字素材打开，使用快捷键Ctrl+C将其复制到剪贴板中。然后回到当前文档，使用快捷键Ctrl+V粘贴，将复制得到的文字摆放在图形的中间，效果如图3-124所示。

步骤 06 将制作完成的第一个按钮复制一份，放在其右侧。然后在"交互式填充"工具使用状态下，进行填充图样的更改，调整填充比例。效果如图3-125所示。

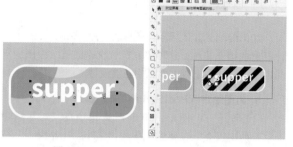

图3-124　　　　　　　图3-125

至此，本案例制作完成，效果如图3-126所示。

图3-126

3.5 动手练：设置轮廓线样式

扫一扫，看视频

轮廓线是矢量图形的重要组成部分，可以根据需要调整其颜色、粗细、样式等属性。图3-127~图3-129所示为优秀作品。

图3-127

图 3-128　　　　　　　　图 3-129

方法1：选择一个图形，在属性栏中可以看到用来设置轮廓线的相关选项，如图3-130所示。

方法2：打开界面右侧的"属性"泊坞窗，在泊坞窗中进行轮廓线的设置，如图3-131所示。

图 3-130　　　　　　　　图 3-131

方法3：双击界面右下方的"轮廓笔"按钮 <img> （快捷键F12），在弹出的"轮廓笔"对话框中进行轮廓线的设置，如图3-132所示。

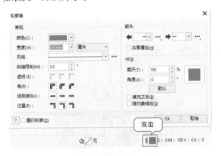

图 3-132

【重点】3.5.1　设置轮廓线的颜色

方法1：右击调色板中的色块即可更改轮廓线的颜色，如图3-133所示。

图 3-133

方法2：在"属性"泊坞窗中单击 <img> 按钮，在弹出的下拉面板中选择需要的颜色，如图3-134所示。效果如图3-135所示。

图 3-134　　　　　　　　图 3-135

【重点】3.5.2　设置轮廓线的宽度

1. 利用属性栏设置轮廓线的宽度

选择一个图形，如果所选图形带有轮廓线，那么在属性栏中可以显示当前轮廓宽度，如图3-136所示。

方法1：单击属性栏中的"轮廓宽度"右侧的按钮 <img> ，在弹出的下拉列表中选择一种预设的宽度数值，如图3-137所示。

方法2：直接在"轮廓宽度"数值框中输入数值，然后按Enter键确认，如图3-138所示。

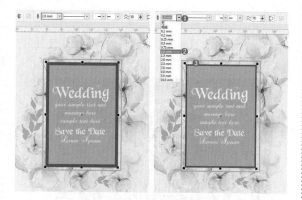

图 3-136   图 3-137

图 3-138

2. 利用"轮廓笔"对话框设置轮廓线的宽度

选择一个图形，双击界面右下方的"轮廓笔"按钮 （快捷键F12），在弹出的"轮廓笔"对话框中，通过"宽度"选项来设置轮廓线的宽度，如图3-139所示。

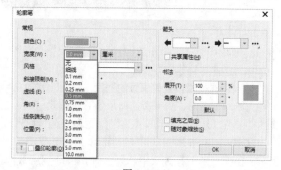

图 3-139

在其右侧的下拉列表中可以设置轮廓线宽度的单位，如图3-140所示。

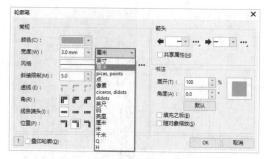

图 3-140

{重点}3.5.3　制作虚线轮廓

在默认情况下，轮廓线的样式为实线，但可以根据需要将其更改为不同效果的虚线。

1. 更改轮廓线的样式

（1）选择一个带有轮廓线的图形，在属性栏中单击"线条样式"右侧的下拉按钮，在弹出的下拉列表中有多种轮廓线样式，如图3-141所示。

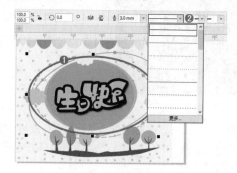

图 3-141

（2）从中选择一种虚线样式，即可将轮廓线变为虚线。效果如图3-142所示。

图 3-142

2. 自定义轮廓线的样式

如果在"线条样式"下拉列表中没有找到自己满意的轮廓线样式,那么可以自定义轮廓线样式。

(1)在"线条样式"下拉列表中,单击"更多"按钮,打开"编辑线条样式"对话框,如图3-143所示。打开"属性"泊坞窗,单击"线条样式"右侧的"设置"按钮•••(图3-144),也可以打开"编辑线条样式"对话框。

图3-143　　　　　　　　图3-144

(2)在"编辑线条样式"对话框中拖动滑块,自定义一种虚线样式,然后单击"添加"按钮,如图3-145所示。

图3-145

3.5.4　制作带有箭头的线条

箭头是一种常见的图形,在设计作品中经常会用到。在CorelDRAW中无须动手绘制,即可快速为开放的路径添加箭头。

(1)选择一段开放的路径,在属性栏中可以看到用于设置"起始箭头"(左侧)和"终止箭头"(右侧)的相关选项,如图3-146所示。

(2)单击"起始箭头"的下拉按钮,在弹出的下拉面板中选择所需样式,如图3-147所示,即可在路径的起始位置添加箭头。

图3-146　　　　　　　　图3-147

(3)同样地,单击"终止箭头"的下拉按钮,在弹出的下拉面板中选择所需样式,如图3-148所示,即可在路径的终止位置添加箭头。

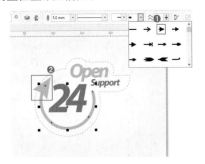

图3-148

3.5.5　设置不同类型的转角

通过对角样式的设置可以控制线条中角的形状。

(1)选择图形,如图3-149所示。

(2)执行"窗口"→"泊坞窗"→"属性"命令,打开"属性"泊坞窗,在"角"选项组中选择所需的角样式(共3种:"斜接角" 、"圆角" 和"斜切角"),如图3-150所示。

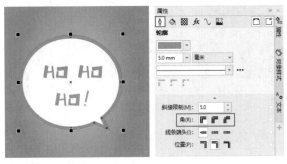

图3-149　　　　　　　　图3-150

图3-151所示为3种不同角样式的效果。

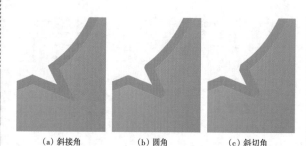

| (a) 斜接角 | (b) 圆角 | (c) 斜切角 |

图 3-151

3.5.6 设置线条的端头样式

通过设置线条端头样式，可以更改路径上起点和终点的外观。

（1）选中一条开放的路径，如图 3-152 所示。

（2）执行"窗口"→"泊坞窗"→"属性"命令，打开"属性"泊坞窗，在"线条端头"选项组中选择所需的端头样式（共 3 种："方形端头" ▭、"圆形端头" ▭ 和"延伸方形端头" ▭），如图 3-153 所示。

| 图 3-152 | 图 3-153 |

图 3-154 所示为 3 种不同端头样式的效果。

| (a) 方形端头 | (b) 圆形端头 | (c) 延伸方形端头 |

图 3-154

3.5.7 设置轮廓线的位置

"位置"选项组用来设置描边位于路径的相对位置，有"外部轮廓" ⌐、"居中的轮廓" ⌐ 和"内部轮廓" ⌐ 3 种。

（1）选择一个图形，如图 3-155 所示。

（2）打开"属性"泊坞窗，先为其设置合适的"颜色"和"轮廓宽度"，接着在"位置"选项组中选择所需的样式来设置轮廓线的位置，如图 3-156 所示。

| 图 3-155 | 图 3-156 |

图 3-157 所示为轮廓线在不同位置的效果。

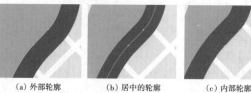

| (a) 外部轮廓 | (b) 居中的轮廓 | (c) 内部轮廓 |

图 3-157

3.5.8 设置轮廓线的书法样式

在"书法"选项组中，可以通过设置"延展"与"斜移笔尖"来调整笔尖形状，笔尖形状改变后能够模拟书法效果。"延展"用来设置将笔尖从正方形改为矩形或从正圆形改为椭圆形；"斜移笔尖"用来调整笔尖相对于绘图画面的角度。

（1）选择一个带有轮廓线的对象，如图 3-158 所示。

图 3-158

（2）在"延展"和"斜移笔尖"数值框中输入相应的数值，或者直接在"笔尖形状"缩览图上按住鼠标

中文版 CorelDRAW 2022 从入门到实战（全程视频版）（上册）

左键拖动，调整笔尖形状，设置完成后按Enter键，如图3-159所示。效果如图3-160所示。

图3-159　　　　　　图3-160

【重点】3.5.9　将轮廓转换为对象

"将轮廓转换为对象"就是将轮廓线转换为形状，这样就可以将轮廓部分单独作为一个对象进行编辑。例如，填充纯色以外的内容，从而打造更丰富的描边效果。

（1）选中相应的轮廓线对象，如图3-161所示。

（2）执行"对象"→"将轮廓转换为对象"命令（快捷键Ctrl+Shift+Q），即可将轮廓线转换为独立的图形，接着为其填充渐变颜色。效果如图3-162所示。

图3-161　　　　　　图3-162

3.5.10　练习案例：设置轮廓线参数制作立体文字

文件路径	资源包\第3章\设置轮廓线参数制作立体文字
难易指数	★★★★★
技术掌握	设置轮廓线宽度、设置轮廓线颜色

扫一扫，看视频

案例效果

案例效果如图3-163所示。

图3-163

操作步骤

步骤01 新建一个A4大小的横向空白文档。选择工具箱中的"矩形"工具，绘制一个与绘图区等大的矩形。然后将其填充为紫色，去除黑色的轮廓线。效果如图3-164所示。

步骤02 为绘制的矩形填充渐变色。在图形选中状态下，选择工具箱中的"交互式填充"工具。在属性栏中单击"渐变填充"按钮，设置"渐变类型"为"线性渐变填充"。设置完后编辑一个紫色系的垂直渐变。效果如图3-165所示。

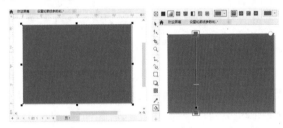

图3-164　　　　　　图3-165

步骤03 在文档中绘制正圆。选择工具箱中的"椭圆形"工具，在渐变背景中间按住Shift键和Ctrl键的同时按住鼠标左键，拖动绘制一个正圆。效果如图3-166所示。

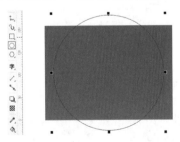

图3-166

步骤04 为绘制的正圆设置轮廓线宽度与颜色。将图形选中，打开"属性"泊坞窗，设置其颜色为粉色，"轮廓宽度"为150.0px，完成后按Enter键，如图3-167所示。效果如图3-168所示。

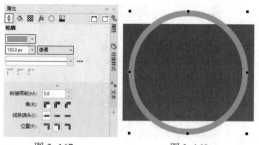

图 3-167 图 3-168

步骤 05 继续使用"椭圆形"工具，在描边正圆内部绘制一个较小的正圆，将其填充为淡粉色，去除轮廓线。效果如图 3-169 所示。

步骤 06 在粉色正圆选中状态下，选择工具箱中的"交互式填充"工具，在属性栏中单击"椭圆形渐变填充"按钮■，然后编辑节点的颜色，效果如图 3-170 所示。

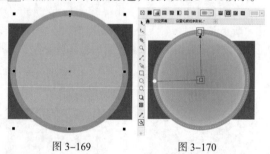

图 3-169 图 3-170

步骤 07 将粉色正圆选中，复制一份。接着将光标放在复制得到图形的定界框一角，在按住Shift键的同时按住鼠标左键将其进行等比例中心缩小。去除填充色，将轮廓线填充为紫色。然后在属性栏中设置"轮廓宽度"为16.0px，如图 3-171 所示。

步骤 08 将紫色的圆环复制，进行适当的等比例中心缩小。然后在属性栏中设置"轮廓宽度"为200.0px。完成后按Enter键，如图 3-172 所示。将轮廓线粗细程度不同的两个紫色圆环选中，使用快捷键Ctrl+G进行编组，以便后续操作。

图 3-171 图 3-172

步骤 09 继续绘制多层次的圆形与圆环，如图 3-173 所示。

步骤 10 所有正圆绘制完成，但是有超出绘图区的部分，需要将其进行裁剪处理。将编组的正圆选中，单击工具箱中的"裁剪"工具按钮，以绘图区作为边界绘制裁剪范围，如图 3-174 所示。

 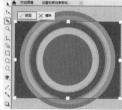

图 3-173 图 3-174

步骤 11 裁剪范围绘制完成后，按Enter键，或者单击左上角的"裁剪"按钮，即可将超出画面的部分裁剪掉。效果如图 3-175 所示。

步骤 12 在正圆中间添加文字。将文字素材打开，选中文字，使用快捷键Ctrl+C将其复制到剪贴板中。然后回到当前文档，使用快捷键Ctrl+V粘贴，将粘贴得到的文字摆放在画面中间。至此，本案例制作完成，效果如图 3-176 所示。

图 3-175 图 3-176

3.6 其他填充方式

3.6.1 动手练：认识"网状填充"工具

"网状填充"工具是一种多点填色的工具，使用它可以在图形上应用复杂多变的网状填充效果。"网状填充"工具可以将每个网点填充上不同的颜色并定义颜色的扭曲方向，颜色相互之间还会产生晕染效果。在使用时通过将颜色拖到网状区域来创造丰富的艺术效果。

选择一个图形，然后单击"交互式填充"工具的下拉按钮，在弹出的工具列表中选择"网状填充"工具，在属性栏中可以看到相关的设置选项，如图 3-177 所示。

中文版CorelDRAW 2022从入门到实战（全程视频版）（上册）

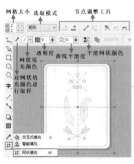

图 3-177

1. 手动添加网格点

选择一个图形，然后选择工具箱中的"网状填充"工具 ，此时选中的图形中央位置有一个网格点。网格点是用来添加颜色的，每个网格点可以添加一种颜色。将光标移动到图形上，双击，如图3-178所示。随即可以添加一个网格点，如图3-179所示。

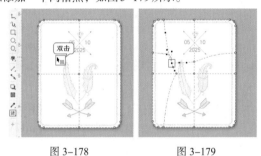

图 3-178   图 3-179

2. 自动添加网格点

（1）属性栏中的"网格大小"选项用来设置对象上网状填充网格中的行数和列数，其中 5 用来设置行数，5 用来设置列数。首先选择一个图形，然后选择工具箱中的"网状填充"工具 ，在"网格大小"数值框中输入数值，如图3-180所示。

（2）按Enter键确认，网状填充效果如图3-181所示。

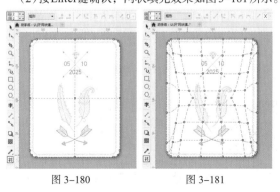

图 3-180   图 3-181

3. 为一个网格点添加颜色

（1）使用"网状填充"工具在网格点上单击，选中网格点，如图3-182所示。

（2）单击属性栏中的"网状填充颜色"按钮 ，在弹出的下拉面板中选择一种颜色，如图3-183所示。

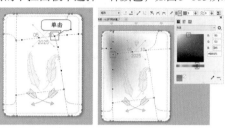

图 3-182   图 3-183

或在单击网格点后，单击调色板中的色块也可为选中的网格点添加颜色。要想同时为多个网格点添加相同的颜色，可以在按住Shift键的同时加选多个网格点并更改颜色，如图3-184所示。

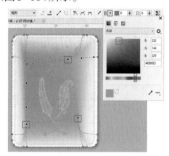

图 3-184

4. 调整网格点的位置

（1）每个网格点都是一个控制点，拖动网格点能调整网格点的位置，从而改变网状填充的效果。不仅如此，网格点还具备节点属性，能在属性栏中使用节点调整工具进行调整。单击选中一个网格点，按住鼠标左键拖动即可调整网格点的位置，使网状填充效果发生变化，如图3-185所示。

（2）拖动控制柄可以改变网格线的走向，从而改变网状填充效果，如图3-186所示。

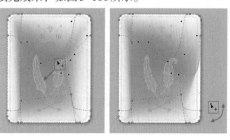

图 3-185   图 3-186

（3）拖动网格线也可以调整网状填充效果，如图3-187所示。

图 3-187

> **提示："网状填充"工具属性栏中的节点调整工具的使用方法**
>
> 每个网格点都带有节点属性，选中节点后可以看到控制柄。在"网状填充"工具属性栏中，通过节点调整工具（图3-188）可以改变网格点的类型，删除或添加网格点。使用方法与"形状"工具属性栏中的相同。
>
>
>
> 图 3-188

5. 调整网格点透明度

单击一个网格点，然后在属性栏中的"透明度"数值框 ⊞ 0 ⊞ 中输入数值，数值越高，网格点越透明。图3-189所示是透明度为45时的效果。

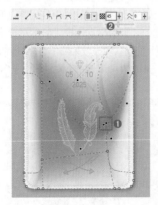

图 3-189

6. 平滑网状颜色

"平滑网状颜色"按钮 ⊞ 用来减少网状填充中的硬边缘。选中带有网状填充的图形，单击该按钮即可应用。图3-190所示为是否启用该功能的对比效果。

（a）未启用　　　　　（b）启用

图 3-190

7. 删除单个网格点

使用"网状填充"工具 ⊞ 在网格点上单击，然后按Delete键就可以删除单个网格点。也可以双击网格点将其删除。删除前后的对比效果如图3-191和图3-192所示。

8. 清除网格点

选中带有网格点的图形，然后选择工具箱中的"网状填充"工具，在属性栏中单击"清除网状"按钮即可清除网格点。

图 3-191　　　　　　　　　图 3-192

重点 3.6.2　动手练："智能填充"工具

扫一扫，看视频

"智能填充"工具与"交互式填充"工具、"网状填充"工具在一个工具组中。其属性栏如图3-193所示。

"智能填充"工具的使用方法非常简单。使用时无须选中图形，只需在工具箱中选择该工具，在属性栏中设置填充色或轮廓色，然后单击，即可进行填充。

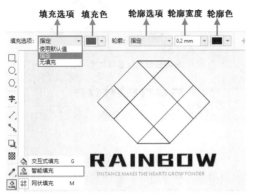

填充选项　填充色　轮廓选项　轮廓宽度　轮廓色

图 3-193

- 填充选项：可以选择"使用默认值""指定"或"无填充"。
- 填充色：用于设置填充的颜色，可以从预设中选择合适的颜色，也可以自定义。
- 轮廓选项：用于设置轮廓属性。
- 轮廓宽度：用于设置轮廓宽度。
- 轮廓：用于设置轮廓颜色。

（1）单击工具箱中的"智能填充"工具按钮，在属性栏中单击"填充色"的下拉按钮，在弹出的下拉面板中选择合适的颜色，接着在图形上单击即可填充颜色，如图 3-194 所示。

（2）继续使用相同的方法进行颜色填充，为了美观可以将轮廓线去除。效果如图 3-195 所示。

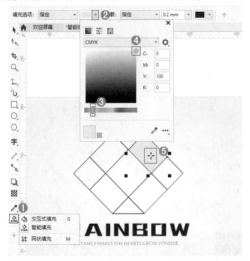

图 3-194

（3）在填充颜色的同时，被填充部分会变为一个独立的图形，可以将其移动到其他位置并进行编辑。效果如图 3-196 所示。

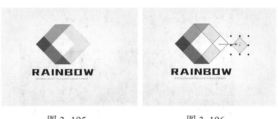

图 3-195　　　　　　图 3-196

【重点】3.6.3　动手练："颜色滴管"工具

使用"颜色滴管"工具可以快速将画面中指定对象的颜色填充到另一个指定对象中。

扫一扫，看视频

（1）单击工具箱中的"颜色滴管"工具按钮，此时光标变为。将光标移动至要拾取颜色的图形上单击，如图 3-197 所示。

图 3-197

（2）此时光标将变为。将光标移动至要填充颜色的图形上单击，如图 3-198 所示，即可将拾取的颜色填充到指定图形中。

图 3-198

（3）颜色拾取完后，光标会一直显示为 ◆。如果要继续拾取颜色，则可以单击属性栏中的"颜色滴管"工具按钮 ✐，继续拾取颜色，如图3-199所示。

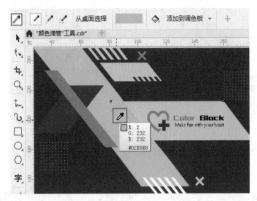

图 3-199

（4）填充图形的轮廓色，首先使用"颜色滴管"工具拾取颜色，然后将光标移动至图形的边缘，当光标变为 ✐ 后单击，即可将拾取的颜色填充为轮廓色，如图3-200所示。

（5）对轮廓宽度进行适当调整，效果如图3-201所示。

图 3-200

图 3-201

【重点】3.6.4 动手练："属性滴管"工具

扫一扫，看视频

使用"属性滴管"工具可以复制对象的填充、轮廓、渐变、效果、封套、混合等属性，并应用到指定的对象中。

（1）单击工具箱中的"属性滴管"工具按钮 ✐，然后在图形上单击，拾取属性，如图3-202所示。

图 3-202

（2）此时光标变为 ◆。将光标移动至需要填充属性的对象上单击，随即拾取的属性将被应用到该对象，如图3-203所示。

图 3-203

图 3-204

3.6.5 综合案例：俱乐部纳新海报

扫一扫，看视频

文件路径	资源包\第3章\俱乐部纳新海报
难易指数	★★★★★
技术掌握	渐变填充、双色图样填充、均匀填充、"透明度"工具

案例效果

案例效果如图 3-205 所示。

图 3-205

操作步骤

步骤 01 新建一个 A4 大小的空白文档。选择工具箱中的"矩形"工具，绘制一个与绘图区等大的矩形，如图 3-206 所示。

步骤 02 单击工具箱中的"交互式填充"工具按钮 ◇，在属性栏中单击"渐变填充"按钮 ■，设置"渐变类型"为"线性渐变填充"，然后在矩形的上方按住鼠标左键拖动控制杆调整渐变效果。接着在节点上设置合适的颜色。效果如图 3-207 所示。

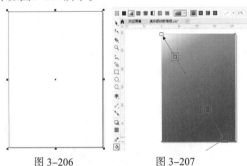

图 3-206　　　　　　　图 3-207

步骤 03 选择该矩形，去除轮廓线。接着执行"文件"→"导入"命令，在弹出的"导入"对话框中，选择素材"1.jpg"，然后单击"导入"按钮，如图 3-208 所示。

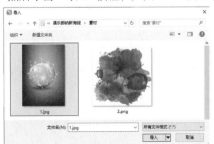

图 3-208

步骤 04 在画面中按住鼠标左键拖动至合适的位置后松开鼠标，完成导入操作。效果如图 3-209 所示。

步骤 05 选中导入的素材，单击工具箱中的"透明度"工具按钮 ▦，在属性栏中将"合并模式"设置为"柔光"。效果如图 3-210 所示。

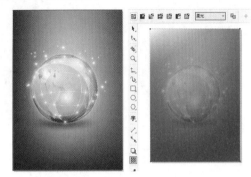

图 3-209　　　　　　　图 3-210

步骤 06 单击工具箱中的"钢笔"工具按钮 ◊，在画面中单击，确定起点，如图 3-211 所示。

步骤 07 移动光标至下一位置单击，确定第二个节点，如图 3-212 所示。

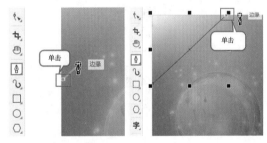

图 3-211　　　　　　　图 3-212

步骤 08 继续使用同样的方法进行其他节点的添加，然后回到起点处，此时光标变为 ◊。。单击起点，此时得到一个闭合的四边形，如图 3-213 所示。

步骤 09 选择该图形，为其填充一种由白色到青色的渐变色，并去除轮廓线。效果如图 3-214 所示。

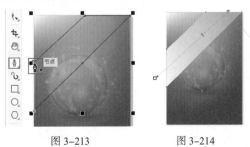

图 3-213　　　　　　　图 3-214

步骤 10 单击白色节点，在浮动工具栏中设置"透明度"为100，设置青色节点的"透明度"为35，如图3-215所示。

步骤 11 使用同样的方法制作其他彩色的半透明图形。效果如图3-216所示。

图 3-215　　　　　　　　图 3-216

步骤 12 再次使用"矩形"工具绘制一个与绘图区等大的矩形。选择该矩形，单击工具箱中的"交互式填充"工具按钮 ◇，在属性栏中单击"双色图样填充"按钮 ▣，选择一种合适的图样，将"前景色"设置为紫色，将"背景色"设置为白色，并拖动控制点调整图样的大小，如图3-217所示。

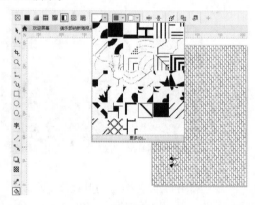

图 3-217

步骤 13 选择刚绘制的图形，单击工具箱中的"透明度"工具按钮 ▦，在属性栏中单击"均匀透明度"按钮，接着将"合并模式"设置为"减少"，将"透明度"设置为

88，如图3-218所示。

步骤 14 调整图形的顺序，按快捷键Ctrl+Page Down将双色图样填充的图形向后移动至彩色半透明的图形后方。效果如图3-219所示。

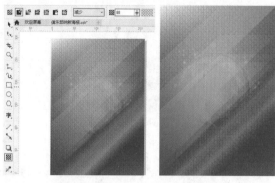

图 3-218　　　　　　　　图 3-219

步骤 15 导入素材"2.png"。打开文字素材，选择其中的内容，使用快捷键Ctrl+C复制，然后回到当前操作文档，使用快捷键Ctrl+V粘贴。同时使用"选择"工具，将其摆放在画面的合适位置。本案例制作完成，效果如图3-220所示。

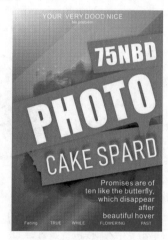

图 3-220

Chapter
4
第4章

扫一扫，看视频

高级绘图

本章内容简介

在之前的章节中介绍了一些简单的基本绘图工具，使用这些工具能够绘制一些较为规则且常见的基础图形，如矩形、圆形、多边形等。在本章中，将会介绍一些绘制复杂图形的方法。其中"钢笔"工具和"贝塞尔"工具是最常用的绘制路径的工具，这两种工具绘制的路径可控性强，能够轻松绘制出复杂而精确的路径图形。此外，本章还会介绍"手绘"工具、"折线"工具、"2点线"工具等的使用方法。

重点知识掌握

- 熟练使用"钢笔"工具绘制复杂而精确的图形
- 掌握调整路径形态的方法
- 掌握切割矢量图形的方法

通过本章的学习，我们能做什么

通过对本章的学习，我们可以掌握多种绘图工具的使用方法。使用这些绘图工具，结合之前章节介绍的常用形状和线条绘制工具，我们能够完成作品中绝大多数内容的绘制。"钢笔"工具和"贝塞尔"工具虽然初学时不易控制，但是相信通过一些练习，我们一定能够使用它们熟练绘制各种复杂的图形。一旦拥有完成各种复杂图形绘制的能力，绝大多数由矢量图形构成的作品基本就都可以尝试制作了。

4.1 动手练：编辑路径形态

扫一扫，看视频

在矢量制图的内容中，我们知道图形都是由路径及颜色构成的。那么什么是路径呢？路径是由节点和节点之间的连接线构成的。2个节点可以构成1条路径，3个节点则可以定义1个面。节点的位置决定连接线的动向。可以说矢量图的创作过程就是绘制路径、编辑路径的过程。

转角的平滑或尖锐是由转角处的节点类型决定的，平滑转角位置的节点为"平滑节点"，尖锐转角位置的节点为"尖突节点"，如图4-1所示。

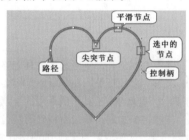

图4-1

CorelDRAW中的路径有的是断开的，有的是闭合的，还有的是由多个部分构成的。这些路径可以概括为3种类型，即两端具有端点的开放路径、首尾相接的闭合路径、由两条或两条以上路径组成的复合路径，如图4-2所示。

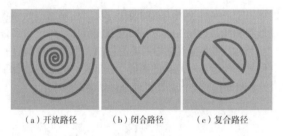

（a）开放路径　（b）闭合路径　（c）复合路径

图4-2

"形状"工具用来调整矢量图形外形，它通过调整节点的位置、尖突或平滑、断开或连接及是否对称，使图形发生相应的变化。首先绘制一个形状。例如，使用"星形"工具绘制一个五角星。然后对该图形执行"对象"→"转换为曲线"命令（快捷键Ctrl+Q）。接着单击工具箱中的"形状"工具按钮，在图像上单击即可显示节点。效果如图4-3所示。

在节点上单击，然后按住鼠标左键拖动，即可调整节点的位置，从而使图形发生变化。效果如图4-4所示。

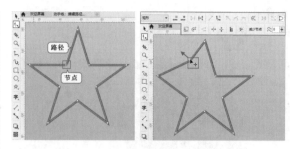

图4-3　　　　　图4-4

CorelDRAW中的矢量图形主要分为"形状"与"曲线"两大类。使用"矩形"工具、"椭圆形"工具、"多边形"工具、"星形"工具等绘制出的矩形、圆形、多边形、星形等较有规律的对象被称为"形状"，这些形状对象无法直接利用"形状"工具进行节点的调整，需要将其转换为"曲线"对象。转换的方法也比较简单：首先，选择需要转换的图形右击，在弹出的快捷菜单中执行"转换为曲线"命令，如图4-5所示。

接下来，对单独的节点进行调整，如图4-6所示。

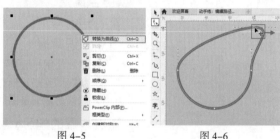

图4-5　　　　　图4-6

使用绘制不规则线条的工具（如"钢笔"工具、"贝塞尔"工具等）绘制出的线条或闭合路径即为"曲线"对象，可以直接进行节点的调整。

单击工具箱中的"形状"工具按钮，可以看到属性栏中包含多个按钮，通过这些按钮可以对节点进行添加、删除、转换等操作，如图4-7所示。

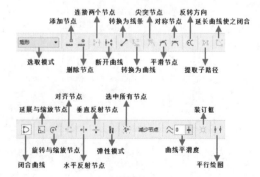

图4-7

[重点] 4.1.1 添加或删除节点

（1）在画面中绘制一个星形，然后在星形上右击，在弹出的快捷菜单中执行"转换为曲线"命令。接着使用"形状"工具在路径上双击，即可添加一个节点，如图4-8所示。

（2）按住鼠标左键拖动新添加的节点即可更改路径的形状，如图4-9所示。

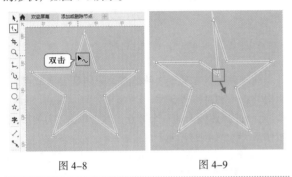

图 4-8　　　　　　　图 4-9

提示：使用快捷菜单对节点进行操作

选中节点后右击，在弹出的快捷菜单中会显示多个常用的编辑节点命令，如图4-10所示。

图 4-10

（3）使用"形状"工具在节点上单击，即可选中节点。单击属性栏中的"删除节点"按钮，即可删除节点（选中节点后按Delete键，也可以删除选中的节点），如图4-11所示。

（4）节点删除后，路径也会发生变化，如图4-12所示。

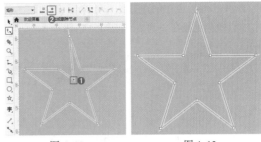

图 4-11　　　　　　　图 4-12

提示：使用"形状"工具编辑位图轮廓

（1）位图对象也可以通过"形状"工具调整轮廓。选择位图，单击工具箱中的"形状"工具按钮，随即会显示位图轮廓的节点，如图4-13所示。

（2）拖动节点即可调整位图的轮廓，如图4-14所示。

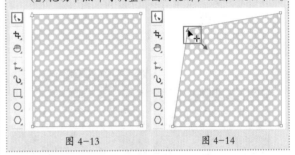

图 4-13　　　　　　　图 4-14

[重点] 4.1.2 节点的断开与连接

1. 节点的断开

（1）单击工具箱中的"形状"工具按钮，选择一个节点，然后单击"断开节点"按钮，如图4-15所示。

（2）此时节点将被断开，单击并拖动断开的节点，即可看到路径被断开，如图4-16所示。

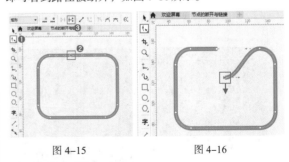

图 4-15　　　　　　　图 4-16

2. 节点的连接

（1）要连接断开的节点，首先按住Ctrl键单击要连接的节点，如图4-17所示。

（2）单击属性栏中的"连接两个节点"按钮，此时两个节点便会连接在一起，效果如图4-18所示。

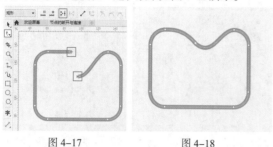

图4-17　　　　　图4-18

【重点】4.1.3　将路径转换为直线或曲线

1. 将路径转换为直线

（1）选择曲线路径上的平滑节点，然后单击属性栏中的"转换为线条"按钮，如图4-19所示。

（2）此时带有弧度的路径将会转换为直线，如图4-20所示。

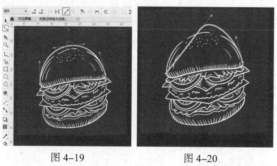

图4-19　　　　　图4-20

2. 将路径转换为曲线

（1）选中一条直线路径上的节点，然后单击"转换为曲线"按钮，如图4-21所示。

（2）单击节点，此时将显示控制柄，如图4-22所示。

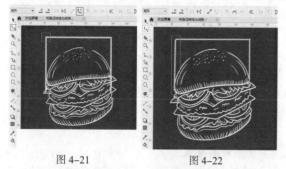

图4-21　　　　　图4-22

（3）拖动控制柄，即可调整曲线路径的形态，如图4-23所示。

图4-23

【重点】4.1.4　更改节点类型

曲线路径的节点有3种类型，分别是尖突节点、平滑节点和对称节点。

（1）选择曲线上的一个节点，然后单击"尖突节点"按钮，如图4-24所示。

（2）此时，该节点就变成了尖突节点，节点带有两个可以单独调整的控制柄，拖动控制柄即可将路径调整为带尖突节点的路径，如图4-25所示。

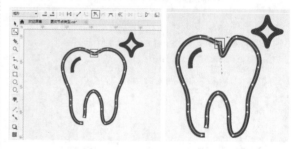

图4-24　　　　　图4-25

（3）选择一个尖突节点，然后单击属性栏中的"平滑节点"按钮，如图4-26所示。

（4）此时，该节点就变为了平滑节点。拖动控制柄，即可调整曲线路径，如图4-27所示。

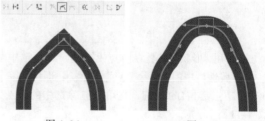

图4-26　　　　　图4-27

（5）选择平滑路径上的一个节点，然后单击属性栏中的"对称节点"按钮，如图4-28所示。

（6）此时，该节点上的控制柄变为了对称效果。拖动一侧的控制柄，另一侧的控制柄会发生同样的变化，如图4-29所示。

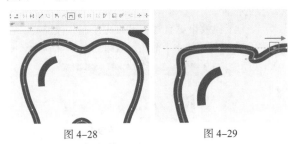

图4-28　　　　　　　图4-29

【重点】4.1.5　延长曲线使之闭合与闭合曲线

1. 延长曲线使之闭合

（1）当绘制了未闭合的曲线时，可以选中未闭合的曲线上的两个节点，单击属性栏中的"延长曲线使之闭合"按钮，如图4-30所示。

（2）此时，即可使曲线闭合，如图4-31所示。

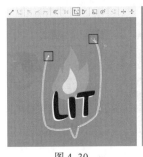

图4-30　　　　　　　图4-31

2. 闭合曲线

（1）选择开放的路径，单击属性栏中的"闭合曲线"按钮，如图4-32所示。

（2）随即能够快速在未闭合曲线的起点和终点之间生成一段路径使之连接，如图4-33所示。

图4-32　　　　　　　图4-33

4.1.6　延展与缩放节点、旋转与倾斜节点

（1）选中一个节点，单击属性栏中的"延展与缩放节点"按钮，如图4-34所示。会显示8个控制点，如图4-35所示。

图4-34

图4-35

（2）拖动控制点可以对选中的节点之间的路径进行缩放，效果如图4-36所示。

（3）单击"旋转与倾斜节点"按钮，会显示旋转与倾斜控制点，如图4-37所示。

图4-36　　　　　　　图4-37

（4）拖动控制点可以旋转路径，如图4-38所示。

（5）拖动控制点可以倾斜路径，如图4-39所示。

图4-38　　　　　　　图4-39

4.1.7 对齐节点

1. 水平对齐

（1）选中水平方向的节点，如图4-40所示。

（2）单击属性栏中的"对齐节点"按钮 ⋮⋮，在弹出的"节点对齐"对话框中勾选"水平对齐"复选框，然后单击OK按钮，如图4-41所示。

图4-40　　　　　图4-41

（3）随即可以看到刚刚选中的节点在水平方向上对齐。效果如图4-42所示。

2. 垂直对齐

（1）选中垂直方向的节点，如图4-43所示。

图4-42　　　　　图4-43

（2）单击属性栏中的"对齐节点"按钮 ⋮⋮，在弹出的"节点对齐"对话框中勾选"垂直对齐"复选框，然后单击OK按钮，如图4-44所示。

（3）随即可以看到刚刚选中的节点在垂直方向上对齐。效果如图4-45所示。

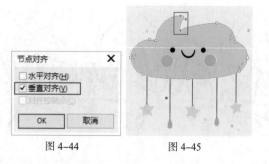

图4-44　　　　　图4-45

4.1.8 反转路径方向

单击属性栏中的"反转方向"按钮，可以反转起点和结点的位置。

（1）为了让效果更直观，可以先绘制一段路径，在属性栏中为路径添加一个箭头。效果如图4-46所示。

图4-46

（2）选择工具箱中的"形状"工具，接着单击属性栏中的"反转方向"按钮 ⟲，如图4-47所示。反转路径方向的效果如图4-48所示。

图4-47　　　　　图4-48

4.1.9 调整节点的其他操作

1. 提取子路径

（1）复合路径是由多段子路径组合而成的，如果要提取子路径，首先要使用"形状"工具将子路径选中，然后单击属性栏中的"提取子路径"按钮 ⋙，如图4-49所示。

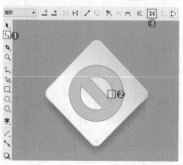

图4-49

（2）此时子路径与复合路径分离，成为一个独立的路径。效果如图4-50所示。

（3）移动图形即可看到提取的子路径。效果如图4-51所示。

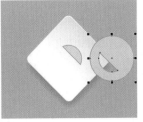

图4-50　　　　　　　　图4-51

2. 水平/垂直反射节点

属性栏中的"水平/垂直反射节点"按钮 ⊩ ⊹ 主要用于编辑对象中水平/垂直镜像的相应节点。

3. 选中所有节点

选中一个图形，选择工具箱中的"形状"工具，然后单击属性栏中的"选中所有节点"按钮 ，即可快速选中该路径的所有节点。

4. 减少节点

减少节点和删除节点是有很大区别的，减少节点可以自动删除选定内容中的节点以提高路径的平滑度。

（1）选中浅蓝色的图形，选择工具箱中"形状"工具，在外部的圆形路径上双击添加多个节点，如图4-52所示。

（2）将路径上的所有节点全部选中，单击属性栏中的"减少节点"按钮。可以看到多余的节点被全部清除，同时图形形态也没有发生变化，如图4-53所示。

由此可见，"减少节点"按钮能够删除不影响路径形态的节点，起到清理多余节点、平滑路径的作用。

图4-52　　　　　　　　图4-53

5. 曲线平滑度

曲线平滑度能够通过更改节点数量来调整曲线的平滑程度。

选中曲线上的所有的节点，接着在"曲线平滑度"数值框 ∧ 0 ╋ 中输入数值（或者单击 按钮，在下拉控制组件中拖动滑块 ，调整曲线的平滑度），如图4-54所示。调整效果如图4-55所示。

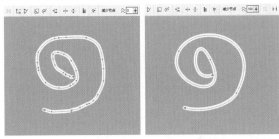

图4-54　　　　　　　　图4-55

4.2　常用的绘图工具

【重点】4.2.1　动手练："手绘"工具

"手绘"工具用于随意绘制曲线、直线、折线。

扫一扫，看视频

1. 绘制曲线

（1）单击工具箱中的"手绘"工具按钮 ，在画面中按住鼠标左键拖动，如图4-56所示。

（2）松开鼠标后，即可绘制出与鼠标移动路径相同的矢量线条。效果如图4-57所示。

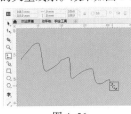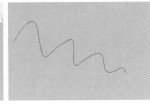

图4-56　　　　　　　　图4-57

2. 绘制直线

选择工具箱中的"手绘"工具，在绘图区单击，将光标移至下一个位置，然后单击，如图4-58所示。两点之间会连接形成一条直线路径。效果如图4-59所示。

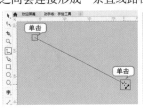

图4-58　　　　　　　　图4-59

3. 绘制折线

（1）使用"手绘"工具绘制一段直线，接着将光标放在直线的末端，待变为 后单击，如图4-60所示。

（2）将光标移动到其他位置，单击即可绘制折线。效果如图4-61所示。

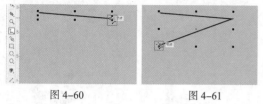

图 4-60 　　　　　图 4-61

4.2.2　动手练："2点线"工具

扫一扫，看视频

"2点线"工具可以绘制任意角度的直线段、垂直于图形的垂直线段以及与图形相切的切线段。

1. "2点线"工具

（1）选择工具箱中的"2点线"工具，单击属性栏中的"2点线工具"按钮 ，在画面中按住鼠标左键拖动，如图4-62所示。

（2）松开鼠标，即可绘制出一条直线段。效果如图4-63所示。

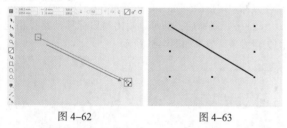

图 4-62 　　　　　图 4-63

2. 垂直2点线

（1）单击属性栏中的"垂直2点线"按钮 ，此时光标变为 。然后将光标移动至已有的直线段上，按住鼠标左键拖动进行绘制，如图4-64所示。

（2）松开鼠标，即可得到垂直于原有线段的一条直线段。效果如图4-65所示。

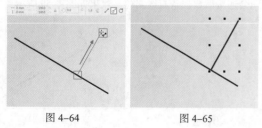

图 4-64 　　　　　图 4-65

3. 相切的2点线

（1）绘制一个圆形，选择"2点线"工具，然后单击属性栏中的"相切的2点线"按钮 ，接着将光标移动至圆形边缘，当光标变为 后按住鼠标左键拖动，如图4-66所示。

（2）松开鼠标，即可绘制出一条与圆形相切的线段。效果如图4-67所示。

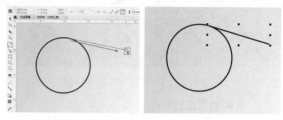

图 4-66 　　　　　图 4-67

4.2.3　练习案例：使用"2点线"工具绘制线段制作卡片

扫一扫，看视频

文件路径	资源包\第4章\使用"2点线"工具绘制线段制作卡片
难易指数	★★★★★
技术掌握	"2点线"工具、"裁剪"工具

案例效果

案例效果如图4-68所示。

图 4-68

操作步骤

步骤 01 新建一个A4大小的横向空白文档；接着绘制一个与绘图区等大的矩形；然后将其填充为灰色，去除黑色的轮廓线。效果如图4-69所示。

步骤 02 继续使用"矩形"工具，在灰色矩形左上角绘制一个青色矩形，去除黑色的轮廓线。效果如图4-70所示。

中文版CorelDRAW 2022从入门到实战（全程视频版）（上册）

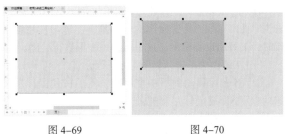

图 4-69　　　　　　　　　　图 4-70

步骤 03 将该图形复制一份，放在画面的右下角，将其填充色更改为比背景浅一些的灰色。效果如图 4-71 所示。

步骤 04 在青色矩形上方绘制倾斜的网格效果。选择工具箱中的"2 点线"工具，在属性栏中单击"2 点线工具"按钮 ，设置完成后按住鼠标左键拖动绘制直线。效果如图 4-72 所示。

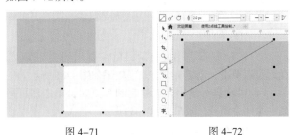

图 4-71　　　　　　　　　　图 4-72

步骤 05 选中直线，设置"轮廓宽度"为 5.0px，轮廓色为淡青色。效果如图 4-73 所示。

步骤 06 在使用"2 点线"工具的状态下，继续绘制其他直线，效果如图 4-74 所示。也可以复制已有的线段并更改其长度及位置。

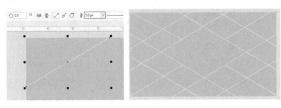

图 4-73　　　　　　　　　　图 4-74

步骤 07 绘制画面中间的两条垂直线段。使用"2 点线"工具，单击属性栏中的"垂直 2 点线"按钮 ，然后绘制一条垂直的直线段。效果如图 4-75 所示。

步骤 08 将该直线的颜色更改为浅青色，将其移动至画面中间菱形的左侧位置上，适当调整长短。效果如图 4-76 所示。

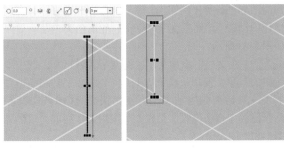

图 4-75　　　　　　　　　　图 4-76

步骤 09 在该垂直直线段选中的状态下，按住鼠标左键将其向右拖动到合适位置后右击，将其快速复制一份。效果如图 4-77 所示。

步骤 10 选择构成第一个卡片的全部对象，选择工具箱中的"裁剪"工具，按照青色矩形的大小绘制裁剪区域。绘制完成后，单击"裁剪"按钮或按 Enter 键确认操作，如图 4-78 所示。

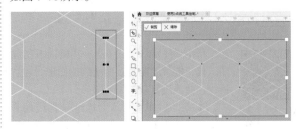

图 4-77　　　　　　　　　　图 4-78

步骤 11 在画面中绘制六边形。选择工具箱中的"多边形"工具，在属性栏中设置"点数或边数"为 6，然后在青色矩形中间绘制一个六边形。接着选中六边形，设置"轮廓宽度"为 12.0px，如图 4-79 所示。

步骤 12 将绘制完成的六边形复制一份，摆放在白色矩形右侧的位置。然后将其填充为青色，去除白色的轮廓线。效果如图 4-80 所示。

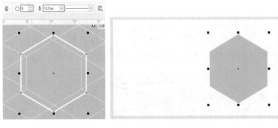

图 4-79　　　　　　　　　　图 4-80

步骤 13 在青色六边形选中状态下，使用快捷键 Ctrl+C 复制，使用快捷键 Ctrl+V 粘贴。接着将光标放在定界框的一角，在按住 Shift 键的同时按住鼠标左键，将复制得到的图形进行等比例缩小。然后将其填充色去除，在属性栏中设置"轮廓宽度"为8.0px，轮廓色为白色。效果如图4-81所示。

步骤 14 在文档中添加文字。将文字素材打开，选中要使用的对象，使用快捷键Ctrl+C将全部文字复制到剪贴板中。然后回到当前文档，使用快捷键Ctrl+V将其粘贴，摆放在合适位置。至此，本案例制作完成，效果如图4-82所示。

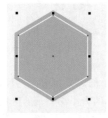 

图 4-81   图 4-82

【重点】4.2.4 动手练："贝塞尔"工具

扫一扫，看视频

利用"贝塞尔"工具这一功能强大的绘图工具，能够绘制复杂而精确的图形，包含折线、曲线等复杂的矢量图形。

（1）使用"贝塞尔"工具绘制折线的方法很简单。选择工具箱中的"贝塞尔"工具，在绘图区单击，如图4-83所示。

（2）将光标移动到下一个位置单击，即可绘制一段直线路径。效果如图4-84所示。

 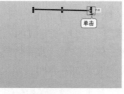

图 4-83   图 4-84

（3）将光标移动至下一个位置单击，即可绘制折线。继续以相同的方法进行绘制，效果如图4-85所示。

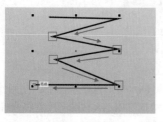

图 4-85

使用"贝塞尔"工具还可以绘制曲线，对于初学者来说"贝塞尔"工具的操作比较抽象，在练习使用该工具时，最好借助参照图，这里就参照心形进行绘制。

（1）在画面中单击，如图4-86所示。

（2）将光标移动到下一个位置，然后按住鼠标左键拖动（不要释放鼠标），随着拖动可以看到两个节点之间生成了一段路径，同时该节点上带有控制柄。此时，按住鼠标左键拖动控制柄即可调整曲线路径的走向，如图4-87所示。路径走向调整完成后释放鼠标。

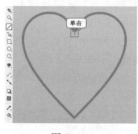 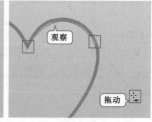

图 4-86   图 4-87

（3）当绘制到心形底部时，就需要用到尖突节点。此时可以单击，创建尖突节点。效果如图4-88所示。

（4）继续进行绘制，当绘制到起点时，单击即可得到一个闭合路径。效果如图4-89所示。

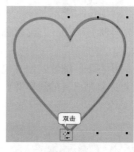 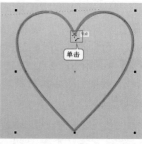

图 4-88   图 4-89

（5）绘制完成后，使用"形状"工具拖动控制柄进行细节方面的调整，效果如图4-90所示。如果要绘制开放路径，则可以在路径未闭合时按Enter键完成路径的绘制。

图 4-90

提示: 使用 "贝塞尔" 工具连接路径

（1）如果要在开放的路径上继续绘制，在使用 "贝塞尔" 工具的状态下，将光标移动至末端节点，当光标变为 🔾 时单击，如图 4-91 所示。

（2）继续绘制，如图 4-92 所示。

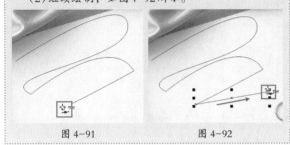

图 4-91　　　　　　　　图 4-92

4.2.5 练习案例: 使用 "贝塞尔" 工具绘制海豚标志

文件路径	资源包\第4章\使用 "贝塞尔" 工具绘制海豚标志
难易指数	★★★★★
技术掌握	"贝塞尔" 工具、"形状" 工具

扫一扫, 看视频

案例效果

案例效果如图 4-93 所示。

图 4-93

操作步骤

步骤 01 新建一个A4大小的横向空白文档。接着选择工具箱中的 "椭圆形" 工具，在画面中按住Ctrl键拖动，绘制一个正圆。选中正圆，设置填充色为白色，轮廓色为淡蓝色，"轮廓宽度" 为16.0px。效果如图 4-94 所示。

步骤 02 选中描边正圆，将其复制一份。然后将光标放在定界框的一角，按住Shift键将其进行等比例中心缩小。然后设置其填充色为比描边正圆稍深一些的蓝色，并去除轮廓线。效果如图 4-95 所示。

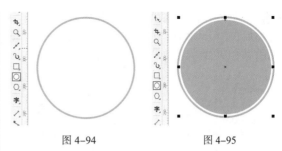

图 4-94　　　　　　　　图 4-95

步骤 03 在正圆上方绘制海豚。选择工具箱中的 "贝塞尔" 工具，在绘图区单击确定起始节点，然后将光标移动到下一个位置，按住鼠标左键拖动（不要释放鼠标），此时两个节点之间会生成一段弧线路径，拖动控制柄可以调整路径的形态，如图 4-96 所示。

步骤 04 将光标移动到下一个位置，按住鼠标左键拖动即可绘制一段曲线。使用相同方法继续绘制曲线。效果如图 4-97 所示。

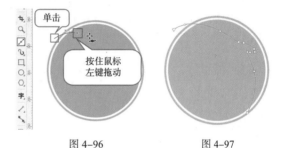

图 4-96　　　　　　　　图 4-97

步骤 05 在使用 "贝塞尔" 工具的状态下，继续绘制曲线。绘制完成后，将光标移动至起始节点的位置，待光标变为 🔾 后单击。效果如图 4-98 所示。

步骤 06 通过操作得到一条闭合的路径，如图 4-99 所示。如果路径的形态不合适，可以配合 "形状" 工具进行调整。

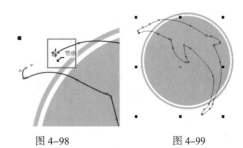

图 4-98　　　　　　　　图 4-99

步骤 07 为绘制的路径填充颜色。双击界面下方的 "填充色" 按钮，在 "编辑填充" 对话框中设置其填充色为蓝色，同时将黑色的轮廓线去除。效果如图 4-100 所示。

步骤 08 继续使用"贝塞尔"工具，绘制海豚的下半部分。然后在"编辑填充"对话框中将其填充为灰色，同时去除黑色的轮廓线。效果如图4-101所示。

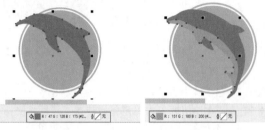

图 4-100　　　　　　　　图 4-101

提示：复杂图形的绘制技巧

本案例中涉及的图形细节较多，而且平滑节点较多，对于新手来说可能很难预测平滑节点路径走向的影响，所以可以尝试先以尖突节点的方式绘制路径，然后配合"形状"工具对路径的形态进行调整。效果如图4-102所示。

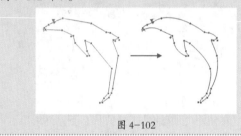

图 4-102

步骤 09 绘制海豚的眼睛。选择工具箱中的"椭圆形"工具，在海豚头部绘制一个黑色的椭圆，同时去除黑色的轮廓线。效果如图4-103所示。

步骤 10 将椭圆选中，进行适当旋转。效果如图4-104所示。

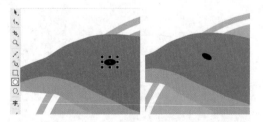

图 4-103　　　　　　　　图 4-104

步骤 11 在文档中添加文字。打开文字素材，将全部文字选中，使用快捷键Ctrl+C复制到剪贴板中。然后回到当前文档，使用快捷键Ctrl+V粘贴，并将其摆放在图形

下方。至此，本案例制作完成，效果如图4-105所示。

图 4-105

重点 4.2.6　动手练："钢笔"工具

"钢笔"工具也是一款功能强大的绘图工具，其操作方法与"贝塞尔"工具非常相似。

扫一扫，看视频

（1）在绘图区以单击的方式创建尖角的点及直线，效果如图4-106所示。

（2）按住鼠标左键拖动，可以得到圆角的点及弧线，效果如图4-107所示。若绘制一段开放的路径，则可以按Enter键结束绘制。

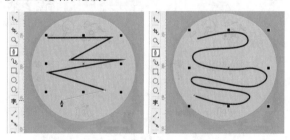

图 4-106　　　　　　　　图 4-107

在使用"钢笔"工具绘制路径时，如果要将平滑节点转换为尖突节点，可以按住Alt键，当光标变为 后单击，效果如图4-108所示。随即平滑节点变为尖突节点，继续进行绘制可以得到一个锐角。效果如图4-109所示。

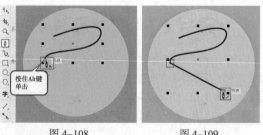

图 4-108　　　　　　　　图 4-109

单击属性栏中的"预览模式"按钮，接着移动鼠标，可以预览即将形成的路径。效果如图4-110所示。

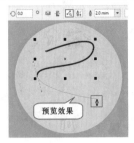

图4-110

在使用"钢笔"工具的过程中若要添加节点，则可以将光标移动至路径上方，待其变为后单击，即可添加一个节点。效果如图4-111和图4-112所示。

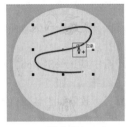
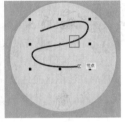

图4-111   图4-112

在使用"钢笔"工具的过程中将光标移动至节点上方，待其变为后单击（图4-113），即可删除节点，如图4-114所示。

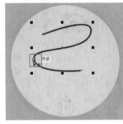

图4-113   图4-114

4.2.7 动手练："B样条"工具

使用"B样条"工具绘制图形时，可以通过调整控制点的方式绘制曲线路径，控制点和控制点之间形成的夹角度数会影响曲线的弧度。

扫一扫，看视频

（1）单击工具箱中的"B样条"工具按钮，将光标移动至绘图区中单击，然后将光标移动到第二个位置单击，如图4-115所示。

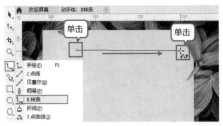

图4-115

（2）将光标移动到第三个位置单击或按住鼠标左键拖动，此时3个点形成一条曲线，如图4-116所示。

图4-116

（3）多次移动光标并单击，可以创建多个控制点，最后按Enter键结束绘制。效果如图4-117所示。

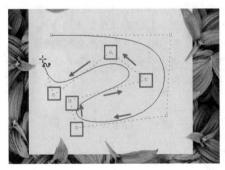

图4-117

4.2.8 动手练："折线"工具

"折线"工具可以用来绘制折线，也可以用来绘制曲线。

扫一扫，看视频

（1）单击工具箱中的"折线"工具按钮，可以通过多次单击的方式绘制折线。效果如图4-118所示。

（2）更改绘制完成的折线的描边属性。效果如图4-119所示。

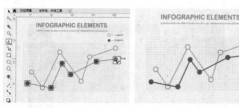

图 4-118 图 4-119

如果要绘制曲线，则先在属性栏中设置合适的"手绘平滑度"，然后按住鼠标左键拖动，即可手动绘制曲线。效果如图 4-120 所示。

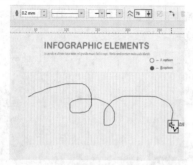

图 4-120

提示："折线"工具的使用技巧

在使用"折线"工具绘制曲线时，会受到"手绘平滑度"参数的影响。想要让绘制出的曲线与手绘路径更好地吻合，可以将"手绘平滑度"参数设置为0，使绘制的曲线不产生平滑效果。如果要绘制平滑的曲线，那么需要设置较大的数值。

4.2.9　动手练："3点曲线"工具

（1）使用"3点曲线"工具可以快速绘制一条弧线。单击工具箱中的"3点曲线"工具按钮，如图 4-121 所示。

扫一扫，看视频

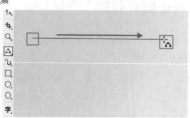

图 4-121

（2）在绘图区按住鼠标左键拖动，绘制一段直线，

松开鼠标后向另一个方向移动光标，然后单击，即可完成曲线的绘制。效果如图 4-122 所示。

（3）在绘制曲线的过程中，按住Ctrl键拖动可以绘制较为规则的弧线。效果如图 4-123 所示。

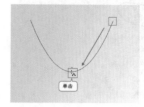

图 4-122 图 4-123

4.2.10　动手练：使用LiveSketch工具绘图

就像使用画笔在纸上绘画一样，使用LiveSketch工具可以灵活地绘制矢量曲线的草图，既方便又快捷。

扫一扫，看视频

（1）单击工具箱中的LiveSketch工具按钮，然后在绘图区按住鼠标左键拖动，如图 4-124 所示。

（2）释放鼠标，得到一段路径。效果如图 4-125 所示。

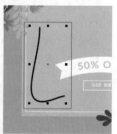

图 4-124 图 4-125

（3）继续进行绘制，如图 4-126 所示。接着选中绘制的线条，执行"窗口"→"泊坞窗"→"属性"命令，在打开的"属性"泊坞窗中进行参数的设置，如图 4-127 所示。

图 4-126 图 4-127

中文版CorelDRAW 2022从入门到实战（全程视频版）（上册）

(4)设置完成，效果如图4-128所示。

图 4-128

- 定时器 [1.0秒 ∔]：调整生成曲线前的延迟。
- 包括曲线 ⟳：将现有曲线添加到草图中。图4-129所示为未启用与启用"包括曲线"时的对比效果。

（a）未启用 　　　　（b）启用

图 4-129

- 创建单条曲线 ✍：单击按钮激活该选项后，可以对已有路径进行修改，而不会产生其他路径。
- 曲线平滑度 ⌃50 ∔：在创建手绘曲线时调整其平滑度。图4-130所示为不同"曲线平滑度"的对比效果。

（a）曲线平滑度：0 　　　（b）曲线平滑度：100

图 4-130

- 预览模式 ✐：在绘制草图时预览生成的曲线。
- 装订框 ⊞：使用"曲线"工具时，显示或隐藏边框。

4.2.11　动手练："智能绘图"工具

"智能绘图"工具是一种能够将用户手动绘制出来的，不规则、不准确的图形进行智能修整的工具。

（1）单击工具箱中的"智能绘图"工具按钮 ⓐ（快捷键Shift+S），在属性栏中设置"形状识别等级"及"智能平滑等级"。设置完成后在画面中进行绘制，释放鼠标。效果如图4-131所示。

扫一扫，看视频

（2）系统会自动将其转换为常用形状或平滑曲线，如图4-132所示。

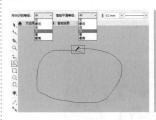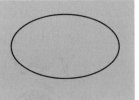

图 4-131　　　　　图 4-132

4.3　路径形状编辑

单击"形状"工具按钮右下角的 ▲ 按钮，打开"形状"工具组，如图4-133所示。该工具组中的工具主要用于编辑矢量图形的形态，其使用方法非常简单，只要在矢量图形上按住鼠标左键拖动，就能够看到编辑的效果，非常直观。要想对工具的参数进行设置，可以在属性栏中调整。

扫一扫，看视频

图 4-133

重点 4.3.1　动手练："平滑"工具

"平滑"工具按钮 ✐ 用于将矢量对象粗糙的边缘变得更加平滑。

（1）选择一个图形，如图4-134所示。

图 4-134

（2）选择工具箱中的"平滑"工具，在属性栏中通过"笔尖半径"选项调整笔尖的大小；通过"速度"选项调整应用效果的速度。数值越大，平滑的速度越快。设置完成后在需要平滑的位置上按住鼠标左键反复拖动，即可进行平滑操作，如图 4-135 所示。

图 4-135

提示："笔压"选项

　　在绘图时，通过"笔压"工具按钮，可以控制数字笔或写字板的压力。

【重点】4.3.2　动手练："涂抹"工具

使用"涂抹"工具可以通过沿对象轮廓拖动来更改其边缘形态。

（1）选择一个图形，接着单击工具箱中的"涂抹"工具按钮，在图形边缘按住鼠标左键拖动，如图 4-136 所示。

（2）释放鼠标，即可完成变形操作，如图 4-137 所示。

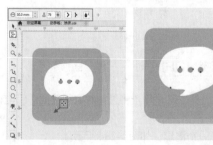

图 4-136　　　　　　图 4-137

在属性栏中可以对"涂抹"工具的参数选项进行调整。

● 笔尖半径 ⊖ 40.0 mm ：用来设置笔尖的大小。图 4-138 所示为不同"笔尖半径"的对比效果。

（a）笔尖半径：30　　　　（b）笔尖半径：80

图 4-138

● 压力 85 ：用来设置涂抹效果的强度。数值越大，涂抹效果越强。图 4-139 所示为不同"压力"的对比效果。

（a）压力：35　　　　（b）压力：100

图 4-139

● 平滑涂抹 和尖状涂抹 ：单击"平滑涂抹"按钮 ，按住鼠标左键拖动进行涂抹，涂抹的效果为平滑的曲线；单击"尖状涂抹"按钮 ，按住鼠标左键拖动进行涂抹，涂抹的效果为尖角的曲线。图 4-140 所示为"平滑涂抹"和"尖状涂抹"的对比效果。

（a）平滑涂抹　　　　（b）尖状涂抹

图 4-140

中文版CorelDRAW 2022从入门到实战（全程视频版）（上册）

4.3.3　动手练："转动"工具

使用"转动"工具可以在矢量对象的轮廓线上添加顺时针/逆时针的旋转效果。

（1）选择一个图形，单击工具箱中的"转动"工具按钮 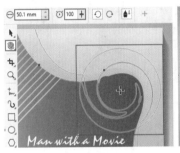，在属性栏中通过"笔尖半径"设置笔尖的大小；"速度"选项用于设置应用旋转效果的速度。设置完成后在图形边缘按住鼠标左键，如图4-141所示。

（2）释放鼠标后即可看到转动效果，如图4-142所示。按住鼠标的时间越长，对象产生的转动效果越强烈。

图 4-141　　　　　　　　图 4-142

（3）转动分为"逆时针转动"和"顺时针转动"两种。单击"逆时针转动"按钮 ↺，在图形上按住鼠标左键，可以看到图形按逆时针方向转动，效果如图4-143所示。单击"顺时针转动"按钮 ↻，在图形上按住鼠标左键，可以看到图形按顺时针方向转动，效果如图4-144所示。

图 4-143　　　　　　　　图 4-144

4.3.4　动手练："吸引和排斥"工具

"吸引和排斥"工具包括两种功能，既可以将节点吸引到光标所在的位置，也可以向反方向移动节点。在属性栏中可以通过单击相应的按钮来切换，如图4-145所示。

图 4-145

"吸引"工具通过吸引并移动节点的位置来改变对象的形态。

（1）选中要调整的图形，接着选择工具箱中的"吸引和排斥"按钮，在属性栏中单击"吸引"工具按钮，将其调整到吸引状态。然后对"笔尖大小""速度"进行设置。设置完成后将圆形光标覆盖在要调整对象的节点上，按住鼠标左键拖动，图形随即会发生变化，如图4-146所示。

（2）按住鼠标的时间越长，节点越靠近光标，效果如图4-147所示。

图 4-146　　　　　　　　图 4-147

"排斥"工具通过排斥节点的位置，使节点远离光标所处的位置来改变对象的形态。

（1）选择要调整的图形，在属性栏中单击"排斥"工具按钮。按住鼠标左键拖动，此时图形会发生变化，如图4-148所示。

（2）按住鼠标的时间越长，节点越远离光标。释放鼠标后即可查看排斥效果，如图4-149所示。

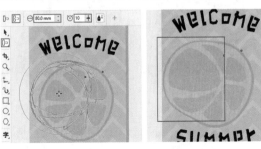

图 4-148　　　　　　　　图 4-149

4.3.5 动手练："弄脏"工具

"弄脏"工具可以在原图形的基础上添加或删减区域。

（1）选择一个图形，选择工具箱中的"弄脏"工具 🖊，在属性栏中设置合适的"笔尖半径"，然后在图形的边缘按住鼠标左键向外拖动，效果如图4-150所示。

图 4-150

（2）释放鼠标，即可看到图形区域的变化，效果如图4-151所示。若按住鼠标左键向图形内部拖动，则会减少图形区域，效果如图4-152所示。

图 4-151   图 4-152

- 干燥 🖊 0 ⊞：用于控制绘制过程中的笔刷衰减程度。数值越大，笔刷的绘制路径越尖锐，持续长度越短；数值越小，笔刷的绘制路径越圆润，持续长度越长。图4-153所示为不同"干燥"的对比效果。

（a）干燥：0   （b）干燥：5

图 4-153

- 笔倾斜 ⌒ 15.0° ⊞：可以更改涂抹时笔尖的形状。数值越大，笔尖越圆；数值越小，笔尖越窄。

图4-154所示为不同"笔倾斜"的对比效果。

（a）笔倾斜：15.0°   （b）笔倾斜：50.0°   （c）笔倾斜：90.0°

图 4-154

- 笔方位 ╱ 0.0° ⊞：可以调整笔尖的旋转角度。当笔尖为非正圆时，通过"笔方位"选项可以修改。图4-155所示为不同"笔方位"的对比效果。

（a）笔方位：0°   （b）笔方位：45°

图 4-155

> **提示：使用手绘板绘图时的设置选项**
>
> - 笔压 🖊：用于设置使用手绘板绘图时的压力。
> - 使用笔倾斜 ✐：启用该选项后在使用手绘板绘图时，可以更改手绘笔的角度以改变涂抹的效果。
> - 使用笔方位 🖌：启用该选项后在使用手绘板绘图时，可以更改笔尖的旋转角度。

重点 4.3.6 动手练："粗糙"工具

"粗糙"工具用于使平滑的矢量线条变得粗糙。

（1）选择一个图形，接着单击工具箱中的"粗糙"工具按钮 ⿻，在属性栏中设置合适的"笔尖半径"，然后在图形的边缘按住鼠标左键拖动。效果如图4-156所示。

（2）释放鼠标，即可看到粗糙效果。效果如图4-157所示。

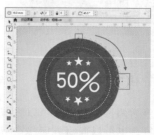 

图 4-156   图 4-157

中文版CorelDRAW 2022从入门到实战（全程视频版）（上册）

- 尖突的频率✦ 3 ： 用于调整粗糙的频率，数值越大，边缘越粗糙。图4-158所示为不同"尖突的频率"的对比效果。

（a）尖突的频率：2　　　（b）尖突的频率：10

图4-158

- 干燥 🖋 -1(： 用于更改粗糙区域的尖突数量。图4-159所示为不同"干燥"的对比效果。

（a）干燥：0　　　　　（b）干燥：10

图4-159

- 笔倾斜 ⌒ 45.0°： 用于改变笔尖的角度，从而改变粗糙效果的形状。图4-160所示为不同"笔倾斜"的对比效果。

（a）笔倾斜：0°　　　　（b）笔倾斜：60°

图4-160

4.3.7　练习案例：平滑路径制作文字描边

文件路径	资源包\第4章\平滑路径制作文字描边
难易指数	⭐⭐⭐⭐⭐
技术掌握	"平滑"工具、"涂抹"工具

扫一扫，看视频

案例效果

案例效果如图4-161所示。

图4-161

操作步骤

步骤 01 新建一个空白文档，将文字素材导入文档中并移动至画面中央。选择工具箱中的"手绘"工具，设置合适的"手绘平滑度"参数，沿着文字边缘绘制一个较为平滑的图形。效果如图4-162所示。

图4-162

步骤 02 将手绘图形选中，接着选择工具箱中的"平滑"工具，在属性栏通过"笔尖半径"选项 ⊖ 20.0 mm 调整笔尖的大小；通过"速度"选项 ⌚ 20 ＋ 调整应用效果的速度，数值越大平滑的速度越快。设置完成后在需要平滑的位置上按住鼠标左键反复拖动，即可进行平滑操作。效果如图4-163所示。

图4-163

步骤 03 选择工具箱中的"涂抹"工具，在属性栏中可以对"涂抹"工具的参数选项进行调整。其中，"笔尖半径"选项 ⟷ 40.0 mm 用来设置笔尖的大小。在图形边缘按住鼠标左键拖动，即可进行变形。效果如图4-164所示。

图 4-164

步骤 04 为绘制的图形填充颜色。将该图形选中，双击界面右下角的"编辑填充"按钮，在弹出的"编辑填充"对话框中，将填充色设置为粉色，单击OK按钮，如图4-165所示。效果如图4-166所示。

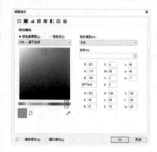

图 4-165   图 4-166

步骤 05 对图形的轮廓色进行调整。在"属性"泊坞窗中单击"轮廓"按钮跳转到"轮廓"面板，设置"轮廓宽度"为3.0mm，"轮廓颜色"为淡粉色，如图4-167所示。

步骤 06 单击OK按钮，然后使用快捷键Ctrl+Page Down将其向后移动一层。效果如图4-168所示。

图 4-167   图 4-168

步骤 07 导入背景素材。接着选择导入的背景素材，使用快捷键Shift+Page Down将其移动至画面的最底层。至此，本案例制作完成，效果如图4-169所示。

图 4-169

4.4 切分与擦除

扫一扫，看视频

单击"裁剪"工具按钮右下角的 ◢ 按钮，在工具列表中包含"裁剪"工具 ✁、"刻刀"工具 ✂、"虚拟段删除"工具 ✐、"橡皮擦"工具 ▮ 4种工具，如图4-170所示。这些工具常用于对矢量图形进行切分、擦除、裁剪。

图 4-170

【重点】4.4.1 动手练："裁剪"工具

"裁剪"工具用于裁切位图和矢量图。使用该工具能够绘制一个裁剪范围（裁剪框），裁剪范围内的内容将保留，裁剪范围外的内容被清除。

> 提示："裁剪"工具的范围
>
> 如果当前画面中没有被选中的对象，那么将会裁剪画面中的全部对象。如果画面中有被选中的对象，则对被选中的对象进行裁剪，其他区域不受影响。

1. 使用"裁剪"工具

（1）单击工具箱中的"裁剪"工具按钮 ✁，在画面中按住鼠标左键拖动，如图4-171所示。

（2）释放鼠标，即可得到裁剪框，拖动控制点可以对裁剪框的大小进行调整，如图4-172所示。

图 4-171　　　　　　　图 4-172

（3）按Enter键确定裁剪操作，或者单击"裁剪"按钮确定裁剪操作。效果如图4-173所示。

图 4-173

2. 清除裁剪框

如果要清除裁剪框，单击文档左上角的"清除"按钮即可，如图4-174所示。

图 4-174

[重点]**4.4.2　动手练："刻刀"工具**

"刻刀"工具用于将矢量对象拆分为多个独立对象。需要注意的是，如果当前画面中没有被选中的对象，那么将会对画面中的全部对象进行拆分。

"刻刀"工具有"2点线模式" 、"手绘模式" 和"贝塞尔模式" 3种切分模式，不同的切分模式有不同的特点。在工具箱中选择该工具，可以在属性栏中进行切分模式的选择。

"2点线模式"能够沿直线切割对象。例如，尝试使用刻刀工具将圆角矩形分割，将其组合成心形。

（1）选择一个圆角矩形，单击工具箱中的"刻刀"工具按钮 ，在属性栏中单击"2点线模式"按钮 ，接着在图形上按住鼠标左键拖动。效果如图4-175所示。

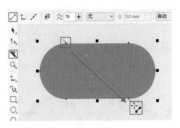

图 4-175

> **提示："刻刀"工具的切分范围**
>
> 如果包含被选中的对象，那么只对被选中的对象进行切分，其他区域不受影响。

（2）释放鼠标，即可将图形一分为二，使用"选择"工具选择其中一个图形进行移动。效果如图4-176所示。

> **提示：使用"刻刀"工具的注意事项**
>
> 在使用"刻刀"工具对组合对象进行拆分后，需要先取消编组才能移动被拆分的图形。

（3）将其中一个图形进行镜像与旋转，移动图形的位置组合成心形。效果如图4-177所示。

图 4-176　　　　　　　图 4-177

"手绘模式"能够以随意绘制切分线的方式切割对象。

（1）选择一个图形，单击工具箱中的"刻刀"工具按钮 ，在属性栏中单击"手绘模式"按钮 ，在图形上按住鼠标左键拖动。效果如图4-178所示。

（2）释放鼠标，即可将图形一分为二，使用"选择"工具选择其中一个图形进行移动。效果如图4-179所示。

图 4-178　　　　　　　图 4-179

手绘平滑度 ∧ 50 ＋：用于调整手绘曲线的平滑度。
图 4-180 所示为不同"手绘平滑度"的对比效果。

（a）手绘平滑度：0　　　（b）手绘平滑度：80

图 4-180

"贝塞尔模式"能够沿贝塞尔曲线切割对象。

（1）选择一个图形，单击工具箱中的"刻刀"工具
按钮 ，在属性栏中单击"贝塞尔模式"按钮 ，然后
按住鼠标左键拖动进行绘制（绘制方法与"手绘模式"
工具相同）。绘制完成后双击，即可完成切割操作，如
图 4-181 所示。

（2）使用"选择"工具选择其中一个图形进行移动。
效果如图 4-182 所示。

图 4-181　　　　　　　图 4-182

剪切时自动闭合按钮 ：用来设置是否闭合被切割
的路径。在属性栏中单击"剪切时自动闭合"按钮 ，
使其处于激活状态，切割图形后路径可以自动闭合，效
果如图 4-183 所示。

如果"剪切时自动闭合"按钮 处于未激活状
态，切割图形后路径会处于开放状态，效果如图 4-184
所示。

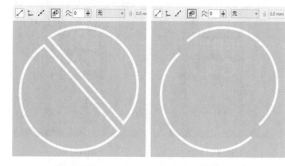

图 4-183　　　　　　　图 4-184

4.4.3　动手练："虚拟段删除"工具

"虚拟段删除"工具用于删除对象中的部分线段。

（1）选择工具箱中的"虚拟段删除"工具按钮 ，将
光标移动至图形边缘，如图 4-185 所示。

（2）当光标变为 后单击，即可删除。删除后的效
果如图 4-186 所示。

图 4-185　　　　　　　图 4-186

此外，还可以按住鼠标左键拖动绘制一个如图 4-187
所示的矩形框，当鼠标释放后，矩形框内的对象将被删
除。效果如图 4-188 所示。

图 4-187　　　　　　　图 4-188

因为"虚拟段删除"工具针对的对象是线段，所以无论使用哪种方式进行操作，都需要包含线段。当利用单击的方式删除时，需要将光标移动至图形的边缘上；当利用绘制矩形框的方式删除时，需要将线段包含在绘制的矩形框内。

【重点】4.4.4　动手练："橡皮擦"工具

"橡皮擦"工具用于擦除矢量对象或位图对象的局部。"橡皮擦"工具在擦除部分对象后可自动闭合受到影响的路径，使该对象自动转换为曲线对象。

1."橡皮擦"工具的使用方法

下面通过制作条纹背景来讲解如何使用"橡皮擦"工具。

（1）绘制一个矩形，如图4-189所示。

（2）在矩形上方再绘制一个等大的矩形，将其填充为另外一种颜色。效果如图4-190所示。

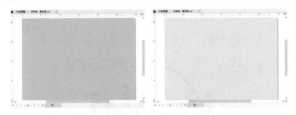

图 4-189　　　　　　　图 4-190

（3）选择顶部的矩形，单击工具箱中的"橡皮擦"工具按钮，在属性栏中通过"橡皮擦厚度"选项设置合适的擦除笔尖大小，然后在图形上按住鼠标左键拖动。效果如图4-191所示。

（4）释放鼠标，光标经过的图形部分将被擦除，效果如图4-192所示。

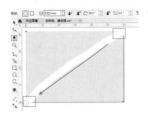

图 4-191　　　　　　　图 4-192

（5）此时被擦除部分的边缘不够整齐，效果不够理想。可以使用快捷键Ctrl+Z撤销操作，然后将光标移动到矩形的外侧单击，接着移动到另外一个位置单击，如图4-193所示。

（6）此时的擦除的效果是直线。效果如图4-194所示。

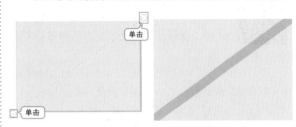

图 4-193　　　　　　　图 4-194

（7）继续进行擦除操作，在擦除的过程中要注意间距和倾斜角度。效果如图4-195所示。

（8）添加其他素材。效果如图4-196所示。

图 4-195　　　　　　　图 4-196

2.调整笔尖的形状

橡皮擦的笔尖形状有"圆形笔尖"和"方形笔尖"两种，使用不同笔尖的擦除效果是不同的。图4-197所示为两种笔尖的对比效果。

3.减少节点

"减少节点"按钮用于减少擦除区域的节点数，未启用"减少节点"时，擦除区域的节点数量较多；启用"减少节点"后，擦除区域的节点数量较少。图4-198所示为启用与未启用"减少节点"的对比效果。

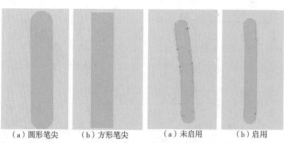

（a）圆形笔尖　　（b）方形笔尖　　　　（a）未启用　　（b）启用

图 4-197　　　　　　　　　图 4-198

4.5 使用艺术笔绘画

扫一扫，看视频

使用"艺术笔"工具可以绘制多种多样的笔触效果，既能模拟出毛笔、钢笔的笔触，也可以沿路径绘制出各种各样有趣的图形。

（1）单击工具箱中的"艺术笔"工具按钮 ，在属性栏中可以看到 5 种绘制模式，分别是"预设" 、"笔刷" 、"喷涂" 、"书法" 和"表达式" ，如图 4-199 所示。

（2）选择任意一种绘制模式，在属性栏中便会显示相应的参数选项（无须设置，使用默认参数即可）。接着在绘图区按住鼠标左键拖动，释放鼠标后即可得到相应的绘制效果，如图 4-200 所示（这种绘制方法与以往的绘制方法截然不同）。

图 4-199　　　　　　　　　图 4-200

4.5.1　动手练：使用预设艺术笔

"预设"模式提供了多种线条样式，从中选择所需的线条样式，可以轻松绘制出类似于毛笔笔触的效果。

（1）单击工具箱中的"艺术笔"工具 按钮，然后在属性栏中单击"预设"按钮 ，接着单击"预设笔触"右侧的 按钮，在弹出的下拉列表中选择一个合适的预设笔触，然后在绘图区按住鼠标拖动进行绘制。效果如图 4-201 所示。

图 4-201

（2）释放鼠标，其路径效果如图 4-202 所示。

图 4-202

● 手绘平滑度 100 ：用于设置线条的平滑程度。

● 笔触宽度 10.0 mm ：用于设置线条的宽度。

图 4-203 所示为不同"笔触宽度"的对比效果。

（a）笔触宽度：5.0mm　　　（b）笔触宽度：20.0mm

图 4-203

中文版CorelDRAW 2022从入门到实战（全程视频版）（上册）

4.5.2　动手练：使用笔刷艺术笔

"笔刷"模式下的"艺术笔"工具主要用于模拟笔刷绘制的效果。单击"艺术笔"工具按钮🖉，在属性栏中单击"笔刷"按钮🖌。"笔刷"模式中有艺术、书法等多种类别，每种类别都有相应的笔刷笔触。

例如，设置"类别"为"书法"，然后单击"笔刷笔触"右侧的▾按钮，即可打开"笔刷笔触"下拉列表，如图4-204所示。

如果设置"类别"为"飞溅"，则"笔刷笔触"下拉列表如图4-205所示。

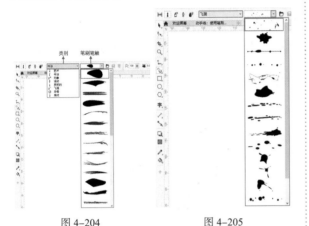

图 4-204　　　　　　　　图 4-205

（1）在属性栏中设置合适的"类别"，选择合适的"笔刷笔触"，然后在绘图区按住鼠标左键拖动进行绘制。效果如图4-206所示。

（2）释放鼠标，线条效果如图4-207所示。

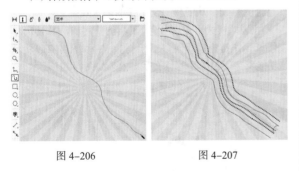

图 4-206　　　　　　　　图 4-207

4.5.3　动手练：使用喷涂艺术笔

"喷涂"模式下的"艺术笔"工具能够用图案为路径描边，可选择的图案非常多，还可以对图案设置大小、间距、旋转等。

（1）单击工具箱中的"艺术笔"工具按钮🖉，在属性栏中单击"喷涂"按钮🖌，然后设置合适的"类别"，选择一种喷涂图样，接着在绘图区按住鼠标左键拖动进行绘制。效果如图4-208所示。

（2）释放鼠标，绘制的路径上会生成大量图样。效果如图4-209所示。

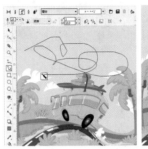

图 4-208　　　　　　　　图 4-209

● 喷涂对象大小🖊 80 ▾ %：用于设置笔触的大小。图4-210所示为不同"喷涂对象大小"的对比效果。

（a）喷涂对象大小：10%　　（b）喷涂对象大小：30%

图 4-210

● 递增按比例放缩按钮🔒：当处于解锁状态🔓时，可以在下方的🖊 97 ▾ %中调整数值，来调整喷涂对象末端图案的大小。当数值为100%时，末端的喷涂对象会以实际大小显示；当数值小于100%时，末端的喷涂图案会缩小显示，如图4-211所示；当数值大于100%时，末端的喷涂图案会放大显示，如图4-212所示。

● "喷涂顺序"下拉列表：用于调整喷涂对象的顺序，有"随机""顺序"和"按方向"3种。图4-213所示为不同"喷涂顺序"的对比效果。

● 图像数量🖊 1 ▾：用来设置喷涂图案的数量，数值越大，图案数量越多。图4-214所示为不同"图像数量"的对比效果。

<table>
<tr><td>图 4-211</td><td>图 4-212</td></tr>
</table>

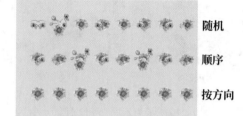

随机

顺序

按方向

图 4-213

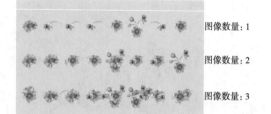

图像数量：1

图像数量：2

图像数量：3

图 4-214

● 图像间距 ⊡ 25.4 ▼ ⊞：用来设置两个图案之间的间距，数值越大，间距越大。图 4-215 所示为不同"图像间距"的对比效果。

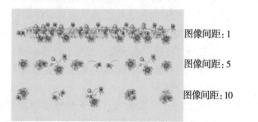

图像间距：1

图像间距：5

图像间距：10

图 4-215

提示：如何提取单个的图案

（1）使用"艺术笔"工具绘制图样后，选择图样右击，在弹出的快捷菜单中执行"拆分艺术笔组"命令，

如图 4-216 所示。随即路径会与图案分离，如图 4-217 所示。

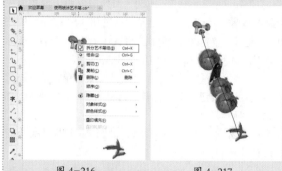

<table>
<tr><td>图 4-216</td><td>图 4-217</td></tr>
</table>

（2）再次选择图样右击，在弹出的快捷菜单中执行"取消群组"命令，图样中的各个部分可以独立地进行移动和编辑。效果如图 4-218 所示。

图 4-218

4.5.4　动手练：使用书法艺术笔

"书法"模式通过计算曲线的方向和笔头的角度来更改笔触的粗细，从而模拟出书法的艺术效果。

"书法"模式下"艺术笔"工具的使用方法非常简单，按住鼠标左键拖动即可进行绘制。效果如图 4-219 所示。该功能常用于制作手写体文字。效果如图 4-220 所示。

图 4-219

中文版CorelDRAW 2022从入门到实战（全程视频版）（上册）

图 4-220

● 手绘平滑度 ⌒ 100 ÷ ：用来设置路径的平滑度。图 4-221 所示为不同"手绘平滑度"的对比效果。

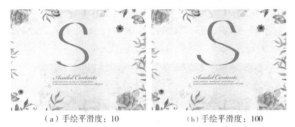

（a）手绘平滑度：10　　　（b）手绘平滑度：100

图 4-221

● 笔触宽度 ▱ 10.0 mm ÷ ：用来设置所绘线条的宽度。图 4-222 所示为不同"笔触宽度"的对比效果。

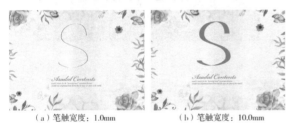

（a）笔触宽度：1.0mm　　　（b）笔触宽度：10.0mm

图 4-222

● 书法角度 ∠ 45.0 ÷ °：用来设置书法画笔绘制出的笔触角度。图 4-223 所示为不同"书法角度"的对比效果。

（a）书法角度：0°　　　（b）书法角度：300°

图 4-223

4.5.5　动手练：使用表达式艺术笔

"表达式"模式是模拟实验压感笔绘画的效果。单击工具箱中的"艺术笔"工具按钮 ↺ ，然后单击属性栏中的"表达式"按钮 ✍ 。在属性栏中，"笔触宽度"选项用来设置线条的宽度，"倾斜角"选项用来设置固定的笔倾斜值的平滑度。设置完成后在画面中按住鼠标左键拖动，即可进行绘制。效果如图 4-224 所示。

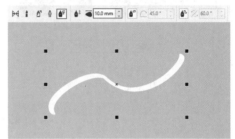

图 4-224

4.5.6　练习案例：使用"艺术笔"工具绘制手绘感优惠券

文件路径	资源包\第4章\使用"艺术笔"工具绘制手绘感优惠券
难易指数	★★★★★
技术掌握	"艺术笔"工具

扫一扫，看视频

案例效果

案例效果如图 4-225 所示。

图 4-225

操作步骤

步骤 01 新建一个 A4 大小的横向空白文档。接着选择工具箱中的"矩形"工具，绘制一个与绘图区等大的矩形。将其填充为棕色，去除轮廓线。效果如图 4-226 所示。

图 4-226

步骤 02 制作画面中间位置的笔刷绘图效果。选择工具箱中的"艺术笔"工具，在属性栏中单击"笔刷"按钮，在"类别"下拉列表中选择"符号"，在"笔刷笔触"下拉列表中选择合适的笔刷。同时设置"手绘平滑度"为100，"笔刷宽度"为50.0mm。设置完成后在画面中拖动鼠标即可绘制，如图 4-227 所示。

图 4-227

步骤 03 在使用"艺术笔"工具的状态下，继续拖动鼠标在随意位置进行随意绘制。效果如图 4-228 所示。

图 4-228

步骤 04 将其填充为黄色，效果如图 4-229 所示。

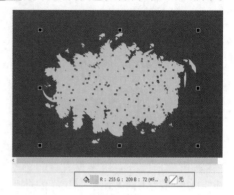

图 4-229

步骤 05 导入文字素材，将其摆放在画面中间。至此，本案例制作完成，效果如图 4-230 所示。

图 4-230

4.6 尺寸度量与标注

"度量"工具组中的工具能够对画面中的对象进行尺寸、角度等数值的测量和标注，应用十分广泛。例如，在创建技术图、建筑施工图等操作中常用到度量工具组。单击"平行度量"工具按钮 右下角的小三角符号，在弹出的工具列表中可以看到"平行度量"工具 、"水平或垂直度量"工具 、"角度尺度"工具 、"线段度量"工具 和"2边标注"工具 ，如图 4-231 所示。

图 4-231

4.6.1 动手练:"平行度量"工具

(1)单击工具箱中的"平行度量"工具按钮✍,然后在要测量对象上按住鼠标左键拖动,拖动的距离就是测量的距离。效果如图4-232所示。

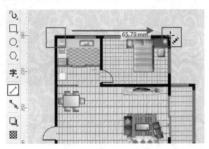

图 4-232

(2)释放鼠标,将光标向侧面移动,此时会创建示例。当光标到合适的位置后单击,完成操作,如图4-233所示。

图 4-233

(3)此时会显示测量对象的尺寸以及用于指示尺寸的示例。效果如图4-234所示。

图 4-234

(4)示例分为两部分:文字和线条。使用"选择"工具单击线条部分可以将其选中,在属性栏中调整线条的宽度,如图4-235所示。

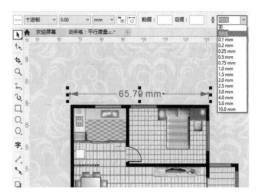

图 4-235

(5)右击调色板中的色块,更改线条颜色,如图4-236所示。

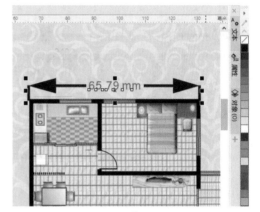

图 4-236

(6)使用"选择"工具单击文字,在属性栏中更改字体、字号,如图4-237所示。

(7)单击调色板中的色块,更改文字颜色,如图4-238所示。

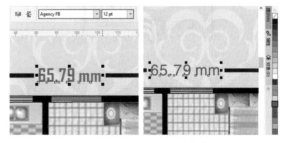

图 4-237   图 4-238

(8)有时文字是需要更改的,在更改之前需要先将示例进行拆分。选择示例,右击,在弹出的快捷菜单中执行"拆分尺度"命令,如图4-239所示。

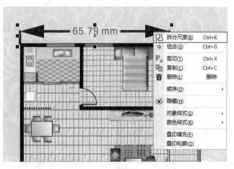

图 4-239

（9）拆分后，在文字上方单击，即可插入光标，然后按住鼠标左键拖动选中文字，如图 4-240 所示。

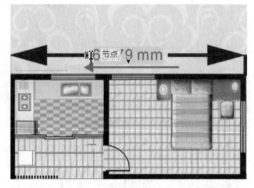

图 4-240

（10）对文字进行更改，如图 4-241 所示。

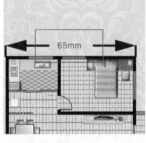

图 4-241

4.6.2 动手练："水平或垂直度量"工具

"水平或垂直度量"工具能够进行水平方向或垂直方向的度量。其使用方法与"平行度量"工具一样，在要测量的对象上按住鼠标左键拖动，拖动的距离就是测量的距离；释放鼠标后移动光标，此时会创建示例；将光标拖动到合适的位置后单击，完成操作，如图 4-242 和图 4-243 所示。

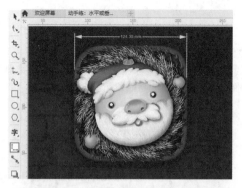

图 4-242

图 4-243

4.6.3 动手练："角度尺度"工具

"角度尺度"工具可以度量对象的角度。

（1）单击工具箱中的"角度尺度"工具按钮，将光标移动至绘图区，按住鼠标左键拖动，如图 4-244 所示。

（2）释放鼠标，将光标向另一侧移动，然后单击，确定测量的角度，如图 4-245 所示。

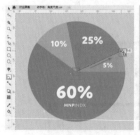

图 4-244   图 4-245

（3）按住鼠标左键并拖动，调整"饼形直径"的位置，调整完成后再次单击，如图 4-246 所示。这样可以显示出度量的角度数值，效果如图 4-247 所示。

中文版CorelDRAW 2022从入门到实战（全程视频版）（上册）

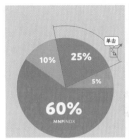
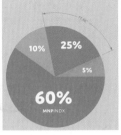

图 4-246 图 4-247

4.6.4 动手练："线段度量"工具

"线段度量"工具用于度量单条线段或多条线段上结束节点间的距离。

（1）单击工具箱中的"线段度量"工具按钮 ⬚，按住鼠标左键拖动出能够覆盖要测量对象的虚线框。效果如图 4-248 所示。

（2）释放鼠标，将光标向侧面拖动，再次释放鼠标，如图 4-249 所示。

图 4-248 图 4-249

（3）单击，得到度量结果，如图 4-250 所示。

图 4-250

4.6.5 动手练："2边标注"工具

使用"2边标注"工具可以绘制标注线，在制作一些

带有图标、提示的图形时该工具会常用到。

（1）单击工具箱中的"2边标注"工具按钮 ⬚，然后在绘图区按住鼠标左键拖动，如图 4-251 所示。

（2）释放鼠标，将光标移动至下一个位置单击，如图 4-252 所示。

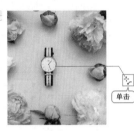

图 4-251 图 4-252

（3）此时标注线末端处于文本输入的状态，可以输入文字；若不需要输入文字，可以单击工具箱中的"选择"工具退出文字编辑状态，如图 4-253 所示。

（4）文字输入完成后，可以在属性栏中更改字体和字号，如图 4-254 所示。

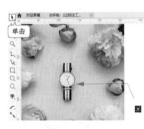
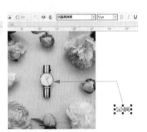

图 4-253 图 4-254

（5）使用"选择"工具在标注线上单击，可以在属性栏中更改标注形状。选中标注线，单击属性栏中的"标注形状"右侧的下拉按钮，在弹出的下拉列表中选择合适的标注形状，如图 4-255 所示。

（6）通过"间隙"选项可以设置文本和标注形状之间的间距，如图 4-256 所示。

图 4-255 图 4-256

4.7 连接多个对象

"连接器"工具可以将矢量图形对象以连接"节点"的方式用线连接起来。两个对象连接后，如果移动其中一个对象，连线的长度和角度会发生相应的变化，但连线关系保持不变。单击"接连器"工具按钮�__右下角的🔽按钮，打开的工具列表如图4-257所示。

图 4-257

4.7.1 动手练：绘制图形之间的连接线

"连接器"工具能够在两个图形之间绘制一段直线，使两个图形形成连接关系。选择工具箱中的"连接器"工具，在属性栏中可以看到"直线连接器"�__、"直角连接器"�__、"圆直角连接符"�__3个按钮。

（1）单击工具箱中的"连接器"工具按钮�__，在属性栏中单击"直线连接器"按钮�__，然后在一个图形的边缘按住鼠标左键将其拖动到另一个图形的边缘。效果如图4-258所示。

（2）释放鼠标后，两个图形之间出现了一条连接线，此时两个图形处于连接状态。移动其中一个图形，连线的位置也会改变，如图4-259所示。如果需删除连线，则可以使用"选择"工具选中连接线，按Delete键删除。

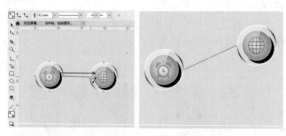

图 4-258　　　　　图 4-259

- 轮廓宽度：用于调整连接线的粗细，如图4-260所示。
- → ：用于在连接线的端点处添加箭头和设置线条样式，如图4-261所示。

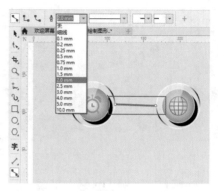

图 4-260

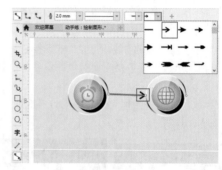

图 4-261

"直角连接器"工具在连接对象时会生成转折处为直角的连接线，拖动连线上的节点可以移动连线的位置和形状。在属性栏中单击"直角连接器"按钮�__，接着在其中一个对象上按住鼠标左键拖动出连接线，当光标位置偏离原方向时就会产生带有直角转角的连接线。效果如图4-262所示。

"圆直角连接符"工具能够绘制出圆角连接线。其使用方法与"直角连接器"工具相同，在属性栏中单击"圆直角连接符"按钮�__，在第一个对象上按住鼠标左键，将其拖动到另一个对象上，释放鼠标，两个对象以圆角连接线进行连接。效果如图4-263所示。

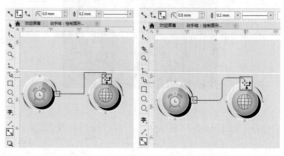

图 4-262　　　　　图 4-263

中文版CorelDRAW 2022从入门到实战（全程视频版）（上册）

4.7.2 动手练：编辑连接线上的锚点

在使用"连接器"工具时，对象周围会显示"锚点"。使用"锚点编辑"工具可以在对象上添加锚点、删除锚点或调整锚点的位置。

（1）单击工具箱中的"锚点编辑"工具按钮 ，在已连接的两个对象上单击，选择其中一个对象，然后在锚点上单击即可选中该锚点，如图4-264所示。

（2）按住鼠标左键拖动，即可调整连接线的位置，如图4-265所示。

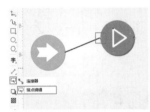

图 4-264　　　　　　图 4-265

（3）选中锚点，单击属性栏中的"删除锚点"按钮即可删除所选锚点，如图4-266所示。

（4）如果锚点的数量不够，在所选位置上双击，即可增加锚点，如图4-267所示。

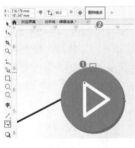

图 4-266　　　　　　图 4-267

4.7.3 综合案例：购物网站网页广告

文件路径	资源包\第4章\购物网站网页广告
难易指数	★★★★★
技术掌握	"钢笔"工具、"常见的形状"工具、"智能填充"工具

扫一扫，看视频

案例效果

案例效果如图4-268所示。

图 4-268

操作步骤

步骤 01 新建一个"宽度"为950.0px、"高度"为400.0px的空白文档。接着选择工具箱中的"矩形"工具，绘制一个与绘图区等大的矩形，将其填充为蓝色，同时去除黑色的轮廓线。效果如图4-269所示。

图 4-269

步骤 02 制作案例效果中的几何感背景。选择工具箱中的"钢笔"工具，在绘图区左侧绘制一个不规则的四边形。效果如图4-270所示。

步骤 03 为绘制的四边形填充渐变色。选择工具箱中的"交互式填充"工具，在属性栏中单击"渐变填充"按钮 ，设置"渐变类型"为"线性渐变填充"，为该图形填充一种蓝色系的渐变颜色，并去除轮廓线，效果如图4-271所示。

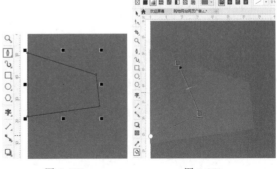

图 4-270　　　　　　图 4-271

步骤 04 继续使用"钢笔"工具绘制其他图形，然后使用"交互式填充"工具为其填充合适的颜色，效果如图4-272和图4-273所示。

图 4-272

图 4-273

步骤 05 制作案例效果中左、右两侧的标志形状。选择工具箱中的"椭圆形"工具，按住Ctrl键绘制一个正圆并将其填充为黄色，效果如图4-274所示。

图 4-274

步骤 06 使用"钢笔"工具绘制一个三角形，同样填充为黄色。效果如图4-275所示。

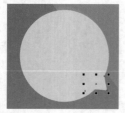

图 4-275

步骤 07 复制该图形，将其摆放在右侧并适当地放大并旋转。效果如图4-276所示。

图 4-276

步骤 08 制作底部的丝带效果。选择工具箱中的"常见的形状"工具，接着在属性栏中单击"常用形状"按钮，在弹出的下拉面板"条幅形状"区域中选择第一个图形。然后按住鼠标拖动，绘制图形。效果如图4-277所示。

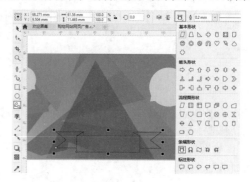

图 4-277

步骤 09 为绘制的条幅形状图形填充颜色。将图形选中，接着选择工具箱中的"交互式填充"工具，在属性栏中单击"均匀填充"按钮，然后在"填充色"下拉面板中设置填充色为黄色。效果如图4-278所示。

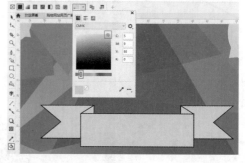

图 4-278

步骤 10 为了让丝带有立体感，需要将其填充为不同的颜色。选择图形，单击属性栏中的"智能填充"工具下拉按钮，在下拉面板中设置稍深的黄色，然后在图形上方单击进行填充。效果如图4-279所示。

中文版CorelDRAW 2022从入门到实战（全程视频版）（上册）

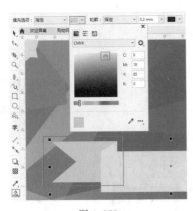

图 4-279

步骤 11 继续更改颜色,对其他部分进行填充并去除轮廓线。效果如图4-280所示。

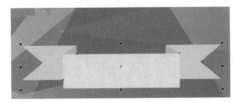

图 4-280

步骤 12 在文档中添加文字。将文字素材打开,将需要使用的文字复制、粘贴到当前文档中,调整至合适的位置。效果如图4-281所示。

图 4-281

步骤 13 为主标题文字添加黑色背景。选择工具箱中的"钢笔"工具,绘制出文字的大致轮廓,将其填充为黑色。

效果如图4-282所示。

图 4-282

步骤 14 由于绘制的图形遮挡住了文字,需要将文字显示出来。将图形选中,按快捷键Ctrl+Page Down,将其调整到文字后面。效果如图4-283所示。

图 4-283

步骤 15 将电脑素材导入。执行"文件"→"导入"命令,将电脑素材导入,调整大小放在画面左侧的位置。至此,本案例制作完成,效果如图4-284所示。

图 4-284

第5章

扫一扫，看视频

对象编辑与管理

本章内容简介

在前面的章节中介绍了多种图形的绘制方法，但是在实际的设计、制图过程中，很多时候不仅需要绘制图形，还需要对已经绘制出的图形进行一定的变换操作，如缩放、旋转、镜像等。对于这些变换操作，CorelDRAW提供了多种方法，而且每种操作方法都有不同的特点。本章对这些内容进行讲解。此外，在本章中还会学习如何对图形对象进行管理。

重点知识掌握

- 熟练掌握缩放、旋转、倾斜、镜像等基本变换操作
- 熟练掌握调整对象顺序、编组、锁定、对齐分布等基本管理操作

通过本章的学习，我们能做什么

通过学习本章内容，我们可以在制图过程中更加灵活便捷地对画面中的矢量图形进行操作。例如，如果要制作一些特殊图形，那么可以通过对多个基本图形使用焊接、修剪、相交等操作得到。当要在画面中用到大量相同或相似的对象时，也无须重复操作，这样大大提高了工作效率。

5.1 对象的变换

如果要调整图形对象的大小，或想对其进行一定的旋转、镜像等，就需要用到CorelDRAW中的变换功能。当单击一个矢量图形或位图对象时，会显示8个控制点，如图5-1所示。

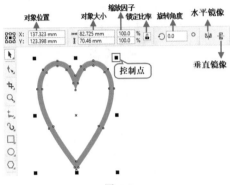

图 5-1

按住鼠标左键拖动控制点，可以实现一些常见的变换操作，如缩放、旋转、倾斜、镜像等，效果如图5-2所示。选中对象，在属性栏中进行相应参数的设置，可以对其进行精确变换。

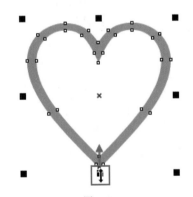

图 5-2

- 对象位置：通过设置X坐标和Y坐标确定对象在页面中的位置。
- 对象大小：设置对象的宽度和高度。
- 缩放因子：设置缩放对象的百分比。
- 锁定比率：当缩放和调整对象大小时，保留原来的宽高比例。
- 旋转角度：指定对象的旋转角度。
- 水平镜像：从左到右翻转对象。
- 垂直镜像：从上到下翻转对象。

【重点】5.1.1 动手练：缩放对象

扫一扫，看视频

"缩放"指放大或缩小。"缩放"有等比缩放和非等比缩放。等比缩放会使画面中图形的显示比例保持不变。效果如图5-3所示。

而非等比缩放会使画面中的图形发生变化。效果如图5-4所示。

图 5-3　　　　　图 5-4

1. 等比缩放

（1）选择一个图形后会显示控制点。4个角的控制点是用来等比缩放的。效果如图5-5所示。

图 5-5

（2）将光标移动至控制点上，按住鼠标左键向外拖动可以将图形等比放大，效果如图5-6所示。

图 5-6

（3）按住鼠标左键内拖动控制点，可以将图形等比缩小，效果如图5-7所示。

图5-7

提示：中心缩放

在缩放的过程中，按Shift键能够使图形在中心位置进行等比缩放。

2. 非等比缩放

拖动上侧或下侧中间的控制点，可以沿垂直方向进行缩放，效果如图5-8所示。拖动左侧或右侧中间的控制点，可以沿水平方向进行缩放，效果如图5-9所示。此时的缩放是不等比的。

图5-8

图5-9

3. 设置精确的缩放比例

通过属性栏中的"缩放因子"选项，能够对图形对象进行精确缩放。其中，上方数值框用来设置水平方向的缩放比例，下方数值框用来设置垂直方向的缩放比例；当

上、下两个数值框内的数值相等时，则进行等比缩放。

选择图形，在属性栏中能够看到当前图形的缩放比例，如图5-10所示。

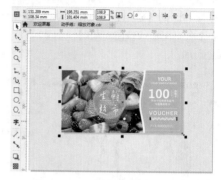

图5-10

如果要等比缩放，先单击"锁定比率"按钮，使其处于锁定的状态。接着在"缩放因子"数值框中输入数值，按Enter键确认，如图5-11所示。

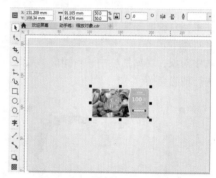

图5-11

如果针对垂直方向或水平方向进行非等比缩放，首先使"锁定比率"按钮处于解锁状态。在"缩放因子"上方的数值框中输入数值，可以沿水平方向进行缩放。效果如图5-12所示。

图5-12

在"缩放因子"下方的数值框中输入数值，可以沿垂直方向进行缩放。效果如图5-13所示。

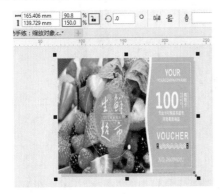

图 5-13

4. 设置精确的大小

当选择矢量图形或位图对象时，在属性栏中可以看到当前对象的大小 ，如图5-14所示。

图 5-14

如果要等比缩放图形，先使"锁定比率"按钮处于锁定状态 ，然后在一个数值框中输入数值，另一个数值会自动发生变化，最后按Enter键确认操作。效果如图5-15所示。

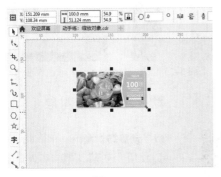

图 5-15

如果要非等比缩放图形，则先使"锁定比率"按钮处于解锁状态 ，然后在数值框中输入指定的高度和宽度，最后按Enter键确认操作。效果如图5-16所示。

图 5-16

> **提示：清除变换**
>
> 执行"对象"→"清除变换"命令，可以清除对图形进行过的变换操作，将其还原到变换之前的效果。

5.1.2　练习案例：调整矩形高度制作直方图

文件路径	资源包\第5章\调整矩形高度制作直方图
难易指数	★★★★★
技术掌握	缩放

扫一扫，看视频

案例效果

案例效果如图5-17所示。

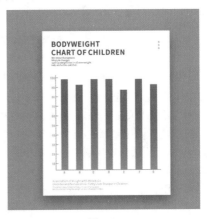

图 5-17

操作步骤

步骤01 新建一个空白文档，选择工具箱中的"矩形"工具，绘制一个接近正方形的矩形，然后将矩形填充为浅紫色，去除黑色的轮廓线。效果如图5-18所示。

步骤02 继续使用"矩形"工具，在紫色矩形中间绘制一个稍小的矩形并将其填充为白色，同时去除轮廓线。效果如图5-19所示。

图 5-18　　　　　　　图 5-19

步骤03 为绘制的白色矩形添加阴影。在白色矩形选中状态下，选择工具箱中的"阴影"工具，在矩形上方按住鼠标左键拖动为矩形添加阴影。接着在属性栏中设置"阴影不透明度"为50，"阴影羽化"为15，"颜色"为黑色，"合并模式"为"乘"，如图5-20所示。

步骤04 导入文字素材，然后调整其在白色矩形上的位置。效果如图5-21所示。

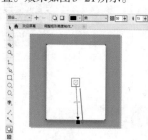 

图 5-20　　　　　　　图 5-21

步骤05 制作柱形图。选择工具箱中的"矩形"工具，在画面中按住鼠标左键拖动绘制矩形。选中矩形，选择工具箱中的"交互式填充"工具，单击属性栏中的"渐变填充"按钮，设置"渐变类型"为"线性渐变填充"，选择一种紫色系的渐变颜色，去除轮廓线。效果如图5-22所示。

步骤06 因为制作的是柱形图，每个矩形的宽度相同，高度不同，所以只需要复制矩形并调整高度。选中矩形，使用快捷键Ctrl+C进行复制，使用快捷键Ctrl+V进行粘贴，然后将矩形向右移动。效果如图5-23所示。

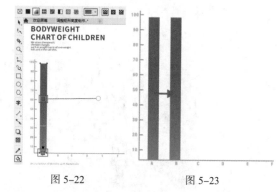

图 5-22　　　　　　　图 5-23

步骤07 选择工具箱中的"选择"工具，在第二个矩形上方单击，将其选中，然后将光标移动至控制点上方，当光标变为↕时按住鼠标左键向下拖动，如图5-24所示。

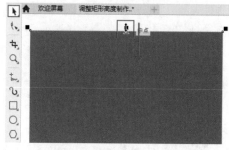

图 5-24

步骤08 释放鼠标，完成变换操作。效果如图5-25所示。

步骤09 继续使用相同的方法，复制矩形并调整高度。案例完成后其效果如图5-26所示。

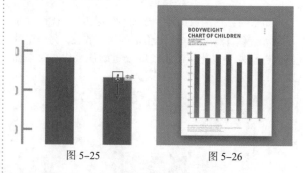

图 5-25　　　　　　　图 5-26

【重点】**5.1.3　动手练：旋转对象**

扫一扫，看视频

1. 手动旋转对象

（1）使用"选择"工具双击矢量图形或位图对象，便会显示，用于旋转的控制点↖，如图5-27所示。

（2）将光标移动至控制点上，按住鼠标左键拖动即可进行旋转。效果如图5-28所示。

图 5-27

图 5-28

2. 精确角度旋转

（1）通过属性栏中的"旋转角度"选项 ⊙ ．，可以使图形对象以精准的角度进行旋转。选中图形，默认情况下"旋转角度"为0.0°，如图5-29所示。

（2）在数值框中输入数值，按Enter键确认即可。效果如图5-30所示。

图 5-29

图 5-30

3. 以15.0° 为增量旋转对象

在旋转的过程中，在按住鼠标左键拖动的同时按住Ctrl键能够以15.0°为增量旋转对象，如旋转15.0°、30.0°、45.0°和60.0°等，如图5-31所示。

图 5-31

【重点】5.1.4 动手练：倾斜对象

利用"倾斜"功能，可以使图形发生水平方向或垂直方向的倾斜变形。

扫一扫，看视频

（1）双击图形，即可显示用于倾斜的控制点 ↔ / ↕，如图5-32所示。

（2）拖动 ↔ 控制点，可以沿水平方向进行倾斜变形。效果如图5-33所示。

图 5-32

图 5-33

（3）拖动 ↕ 控制点，可以沿垂直方向进行倾斜变形。效果如图5-34所示。

图 5-34

扫一扫，看视频

利用"镜像"功能，可以使对象进行水平或垂直方向的对称。

（1）选中需要镜像的对象，如图5-35所示。

图5-35

（2）单击"水平镜像"按钮，可以将对象进行从左向右的翻转。效果如图5-36所示。

图5-36

（3）单击"垂直镜像"按钮，可以将对象进行从上向下的翻转。效果如图5-37所示。

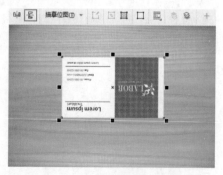

图5-37

5.1.6 "自由变换"工具

在之前学习的变换操作中，无论旋转、斜切，都是以对象原始的中心点位置为中心进行变换的；而使用"自由变换"工具可以重新自定义变换的中心点，并且能够以鼠标拖动的方式进行变换，更加灵活。

挑选
手绘选择
自由变换

图5-38

（1）选中一个图形，然后选择工具箱中的"自由变换"工具，如图5-38所示。

（2）在属性栏中有"自由旋转"、"自由角度反射"、"自由缩放"和"自由倾斜"4种变换方式。属性栏如图5-39所示。

自由旋转　自由缩放　对象位置　对象大小　锁定比率

自由角度反射
自由倾斜

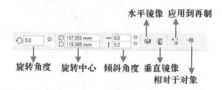

水平镜像　应用到再制

旋转角度　旋转中心　倾斜角度　垂直镜像
相对于对象

图5-39

● 自由旋转：选择工具箱中的"自由变换"工具，然后单击属性栏中的"自由旋转"按钮，在画面中上部分按住鼠标左键拖动，此时会以光标为中心点进行旋转，效果如图5-40所示。

图5-40

● 自由角度反射：单击属性栏中的"自由角度反射"按钮，按住鼠标左键拖动确定一条反射的轴线，然后拖动鼠标左键做圆周运动来反射对象，效果如图5-41所示。

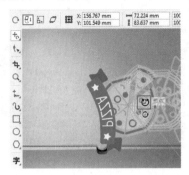

图 5-41

● 自由缩放 ⊡：单击属性栏中的"自由缩放"按钮，
按住鼠标左键拖动即可以光标为中心点进行缩放，
效果如图5-42所示。如果按住Ctrl键拖动，可以
进行等比自由缩放。

图 5-42

● 自由倾斜 ⊡：单击属性栏中的"自由倾斜"按
钮 ⊡，然后按住鼠标左键拖动即可倾斜对象，效
果如图5-43所示。"倾斜角度"选项 用来精
准设置倾斜角度，在数值框中输入数值，按Enter
键确认即可。

图 5-43

5.1.7 "变换"泊坞窗：复制并变换

通过"变换"泊坞窗同样能够进行精准移动、旋
转、缩放、镜像、倾斜等变换操作。在"变换"泊坞窗
中进行变换有两个与众不同的操作，一个是能确定中
心点的位置，另一个是能够变换并同时复制出多个副
本对象。

（1）执行"窗口"→"泊坞窗"→"变换"命令，打
开"变换"泊坞窗，"变换"泊坞窗中包括"位置""旋
转""缩放和镜像""大小""倾斜"等多个命令。执行
这些命令可以打开相应的子面板。在"变换"泊坞窗
的顶部，可以单击按钮来切换变换的方式，如图5-44
所示。

（2）选择一个图形，如图5-45所示。

图 5-44   图 5-45

（3）在"变换"泊坞窗中选择一种变换方式。如果要
进行旋转，那么就单击"旋转"按钮 ⟳，即可显示用来
旋转的选项。先设置合适的旋转角度，然后设置中心点
的位置，共有9个控制点，分别是左上、左下、右上、
右下、上中、下中、左中、右中和中间。单击一个控制
点，最后单击"应用"按钮，如图5-46所示。旋转效果
如图5-47所示。

图 5-46   图 5-47

● 副本：用来设置复制的数量。设置了"副本"数值
后，单击"应用"按钮，如图5-48所示，即可得
到按照当前设置的变换规律进行复制且变换的一
系列对象。效果如图5-49所示。

图 5-48　　　　　　　图 5-49

其他的变换操作与"旋转"变换类似。

扫一扫，看视频

重点 5.2 动手练：透视

"透视"功能可以使图形产生外形的变化，从而制作出透视效果。

1.创建透视变形

（1）选中要编辑的对象，如图5-50所示。

图 5-50

（2）执行"对象"→"透视点"→"添加透视"命令，此时图形对象会显示红色的控制框。效果如图5-51所示。

图 5-51

（3）拖动控制点进行透视变形。效果如图5-52所示。

图 5-52

2.编辑透视变形

进行透视变形后，选择工具箱中的"形状"工具，会显示透视变形的控制框，此时在控制框的外侧会有两个控制点✕，这两个控制点是透视中的"灭点"。效果如图5-53所示。

图 5-53

拖动其中一个控制点，可以在图形的一侧进行透视变形。拖动顶部的控制点✕，可以对图形进行水平方向的变形；拖动右侧的控制点✕，可以对图形进行垂直方向的变形。效果如图5-54所示。

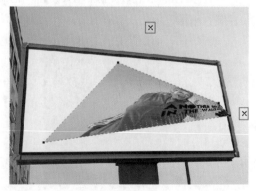

图 5-54

在透视投影中，一束平行于投影面的平行线投影可以保持平行，而不平行于投影面的平行线的投影会聚集到一个点，这个点称为灭点。灭点可以看作无限远处的一点在投影面上的投影。如果是平行透视，只有一个灭点，在对象中间的后方。如果是成角透视，则有两个灭点，在对象两侧的后方。

3. 释放透视变形

选择透视变形的图形，执行"对象"→"清除透视点"命令，即可释放透视变形。

5.3 矢量图形的造型功能

利用"造型"功能，可以对多个矢量图形进行相加、相减、交叉等操作，从而得到新的矢量图形。该功能主要包括"合并""焊接""修剪""相交""简化""移除后面对象""移除前面对象""边界"。常用于制作一些特殊的图形。例如，由多个常见图形拼叠而成的图形，或者带有镂空效果的图形等。

使用方法非常简单，首先绘制两个图形，接着将两个图形进行移动，使之重叠。然后选中两个图形，在属性栏中即可看到用来造型的按钮，如图5-55所示。

单击某个按钮即可进行相应的造型。图5-56所示为"焊接"按钮的效果。

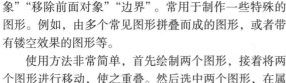
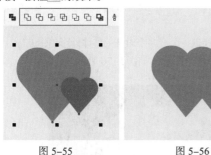

图 5-55　　　　　　图 5-56

"形状"泊坞窗也可以实现相同的效果，而且在"形状"泊坞窗中包含更多的选项设置。例如，可以在得到新图形的同时，保留原始图形等。

执行"窗口"→"泊坞窗"→"形状"命令，打开"形状"泊坞窗。在下拉列表中选择一种合适的造型，

如图5-57所示。

图 5-57

5.3.1 动手练：焊接

"焊接"指将两个或多个对象结合在一起成为一个独立对象。

选择两个图形，单击属性栏中的"焊接"按钮，如图5-58所示。此时效果如图5-59所示。

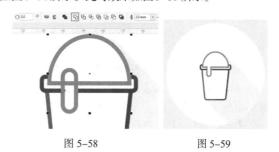

图 5-58　　　　　　图 5-59

5.3.2 动手练：修剪

"修剪"指使用一个对象的形状剪切下另一个对象形状的一部分，修剪完成后目标对象保留其填充属性和轮廓属性。

（1）选择要修剪的两个图形，单击属性栏中的"修剪"按钮，如图5-60所示。

（2）移走顶部图形后，可以看到下方图形中的重叠区域被删除了，如图5-61所示。

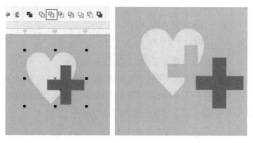

图 5-60　　　　　　图 5-61

{重点}5.3.3　动手练：相交

"相交"指将两个对象的重叠区域创建为一个新的独立对象。

（1）选择两个图形，然后单击属性栏中的"相交"按钮🔲，如图5-62所示。

（2）移动图形后，可以查看相交效果，如图5-63所示。

图5-62　　　　　　　图5-63

5.3.4　动手练：简化

"简化"指去除对象间重叠的区域。

（1）选择两个图形，单击属性栏中的"简化"按钮🔲，如图5-64所示。

（2）移动图形后，可以查看简化效果，如图5-65所示。

图5-64　　　　　　　图5-65

{重点}5.3.5　动手练：移除后面对象

"移除后面对象"指利用下层对象的形状减去上层对象中重叠的部分。

（1）选择两个重叠图形，如图5-66所示。

（2）单击属性栏中的"移除后面对象"按钮🔲，此时下层图形消失了，同时上层图形中下层图形形状范围内的部分也被删除了。效果如图5-67所示。

图5-66　　　　　　　图5-67

{重点}5.3.6　动手练：移除前面对象

"移除前面对象"指利用上层对象的形状减去下层对象中重叠的部分。

（1）选择两个重叠图形，单击属性栏中的"移除前面对象"按钮🔲，如图5-68所示。

（2）此时上层图形消失了，同时下层图形中上层图形形状范围内的部分也被删除了。效果如图5-69所示。

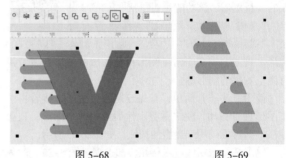

图5-68　　　　　　　图5-69

{重点}5.3.7　动手练：边界

"边界"指以一个或多个对象的整体外形创建矢量对象。

（1）选择两个图形，如图5-70所示。

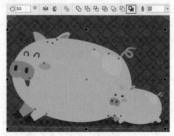

图5-70

（2）单击属性栏中的"边界"按钮🔲，可以看到图形周围出现一个与图形外轮廓形状相同的图形，选择创建的边界，更改轮廓的宽度、颜色等属性，如图5-71所示。

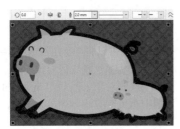

图 5-71

5.3.8 练习案例:使用造型功能制作镂空文字

文件路径	资源包\第5章\使用造型功能制作镂空文字
难易指数	★★★★★
技术掌握	简化

扫一扫,看视频

案例效果

案例效果如图 5-72 所示。

图 5-72

操作步骤

步骤 01 新建一个A4大小的竖向空白文档,执行"文件"→"导入"命令将人像素材导入。然后调整大小使其充满整个绘图区,如图 5-73 所示。

步骤 02 选中工具箱中的"矩形"工具,在画面中按住鼠标左键拖动绘制矩形。然后将矩形填充为青色,去除轮廓线。效果如图 5-74 所示。

图 5-73

图 5-74

提示:

在设置矩形的填充色时,可以选择工具箱中的"颜色滴管"工具在背景素材右下方位置上单击拾取颜色,如图 5-75 所示。

然后在矩形上方单击填充拾取的颜色,如图 5-76 所示。这样设置的能使前景色与背景色相呼应。

图 5-75

图 5-76

步骤 03 在蓝色矩形上方添加文字。选择工具箱中的"文本"工具,在青色矩形上方单击,并输入字母E。输入完成后在空白区域单击,完成操作。效果如图 5-77 所示。

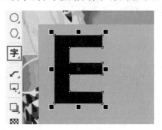

图 5-77

提示:

输入的文字如果尺寸或字体不适合,可以选中文字,在属性栏中进行字体、字号的更改。关于文字的创建与编辑将在后面的章节中详细讲解。

步骤 04 选择工具箱中的"选择"工具,按住Shift键单击,加选字母和矩形,然后单击属性栏中的"简化"按钮,如图 5-78 所示。

步骤 05 将文字移动到空白区域或删除,即可看到镂空效果。效果如图 5-79 所示。

步骤 06 在文档中添加其他文字。将文字素材打开,选中需要使用的部分,使用快捷键Ctrl+C进行复制。然后回到当前操作文档,使用快捷键Ctrl+V进行粘贴,并将文字摆放在合适的位置。效果如图 5-80 所示。

图 5-78

图 5-79

图 5-80

5.4 合并与拆分

　　合并是指将多个对象变成一个新的、具有其中一个对象属性的整体，而拆分则是指将"合并"过的对象或应用了特殊效果的对象拆分为多个独立的对象。

5.4.1 合并

　　（1）选择要合并的多个对象，单击属性栏中的"合并"按钮 （快捷键Ctrl+L），即可将其合并为一个新的对象。效果如图5-81所示。

　　（2）合并后的对象具有相同的轮廓属性和填充属性，两个图形重叠的位置将被清除。效果如图5-82所示。

图 5-81

图 5-82

5.4.2 拆分

　　利用"拆分"功能可以将"合并"过的对象或应用了特殊效果的对象拆分为多个独立的对象。

　　选择"合并"过的对象，然后单击属性栏中的"拆分"按钮 （快捷键Ctrl+K），如图5-83所示。随即可以看到合并过的对象被拆分为两个。效果如图5-84所示。

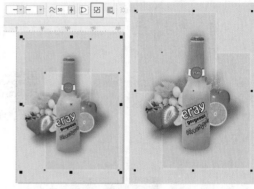
图 5-83　　　　　　　　　图 5-84

　　对于应用了特殊效果的对象，也可以将图形和效果拆分开来。例如，在使用"阴影"工具后，选择带有阴影效果的对象，如图5-85所示，按快捷键Ctrl+K进行拆分，然后移动对象，即可看到对象与效果拆分为两个部分。效果如图5-86所示（在进行拆分时，需要将图形以及底部阴影同时选中，不然无法达到拆分效果）。

图 5-85　　　　　　　　　图 5-86

　　利用拆分功能也可以对选中的文字进行拆分。选中要拆分的文字，按快捷键Ctrl+K将其拆分，如图5-87所示。拆分后可以对单个字母进行移动、变换等编辑操作，效果如图5-88所示。

图 5-87

图 5-88

5.5 动手练：图框精确剪裁

PowerClip功能也常被称为"图框精确剪裁"。执行"对象"→ PowerClip →"置于图文框内部"命令，可以将选中的对象"装进"指定的"容器"内。装进容器内的图形将只显示容器的形状。

扫一扫，看视频

〔重点〕5.5.1 创建图框精确剪裁

（1）创建图框精确剪裁需要两个对象，一个是"内容对象"，一个是"图文框"，如图5-89所示。"内容对象"可以是矢量图形或位图，"图文框"只能是矢量图形。

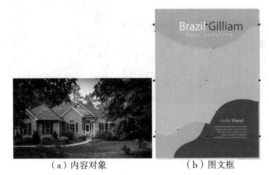
（a）内容对象　　　　（b）图文框
图 5-89

（2）选择内容对象，执行"对象"→ PowerClip →"置于图文框内部"命令，此时光标变为 ➡，然后在图文框上单击，如图5-90所示。

图 5-90

至此，内容对象就被导入图文框了，超出图文框的部分会被隐藏，如图5-91所示。

图 5-91

5.5.2 编辑图文框中的内容

（1）选择图框精确剪裁的对象，在左上角可以看到浮动的工具按钮，如图5-92所示。或者右击，在弹出的快捷菜单中也可以进行相应的操作，如图5-93所示。

图 5-92

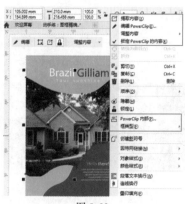

图 5-93

（2）执行"调整内容"→"中"命令，可以将内容对象放置在图文框的中心位置，如图5-94所示。

图 5-94

（3）执行"调整内容"→"按比例拟合"命令，可以使内容对象全部显示在图文框中并且等比例显示，如图5-95所示。

（4）执行"调整内容"→"按比例填充"命令，可以按照内容对象的原始比例进行缩放，以填满整个图文框，如图5-96所示。

图 5-95　　　　　　　　　图 5-96

（5）执行"调整内容"→"伸展以填充"命令，可以将内容对象全部显示在图文框内，会产生非等比缩放，如图5-97所示。

（6）进行了"图框精确剪裁"操作之后，就无法直接选中内容对象了。要想对内容对象进行编辑，需要先选中图框精确剪裁过的对象，然后执行"对象"→PowerClip →"编辑PowerClip"命令，或者单击文档左上角的"编辑"按钮，如图5-98所示。

图 5-97　　　　　　　　　图 5-98

（7）此时可以对内容对象中包含的部分进行调整。若要结束编辑操作，可以执行"对象"→ PowerClip →"完成编辑PowerClip"命令，或者单击文档左上角的"完成"按钮，如图5-99所示。效果如图5-100所示。

图 5-99　　　　　　　　　图 5-100

（8）执行"对象"→ PowerClip →"锁定PowerClip的内容"命令，或者单击文档左上角的"锁定内容"按钮 🔒，如图5-101所示。

图 5-101

（9）移动图框精确剪裁的对象，可以发现只有图文框被移动了，而内容对象没有被移动，效果如图5-102所示。再次单击"锁定内容"按钮或执行相应命令，可以锁定图文框与内容对象，此时移动图文框可以发现图文框与内容对象都被移动了。

图 5-102

（10）提取图文框中的内容是指将内容对象从图文框中提取出来，使其还原到置入之前的状态。选择图框精确剪裁对象，执行"对象"→ PowerClip →"提取内容"命令，或者单击"提取内容"按钮 ⊡，如图5-103所示。

图 5-103

（11）此时内容对象和图文框分离为两部分，呈现出

相互堆叠的状态，框架部分会带有交叉的斜线，移动其中一个图形，可以看到效果，如图5-104所示。

（a）图本框　　　　（b）内容对象

图 5-104

5.5.3　练习案例：画册目录页设计

文件路径	资源包\第5章\画册目录页设计
难易指数	★★★★★
技术掌握	复制对象、缩放对象、置于图文框内部

扫一扫，看视频

案例效果

案例效果如图5-105所示。

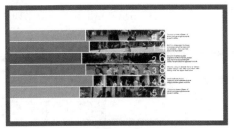

图 5-105

操作步骤

步骤 01 新建一个空白文档，选择工具箱中的"矩形"工具，在绘图区绘制一个矩形；接着单击调色板中的灰色色块，为矩形填充灰色，去除轮廓线。效果如图5-106所示。

步骤 02 在灰色矩形上方再绘制一个白色矩形。效果如图5-107所示。

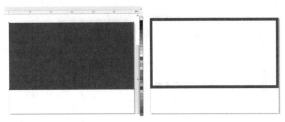

图 5-106　　　　　　　　图 5-107

步骤 03 再次绘制一个矩形。选中绘制的图形，单击工具箱中的"交互式填充"工具按钮◈，单击属性栏中的"均匀填充"按钮■，设置"填充色"为青灰色，去除轮廓线，如图5-108所示。

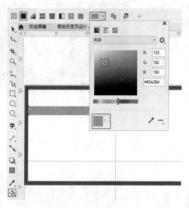

图 5-108

步骤 04 选择青灰色矩形，按住Shift键向下拖动，当拖动到相应位置后右击进行复制，效果如图5-109所示。

步骤 05 拖动右侧的控制点将矩形拉长。效果如图5-110所示。

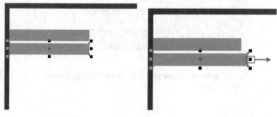

图 5-109   图 5-110

步骤 06 为该矩形填充相对较深的颜色。效果如图5-111所示。

步骤 07 使用同样的方法制作其他矩形。效果如图5-112所示。

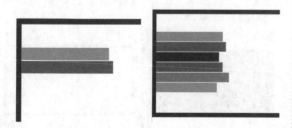

图 5-111   图 5-112

步骤 08 创建一条参考线。效果如图5-113所示。

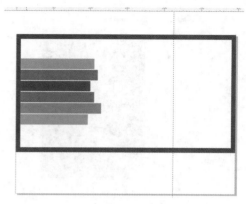

图 5-113

步骤 09 根据参考线的位置绘制其他矩形。效果如图5-114所示。

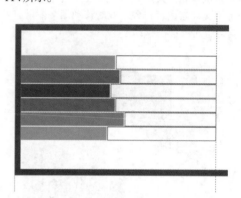

图 5-114

步骤 10 执行"文件"→"导入"命令，将图像素材导入。效果如图5-115所示。

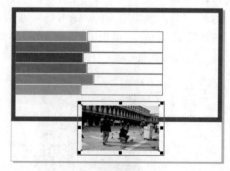

图 5-115

步骤 11 选中导入的素材，执行"对象"→PowerClip→"置于图文框内部"命令，当光标变为箭头后单击右侧第一个矩形，将素材图片置于图文框内，然后去除轮廓线。效果如图5-116所示。

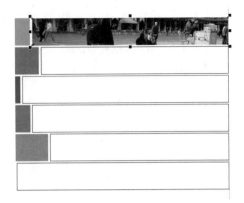

图 5-116

步骤 12 以同样的方法导入其他素材，然后置于图文框内。效果如图 5-117 所示。

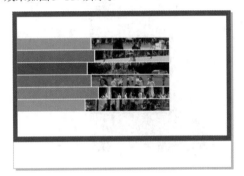

图 5-117

步骤 13 导入文字素材，将文字摆放在合适的位置。至此，本案例制作完成，效果如图 5-118 所示。

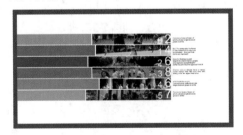

图 5-118

5.6 对象的管理

本节将讲解一些对象的管理操作，分别是调整对象的堆叠顺序、锁定与解锁对象、组合与取消组合以及对齐与分布。通过学习，可以在使用这些功能时更轻松。

扫一扫，看视频

重点 5.6.1 动手练：调整对象的堆叠顺序

在图形重叠的情况下，堆叠的前后顺序会影响画面的效果。选择一个对象，执行"对象"→"顺序"命令，在弹出的子菜单中选择某一命令，对象即可按相应的堆叠顺序进行调整，如图 5-119 所示。

图 5-119

"到页面前面""到页面背面""到图层前面""到图层后面""向前一层""向后一层"的操作方法是相同的，选中要移动的图形，执行相应命令即可。例如：

（1）选择一个图形对象，如图 5-120 所示。执行"对象"→"顺序"→"到页面前面"命令，即可使当前对象移动到画面的最上方，如图 5-121 所示。

图 5-120　　　　　　图 5-121

（2）选中一个图形，执行"对象"→"顺序"→"置于此对象后"命令，然后在另一个图形上单击，如图 5-122 所示。随即选中的图形就被移动至另一个图形的后方，如图 5-123 所示。"置于此对象前"的操作与之相同，此处不再赘述。

图 5-122　　　　　　图 5-123

💡 **提示："逆序"命令**

执行"对象"→"顺序"→"逆序"命令，可以将画面中所有图形的堆叠顺序逆反。

"锁定"命令可以将选定对象固定在一个位置，不能被选中。

（1）选择一个图形右击，在弹出的快捷菜单中执行"锁定"命令，如图5-124所示。

也可以执行"对象"→"锁定"→"锁定"命令，将其锁定。被锁定后，图形周围会显示🔒，如图5-125所示。

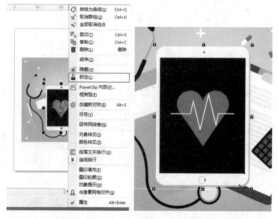

图 5-124　　　　　　　图 5-125

（2）在锁定的图形上右击，在弹出的快捷菜单中执行"解锁"命令，如图5-126所示。执行"解锁"命令后，可以将图形的锁定状态解除，使其能够被编辑。

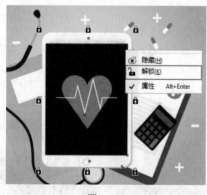

图 5-126

提示：解锁全部图形

执行"对象"→"锁定"→"全部解锁"命令，可以快速解锁文件中被锁定的多个图形。

"组合"是指将多个对象临时组合成一个整体。组合后的对象保持其原始属性，但是可以同时进行移动、缩放等操作。

要进行组合，必须要有两个以上的图形。加选要组合的图形，执行"对象"→"组合"→"组合"命令（快捷键Ctrl+G）即可。单击属性栏中的"组合对象"工具按钮🔲，或者右击在弹出的快捷菜单中执行"组合"命令，都可以将所选图形进行组合，如图5-127所示。

图 5-127

如果需要取消组合，首先选中要取消组合的图形右击，在弹出的快捷菜单中执行"取消群组"命令，即可取消组合。也可以执行"对象"→"组合"→"取消群组"命令（快捷键Ctrl+U），或者单击属性栏中的"取消组合"工具按钮🔳来取消组合，如图5-128所示。

图 5-128

中文版CorelDRAW 2022从入门到实战（全程视频版）（上册）

提示：取消全部组合

　　有的组合图形中可能包含多层嵌套的子组合，对于这样的组合，先将其选中，然后执行"对象"→"组合"→"全部取消组合"命令，或者单击属性栏中的"取消组合所有对象"按钮，即可取消全部组合。

重点 5.6.4　动手练：对齐多个对象

　　在制图的过程中，经常需要将图形进行对齐，使画面显得更加整齐有序。利用"对齐与分布"功能能够轻松让图形的排列变得整齐有序。将图形进行对齐与分布，有两种方法，一种是执行"对象"→"对齐与分布"命令，另一种是通过"对齐与分布"泊坞窗。

　　对齐是指将两个或两个以上的图形沿一个方向进行排列，包括左对齐、右对齐、顶端对齐、底端对齐、水平居中对齐、垂直居中对齐6种对齐方式。

　　(1)选择要对齐的图形，如图5-129所示。接着执行"窗口"→"泊坞窗"→"对齐与分布"命令（快捷键Ctrl+Shift+A），打开"对齐与分布"泊坞窗，如图5-130所示。

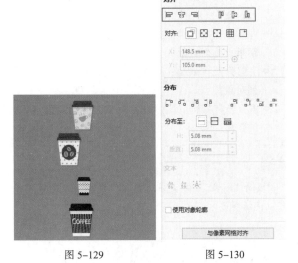

图 5-129　　　　　　图 5-130

　　(2)单击"左对齐"按钮，所选图形将以最左边为准对齐，如图5-131所示。

　　(3)单击"水平居中对齐"按钮，所选图形将以水平方向中心为准进行对齐，如图5-132所示。

　　(4)单击"右对齐"按钮，所选图形将以最右边为准对齐，如图5-133所示。

　　(5)框选多个图形，如图5-134所示。

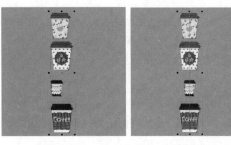

图 5-131　　　　　　图 5-132

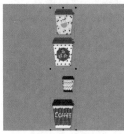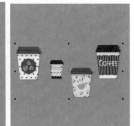

图 5-133　　　　　　图 5-134

　　(6)单击"顶端对齐"按钮，所选图形将以最顶端为准进行对齐，如图5-135所示。

　　(7)单击"垂直居中对齐"按钮，所选图形将以垂直方向中心为准进行对齐，如图5-136所示。

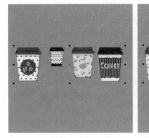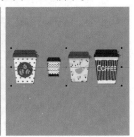

图 5-135　　　　　　图 5-136

　　(8)单击"底端对齐"按钮，所选图形将以最底端为准进行对齐，如图5-137所示。

图 5-137

{重点}5.6.5　动手练：均匀分布多个对象

分布是指调整图形之间的距离，使每个图形之间的距离均匀。

（1）选择要分布的图形，如图5-138所示。

图 5-138

在"对齐与分布"泊坞窗中，系统提供了左分散排列、水平分散排列中心、右分散排列、水平分散排列间距、顶部分散排列、垂直分散排列中心、底部分散排列、垂直分散排列间距8种分布方式，如图5-139所示。

图 5-139

（2）从中单击某一按钮，即可更改对象的分布方式。图5-140所示为"水平分散排列间距"分布效果。

图 5-140

- 左分散排列：从对象的左边缘起以相同间距排列对象。
- 水平分散排列中心：从对象的中心起以相同间距水平排列对象。
- 右分散排列：从对象的右边缘起以相同间距排列对象。
- 水平分散排列间距：在对象之间水平设置相同的距离。
- 顶部分散排列：从对象的顶边起以相同间距排列对象。
- 垂直分散排列中心：从对象的中心起以相同间距垂直排列对象。
- 底部分散排列：从对象的底边起以相同间距排列对象。
- 垂直分散排列间距：在对象之间垂直设置相同的距离。

5.7　高效复制对象

{重点}5.7.1　再制

"再制"命令可以通过指定偏移值，在绘图区中直接复制出副本，而不使用剪贴板。

（1）选择一个图形对象，如图5-141所示。

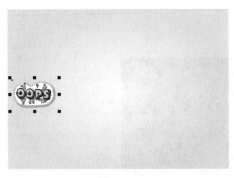

图 5-141

（2）按住鼠标左键向右侧移动，移动到合适位置后右击，复制出一个相同的对象，如图5-142所示。

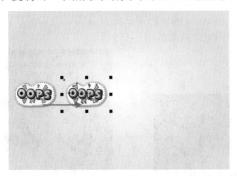

图 5-142

（3）执行"编辑"→"再制"命令，软件会按照刚刚移动的距离，再次移动并复制出一个对象，效果如图5-143所示。

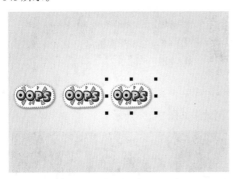

图 5-143

（4）如需按照特定距离再制，可以执行"工具"→"选项"→CorelDRAW命令，在弹出的对话框中单击"文档"按钮，进入"文档"面板中，然后单击"常规"按钮，在右侧的选项卡"再制偏移"选项组中设置"水平"为30.0mm，"垂直"为30.0mm，如图5-144所示。

图 5-144

5.7.2 克隆对象

"克隆"是指创建"链接"到原始对象的副本对象，如果对原始对象做出更改，那么克隆对象也会发生变化；如果对克隆对象做出更改，那么原始对象不会发生变化。

（1）选择一个图形，如图5-145所示。

（2）执行"编辑"→"克隆"命令，随即会生成一个与所选图形一模一样的图形，将该图形移动到原始图形附近，如图5-146所示。

图 5-145　　　　　　　图 5-146

（3）对原始图形进行更改时，所做的任何更改都会自动反映在克隆图形上，如图5-147所示。

（4）对克隆图形进行更改时，并不会影响到原始图形，如图5-148所示。

图 5-147　　　　　　　图 5-148

通过将对象还原为原始对象，可以清除对克隆对象所做的更改。

（1）如果想要还原到克隆的主对象，可以在克隆对象上右击，在弹出的快捷菜单中执行"还原为主对象"命令，如图5-149所示。

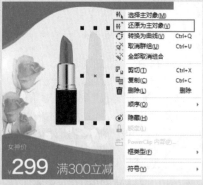

图 5-149

（2）在弹出的"还原为主对象"对话框中进行相应的设置，然后单击OK按钮，如图5-150所示。

（3）效果如图5-151所示。

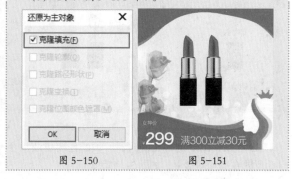

图 5-150　　　　　　图 5-151

5.7.3　步长和重复

使用"步长和重复"命令，可以通过设置副本偏移的位置和数量，快速、精确地复制出多个相同且排列规则的对象。

（1）选择一个图形，如图5-152所示。

（2）执行"编辑"→"步长和重复"命令，打开"步长和重复"泊坞窗。在该泊坞窗中分别对"偏移""间距""方向"和"份数"进行设置，如图5-153所示。

图 5-152　　　　　　　　图 5-153

（3）单击"应用"按钮，即可按设置的参数复制出相应数目的对象，如图5-154所示。

（4）继续以同样的方法进行复制，可以轻松制作出平铺的图案。效果如图5-155所示。

图 5-154　　　　　　　　图 5-155

5.7.4　综合案例：彩妆杂志内页版面

扫一扫，看视频

文件路径	资源包\第5章\彩妆杂志内页版面
难易指数	★★★★★
技术掌握	置于图文框内部、调整对象顺序、"阴影"工具、"透明度"工具

案例效果

案例效果如图5-156所示。

图 5-156

操作步骤

步骤 01 新建一个A4大小的空白文档。选择工具箱中的"矩形"工具，在画板上绘制一个与绘图区等大的白色矩形。在白色矩形中间绘制一个密一些的红色矩形，如图5-157所示。

步骤 02 执行"文件"→"打开"命令，打开素材1，从中复制需要使用的化妆品元素，摆放在合适位置，如图5-158所示。

图 5-161　　　　　　　　　图 5-162

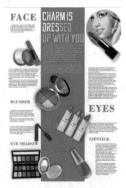

图 5-163

图 5-157　　　　　　　　　图 5-158

步骤 03 执行"文件"→"导入"命令，导入素材2，调整大小放在绘图区右上角，如图5-159所示。

步骤 04 选择工具箱中的"椭圆形"工具，在人物面部按住Ctrl键绘制一个正圆，如图5-160所示。

步骤 08 制作案例效果中文字下方的线段。选择工具箱中的"2点线"工具，在文字下方按住鼠标左键拖动绘制一条线段，并设置轮廓色为红色。效果如图5-164所示。

步骤 09 继续使用"2点线"工具，在其他文字下方绘制相同颜色的线段。选中所有画册内容，使用快捷键Ctrl+G进行组合。效果如图5-165所示。

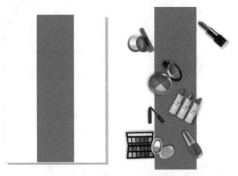

图 5-159　　　　　　　　　图 5-160

步骤 05 选中导入的素材，执行"对象"→PowerClip→"置于图文框内部"命令，当光标变成箭头状时单击圆形将图片置于圆形中，然后在调色板中设置轮廓色为"无"，如图5-161所示。

步骤 06 选中此处的口红，执行"对象"→"顺序"→"到页面前面"命令，将其放在页面前面。效果如图5-162所示。

步骤 07 在文档中添加文字。将文字素材3打开，选中文字，并复制到当前文档中，将文字摆放在合适的位置。效果如图5-163所示。

图 5-164　　　　　　　　　图 5-165

步骤 10 导入背景素材4。选中背景素材，右击执行"顺序"→"到页面背面"命令，将背景素材置于底层。效果如图5-166所示。

图 5-166

步骤 11 制作页面的阴影。使用"矩形"工具绘制一个与页面大小相同的黑色矩形，如图5-167所示。

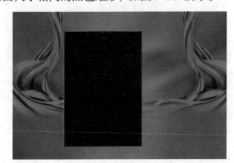

图 5-167

步骤 12 选择工具箱中的"透明度"工具，单击属性栏中的"均匀透明度"按钮█，设置"透明度"为50，如图5-168所示。

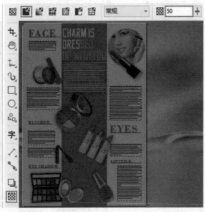

图 5-168

步骤 13 选中阴影图层，多次使用向后一层快捷键Ctrl+Page Down，将阴影放在页面的后面，如图5-169所示。

图 5-169

步骤 14 复制页面和阴影，将其摆放在已有页面的下方并适当旋转。至此，本案例制作完成，最终效果如图5-170所示。

图 5-170

Chapter
6
第6章

文本的创建与编辑

本章内容简介

在设计作品中，文字一直是不可或缺的组成部分。它不仅承担着传达信息的责任，更起着装饰画面的作用。本章将介绍文字的创建方式、文字属性的编辑、文本样式的应用等。"文本"工具所在的工具组中还有一个"表格"工具，使用"表格"工具能够绘制表格，所绘制的表格可以用于文字数据的展示，也可以在其中添加图形或图像，还可以通过更改表格的填充色与边框色美化表格。

重点知识掌握

- 熟练掌握"文本"工具的使用方法
- 掌握文字属性的编辑方法
- 掌握创建表格和编辑表格的方法

通过本章的学习，我们能做什么

学习完本章后，我们会惊叹一个小小的"文本"工具竟然能做那么多事情——无论是少量文字，还是大段文字，都不在话下。还能使用"文本"泊坞窗对文字进行字体、大小、颜色、字间距、行间距等多个属性的更改。表格是一种可视化交流模式，又是一种组织整理数据的手段。它能够清晰明了地表达信息，通过"表格"工具绘制表格，通过"文本"工具在表格内添加文字，还可以为表格填充颜色和添加图片，从而产生丰富的视觉效果。

6.1 "文本"工具

单击"文本"工具按钮字，在属性栏中就可以对文字的字体、字体大小、样式、对齐方式等进行设置，如图6-1所示。

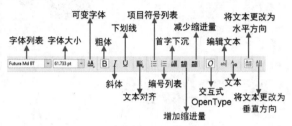

图 6-1

- 字体列表 Futura Md BT ▾：在该下拉列表中可以为新文本或所选文本设置字体。
- 字体大小 61.733 pt：输入数值可以为新文本或所选文本设置大小。
- 可变字体 AA：调整可变字体的属性，部分字体可用。
- 粗体/斜体/下划线 B I U：单击"粗体"按钮 B，可以将文本设为粗体；单击"斜体"按钮 I，可以将文本设为斜体；单击"下划线"按钮 U，可以为文本添加下划线。
- 文本对齐 ▤：单击右下角的 ◢ 按钮，在弹出的下拉列表中有"无""左""中""右""全部调整""强制调整"等多种对齐方式可供选择。
- 符号项目列表 ▤：添加或去除项目符号列表格式。
- 编号列表 ▤：添加或去除带数字的列表格式。
- 首字下沉 ▤：首字下沉是指段落文字的第一个字母尺寸变大并且位置下移至段落中。单击该按钮，可以为段落文字添加或去除首字下沉。
- 增加缩进量 ▤：将列表项向右移动。启用"项目列表符号"功能后，该选项可用。
- 减少缩进量 ▤：将列表项向左移动。启用"项目列表符号"功能后，该选项可用。
- 交互式OpenType O：该按钮用于选定文本时，在屏幕上显示指示。
- 编辑文本 abl：选择要编辑的文字，单击该按钮，在弹出的"编辑文本"窗口中可以修改文字及其字体、字体大小和颜色。
- 文本 A：单击该按钮可以打开"文本"泊坞窗。

- 文本方向 ▤ ▥：单击该按钮，可以将文本切换为水平方向或垂直方向。

6.2 创建文字

文字是设计作品中不可缺少的内容。使用"文本"工具能够创建多种类型的文字，可以根据需要作出合适的选择。

例如，制作标题时可以使用"文本"工具输入"美术字"；如果进行大量的文字排版，可以输入"段落文字"；如果要制作一个不规则图形的文字，那么可以输入"区域文字"。

重点 6.2.1 动手练：创建美术字

扫一扫，看视频

美术字适用于编辑少量文本，如标题或简短的广告语。

（1）单击"文本"工具按钮字，在文档中单击，确定文字的起点，如图6-2所示。

（2）输入文字，如图6-3所示。

图 6-2　　　　　　图 6-3

（3）如果要换行则按Enter键；如果要结束文字的输入，则可以单击工具箱中的任意工具按钮。效果如图6-4所示。

图 6-4

中文版CorelDRAW 2022从入门到实战（全程视频版）（上册）

[重点] 6.2.2 动手练：创建段落文字

当使用到大段的文字时，创建段落文字更加方便操作。

（1）单击"文本"工具按钮字，然后在画面中按住鼠标左键拖动，如图6-5所示。

扫一扫，看视频

图 6-5

（2）释放鼠标即可看到绘制的文本框，此时的文本框中会有一个闪动的光标，如图6-6所示。

（3）输入文字，文本会自动排列在文本框内，当到达文本框边缘时会直接换行，如图6-7所示。调整文本框的大小，文字的排列方式也会发生变化。

图 6-6   图 6-7

（4）文本框如果变为红色，则表示当前文本并未完全显示，可以通过调整文本框的大小，来使文本完全显示，如图6-8所示。

图 6-8

> 😊 提示：向文档中导入文本文件
>
> 在排版较多文字的过程中，通常不会逐字逐句地输入。一般会在Word等文字处理软件中整理好要使用的文本内容，然后通过CorelDRAW的"导入"功能将其快速添加到当前文档中。

（1）在CorelDRAW中执行"文件"→"导入"命令（快捷键Ctrl+I），在弹出的"导入"对话框中选择要导入的文本文件，然后单击"导入"按钮，会弹出"导入/粘贴文本"对话框，如图6-9所示。

图 6-9

（2）在弹出的"导入/粘贴文本"对话框中设置文本的格式，单击"确定"按钮进行导入。接着光标变为，如图6-10所示。

（3）在画面中绘制一个文本框，文本文件内的文字将出现在当前文档中，如图6-11所示。

图 6-10   图 6-11

[重点] 6.2.3 动手练：创建路径文字

路径文字是沿着路径排列的一种文字形式，其特点是路径改变后文字的排列方式也会随之变化。

扫一扫，看视频

1. 创建路径文字

（1）路径文字是路径和文字的"结合体"，所以在创建路径文字之前需要先绘制一段路径，如图6-12所示。

（2）单击"文本"工具按钮字，将光标移动至路径上方，光标变为后单击，即可插入光标，如图6-13所示。

图 6-12　　　　　　　　图 6-13

（3）输入文字，可以看到文字会随着路径的走向而排列。效果如图 6-14 所示。

图 6-14

（4）单击"形状"工具按钮，对路径进行调整，调整后文字的排列也会发生变化。效果如图 6-15 所示。

（5）选中路径文字，设置轮廓色为"无"，路径的轮廓线被隐藏了。效果如图 6-16 所示。

图 6-15　　　　　　　图 6-16

2. 编辑路径文字

创建路径文字后，在属性栏中可以对路径文字进行编辑，如图 6-17 所示。

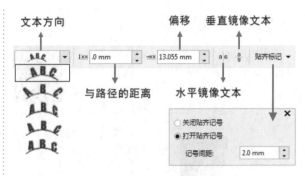

图 6-17

- 文本方向 ：用于指定文字的总体方向，包含 5 种效果，如图 6-18 所示。

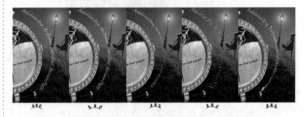

图 6-18

- 与路径的距离 ：用于设置文字与路径的距离。图 6-19 所示为不同"与路径的距离"的对比效果。

（a）与路径的距离：10mm　（b）与路径的距离：-10mm

图 6-19

- 偏移：设置文字在路径上的位置，当数值为正时，文字靠近路径的起点；当数值为负时，文字靠近路径的终点。
- 水平镜像文本：从左向右翻转文本字符，如图 6-20 所示。
- 垂直镜像文本：从上向下翻转文本字符，如图 6-21 所示。

中文版CorelDRAW 2022从入门到实战（全程视频版）（上册）

（a）原图　　　（b）水平镜像文本

图6-20

（a）原图　　　（b）垂直镜像文本

图6-21

● 贴齐标记：指定贴齐文本到路径的间距增量。

3. 拆分路径文字

对于路径文字，可以将路径与文字拆分为两个部分，拆分后的文字仍然保留路径的形状。

选择路径文字，如图6-22所示。执行"对象"→"拆分在一路径上的文本"命令（快捷键Ctrl+K），拆分后路径和文字分为两个部分，进行移动即可查看效果，如图6-23所示。

图6-22　　　　　图6-23

4. 使文字合适路径

（1）输入一段文字，然后绘制一段路径，如图6-24所示。

图6-24

（2）选中文字，执行"文本"→"使文本适合路径"命令，然后将光标移动至路径上，就可以看到文字变为虚线，沿着路径走向排列，如图6-25所示。

（3）调整到合适位置后单击，即可完成操作。效果如图6-26所示。

图6-25　　　　　　　　　　图6-26

重点 6.2.4　动手练：创建区域文字

段落文字可以在一个矩形区域中输入文字，而区域文字则可以在任何封闭图形内输入文字，使大段文本的外轮廓呈现出形态各异的效果。

扫一扫，看视频

（1）绘制一条闭合路径，接着选择"文本"工具，将光标移动到封闭路径里侧的边缘，当光标变为后单击，如图6-27所示。

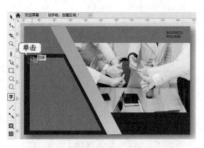

图 6-27

（2）此时图形内部会出现一圈虚线，会显示闪烁的光标，这就是文本框，如图 6-28 所示。

（3）输入文字后，可以看到文字处于封闭路径内。效果如图 6-29 所示。

图 6-28　　　　　　　图 6-29

> 提示：将路径内的文本和路径分离
>
> 执行"对象"→"拆分路径内的段落文本"命令（快捷键Ctrl+K），可以将路径内的文本和路径分离开，如图 6-30 所示。

图 6-30

6.2.5　插入特殊字符

想要输入特殊的字符可以使用"插入符号字符"命令。

（1）在文字输入状态下，将光标定位在需要插入特殊字符的位置，如图 6-31 所示。

图 6-31

（2）执行"文本"→"字形"命令（快捷键Ctrl+F11），打开"字形"泊坞窗。因为字体不同所对应的字符效果也是不同的，所以先选择一种合适的字体，接着双击需要输入的字符，如图 6-32 所示。

（3）该位置就会出现特定字符，如图 6-33 所示。

图 6-32　　　　　　　图 6-33

6.2.6　练习案例：杂志感的照片排版

文件路径	资源包\第6章\杂志感的照片排版
难易指数	★★★★★
技术掌握	"文本"工具、创建段落文字

扫一扫，看视频

案例效果

案例效果如图 6-34 所示。

图 6-34

操作步骤

步骤 01 新建一个A4大小的竖向空白文档。接着单击"矩形"工具按钮，绘制一个与绘图区等大的矩形。同时将其填充为灰色，去除黑色的轮廓线，如图6-35所示。

步骤 02 使用"矩形"工具绘制一个稍小的矩形，将其填充为白色，并去除轮廓线，如图6-36所示。

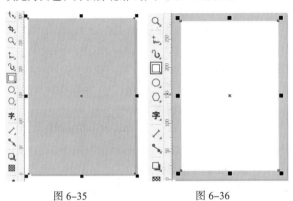

图 6-35　　　　　　　　图 6-36

步骤 03 为绘制的白色矩形添加底部的阴影效果。选中白色矩形，单击"阴影"工具按钮，在矩形上方按住鼠标左键拖动添加阴影，然后在属性栏中设置"阴影颜色"为黑色，"阴影不透明度"为30，"阴影羽化"为5。设置完成后在白色矩形上方确定好起始位置，然后按住鼠标左键从左向右拖动，如图6-37所示。

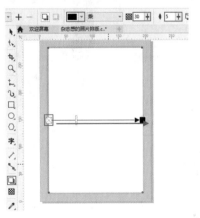

图 6-37

步骤 04 执行"文件"→"导入"命令，将图像素材导入，调整大小移动至绘图区顶部，如图6-38所示。

步骤 05 在文档中创建段落文字。单击"文本"工具，在图片下方的空白位置按住鼠标左键拖动创建文本框，如图6-39所示。

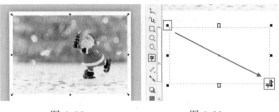

图 6-38　　　　　　　　图 6-39

步骤 06 释放鼠标即可看到绘制的文本框，此时的文本框中会有一个闪动的光标，然后在属性栏中设置合适的字体、字体大小，接着输入文字，文本会自动排列在文本框内，当到达文本框边缘时会直接换行。效果如图6-40所示。

图 6-40

> **提示：美术字与段落文字的转换**
>
> 选中美术字，执行"文本"→"转换为段落文本"命令（组合键Ctrl+F8），即可将美术字转换为段落文字。

步骤 07 输入文字。继续单击"文本"工具按钮，在绘图区左侧位置单击插入光标，然后在属性栏中设置合适字体、字体大小。设置完成后输入文字，如图6-41所示。

步骤 08 对文字进行旋转。使用"选择"工具在文字上双击，然后对文字进行旋转，如图6-42所示。

图 6-41　　　　　　　　图 6-42

步骤 09 继续使用"文本"工具，在绘图区的最底部添加文字。至此，本案例制作完成，效果如图6-43所示。

图 6-43

6.3 编辑文字属性

扫一扫，看视频

在平面设计中，文字不仅可以用来表达信息，还可以用来美化版面。为了满足审美需求，就需要对文本的显示效果进行编辑。在CorelDRAW中，可以在属性栏中进行文字常用属性的调整，如图6-44所示。

图 6-44

还可以通过"文本"泊坞窗（快捷键Ctrl+T）进行更多参数的设置。执行"文本"→"文本"命令，可以打开"文本"泊坞窗，其中包括"字符""段落""图文框"3组参数，如图6-45所示。

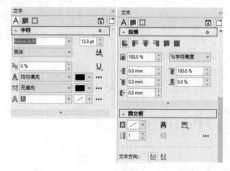

图 6-45

【重点】6.3.1 动手练：选择文本对象

想要对文本对象进行编辑，首先要选择文本对象。在CorelDRAW中可以选择整个文本对象，也可以选择部分文字。

1.选择整个文本对象

（1）输入一段文本，如图6-46所示。

（2）使用"选择"工具在段落文字上单击，即可选中整个文本对象。然后按住鼠标左键拖动，即可移动其位置，如图6-47所示。

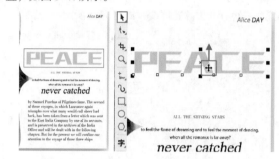

图 6-46　　　　　　　图 6-47

2.选择文本中的部分文字

（1）想要对一段文本中的部分文字进行编辑，可以单击"文本"工具按钮，然后在要选择的文字的左侧或右侧单击插入光标，如图6-48所示。

（2）按住鼠标左键向要选择的文字方向拖动，被选中的文字会呈现为被选中的状态，如图6-49所示。

图 6-48　　　　　　　图 6-49

（3）选中文字后可以进行颜色、字体等设置。效果如图6-50所示。

图 6-50

3. 选择单个字符进行编辑

（1）单击"形状"工具按钮，可以看到在每个字符的左下角都有一个空心的控制点，如图6-51所示。

图 6-51

（2）单击控制点，此控制点将变为黑色，如图6-52所示。

图 6-52

（3）按住鼠标左键拖动即可移动字符，还可以在属性栏中进行其他属性的调整。图6-53所示为文字移动和旋转后的效果。

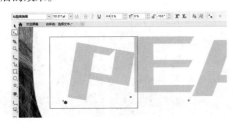

图 6-53

（4）如果要同时调整多个字符，可以按住鼠标左键拖动，框选多个控制点，如图6-54所示。

（5）释放鼠标后，框选的字符左下角的控制点将变为黑色，如图6-55所示。

（6）此外，还可以按住Shift键单击字符左下角的控

制点进行加选，如图6-56所示。

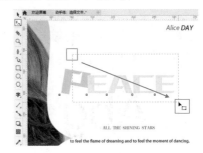

图 6-54

图 6-55　　　　　　图 6-56

【重点】6.3.2　动手练：设置合适的字体

（1）选择文字，如图6-57所示。

图 6-57

（2）在属性栏中打开字体下拉列表，从中选择一种字体，如图6-58所示，即可将所选文字的字体更改为刚刚选中的字体，效果如图6-59所示。

图 6-58　　　　　　图 6-59

【重点】6.3.3　动手练：更改文本字号

（1）选择输入的文字，在"文本"工具属性栏中可以看到当前的字号，如图6-62所示。

（2）打开"字体大小"下拉列表，从中可以选择预设的字号，如图6-63所示。

图 6-62　　　　　　　图 6-63

（3）此外，还可以在数值框中直接输入数值，如图6-64所示。

（4）如果要调整部分文字的字体大小，首先需要将其选中，然后在属性栏中进行数值的调整，如图6-65所示。

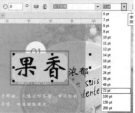

图 6-64　　　　　　　图 6-65

【重点】6.3.4　动手练：更改文本颜色

（1）选择要更改颜色的文本，如图6-67所示。

（2）单击调色板中的任意色块，即可更改所选文本的颜色，如图6-68所示。也可以使用"交互式填充"工具更改文本的颜色。

图 6-67　　　　　　　图 6-68

（3）通过"文本"泊坞窗还可以为文字设置其他类型的填充。选中文字后，单击"文本"工具的属性栏中的"文本"按钮 ，打开"文本"泊坞窗。在该泊坞窗中，"填充类型" 下拉列表用来设置文字的填充类型。在"填充类型"下拉列表中选择一种填充类型，如图6-69所示。

（4）单击"填充类型"右侧的下拉按钮，在弹出的下拉面板中选择填充的图案或颜色，如图6-70所示。效果如图6-71所示。

图6-69　　　　　　　　图6-70

图6-71

【重点】6.3.5　设置文字背景填充颜色

首先选择文字，按快捷键Ctrl+T，打开"文本"泊坞窗。在该泊坞窗中，"背景填充类型" 下拉列表用来更改背景填充色的类型。从中选择一种类型，然后进行相应的填充，如图6-72所示。

图6-72

图6-73所示为不同填充类型的文字背景效果。

（a）渐变填充　　　　　　（b）向量图样

图6-73

【重点】6.3.6　单个字符的移动与旋转

文本对象不仅可以像普通对象一样进行旋转和移动，还可以对其中的部分字符进行精确的移动和旋转。

（1）使用"形状"工具选择要旋转的字符，然后在属性栏中的"字符角度"选项 中设置合适的角度，效果如图6-74所示。

图6-74

（2）属性栏中的"字符水平偏移"选项 用于以水平方向移动字符，"字符垂直偏移"选项 用于以垂直方向移动字符。效果如图6-75所示。

图6-75

（3）如果要将字符恢复为原始状态，可以选择需要矫正的字符，如图6-76所示。执行"文本"→"矫正文本"命令，即可对移动过的字符进行矫正，如图6-77所示。

图 6-76   图 6-77

6.3.7 动手练：设置文本的对齐方式

文本的对齐方式的设置主要针对多行文本。

（1）选中文本，在"文本"工具的属性栏中单击"文本对齐"按钮 右下角的 按钮，在弹出的下拉列表中有6种对齐方式，即"无""左""中""右""全部调整""强制调整"，如图6-78所示。

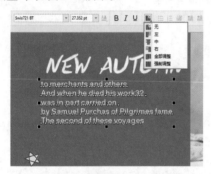

图 6-78

（2）图6-79所示为6种对齐方式的对比效果。

NEW AUTUMN	NEW AUTUMN	NEW AUTUMN
（a）无	（b）左	（c）中
NEW AUTUMN	NEW AUTUMN	NEW AUTUMN
（d）右	（e）全部调整	（f）强制调整

图 6-79

6.3.8 练习案例：更改文字属性制作标志

扫一扫，看视频

文件路径	资源包\第6章\更改文字属性制作标志
难易指数	★★★★★
技术掌握	选择部分文字、更改文字颜色

案例效果

案例效果如图6-80所示。

图 6-80

操作步骤

步骤 01 新建一个A4大小的横向空白文档。绘制一个与绘图区等大的矩形，然后将其填充为黄色，去除轮廓线，如图6-81所示。

步骤 02 继续使用"矩形"工具，按住Ctrl键在黄色矩形背景中间部位绘制一个紫色轮廓的正方形，然后在属性栏中设置"轮廓宽度"为8.0mm，如图6-82所示。

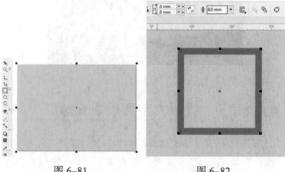

图 6-81   图 6-82

步骤 03 为正方形边框填充不同的颜色。在正方形选中状态下，选择"刻刀"工具，接着单击属性栏中的"2点线模式"按钮，取消"剪切时自动闭合"的激活状态。然后在矩形的右上角位置按住鼠标左键拖动进行分割，如图6-83所示。

步骤 04 在使用"选择"工具的状态下，选中右上角的路径，设置轮廓色为粉色，如图6-84所示。

步骤 05 对正方形进行旋转。按住Shift键加选两段路径，将其进行适当的旋转。然后移动粉色路径，制作出分离的效果，如图6-85所示。

步骤 06 继续使用"钢笔"工具，在分离的路径上方绘制一个白色四边形，如图6-86所示。

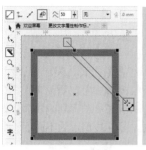
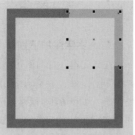

图 6-83   图 6-84

图 6-85   图 6-86

步骤 07 在文档中添加文字。单击"文本"工具，在白色四边形上方单击插入光标，然后在属性栏中设置合适的字体、字体大小。设置完成后输入文字。效果如图 6-87 所示。

步骤 08 对部分文字进行颜色的更改。在使用"文本"工具的状态下选中首字母，如图 6-88 所示。

图 6-87   图 6-88

步骤 09 在调色板中单击粉色，将文字的颜色更改为粉色，如图 6-89 所示。至此，本案例制作完成，最终效果如图 6-90 所示。

图 6-89   图 6-90

【重点】6.3.9   动手练：切换文字方向

在CorelDRAW中，文字可以是水平方向的，也可以是垂直方向的。在默认情况下，文字沿水平方向排列，如图 6-91 所示。

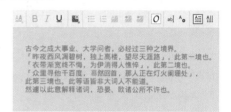

图 6-91

单击属性栏中的"将文本改为垂直方向"按钮 ，可以将文字转换为垂直方向的，如图 6-92 所示。

图 6-92

【重点】6.3.10   调整字符间距

两个字符之间的距离叫作字符间距，简称字间距。字间距的疏密会影响阅读体验。字间距越密，显得越紧凑，但是过于紧凑会给人压迫的感觉；字间距越疏，越会给人宽松、散漫的感觉。

（1）在"文本"泊坞窗中，可以通过"字距调整范围"选项 调整字符间距。选择一段文字，如图 6-93 所示。

（2）执行"文本"→"文本"命令，打开"文本"泊坞窗。单击"字符"按钮 ，在"字距调整范围"选项 中可以输入数值进行调整。数值越大，字符间距越宽；数值越小，字符间距越窄。具体放置如图 6-94 所示。

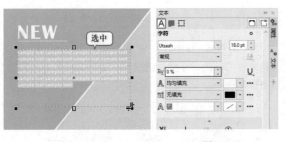

图 6-93   图 6-94

（3）当"字符间距"为45%时，效果如图6-95所示。

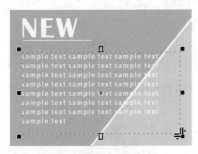

图 6-95

（4）对于段落文本，可以拖动文本框右下角的控制点调整字符间距。向左拖动控制点，可以缩小字符间距，效果如图6-96所示。向右拖动控制点，可以增加字符间距，效果如图6-97所示。

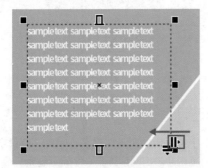

图 6-96

图 6-97

6.3.11　字符效果

1. 为文字添加下划线

在"文本"泊坞窗中单击"字符"按钮 A，单击"下划线"按钮 U，在弹出的下拉列表中可以看到7种下划线效果，如图6-98所示。选择任意一种下划线效果，即可为文字添加相应的下划线。图6-99所示为不同下划线效果的对比效果。

图 6-98   图 6-99

2. 更改字母大写

更改字母大写功能只适用于英文字母。单击"大写字母"按钮 ab，在弹出的下拉列表中可以看到多个用于设置字母大写的选项，如图6-100所示。

图 6-100

> **提示：**
>
> 如果"文本"泊坞窗中未显示该选项，则需要单击字符选项组底部的按钮显示该选项，如图6-101所示。

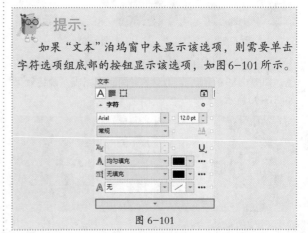

图 6-101

中文版CorelDRAW 2022从入门到实战（全程视频版）（上册）

从该下拉列表中选择相应的选项，即可更改字母大写。图6-102所示为更改大写字母的效果。

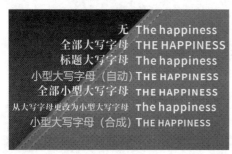

图6-102

3. 更改字符位置

（1）选中文本对象，如图6-103所示。

图6-103

（2）单击"位置"按钮 X^2，在弹出的下拉列表中选择文字位置，如图6-104所示。

（3）图6-105所示为选定字符相对于周围字符更改位置后的效果。

图6-104　　　　　图6-105

6.3.12 动手练：将文字对象转换为曲线对象

在CorelDRAW中，文字对象虽然可以旋转、缩放，但是不能直接进行细节的调整。如果想要将某个笔画卷曲，或者让字符的某个部分变大，则需要将文字对象转

换为曲线对象。将文字对象转换为曲线对象后，就可以利用"形状"工具对文字进行各种变形操作。

（1）首先选择文字，然后执行"对象"→"转换为曲线"命令（快捷键Ctrl+Q）；或者右击，在弹出的快捷菜单中执行"转换为曲线"命令，即可将文字对象转换成曲线对象。这时不能再更改字体等属性，但是文字上会出现节点，如图6-106所示。

（2）单击"形状"工具按钮 ，可以通过对节点的调整改变文字的形态，从而制作艺术字。效果如图6-107所示。

图6-106　　　　　　图6-107

6.3.13 练习案例：调整文字位置制作运动通栏广告

文件路径	资源包\第6章\调整文字位置制作运动通栏广告
难易指数	★★★★★
技术掌握	"文本"工具、移动字符

扫一扫，看视频

案例效果

案例效果如图6-108所示。

图6-108

操作步骤

步骤 01 新建一个大小合适的空白文档，然后将背景素材导入文档中，如图6-109所示。

图 6-109

图 6-114
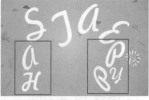
图 6-115

步骤 02 在背景中添加文字。单击"文本"工具按钮，在画面中输入文字。选中文字，在属性栏中设置合适的字体和字体大小，设置字体颜色为白色。效果如图6-110所示。

步骤 03 对文字进行单独处理。选中输入的文字，使用"形状"工具，此时每个字母的左下角会显示一个控制点，单击选中控制点，当控制点会变为黑色后，按住鼠标左键拖动即可调整文字的位置，如图6-111所示。

步骤 08 导入人像素材和其他文字素材，摆放在合适位置。至此，本案例制作完成，效果如图6-116所示。

图 6-116

图 6-110

图 6-111

步骤 04 对文字进行适当的旋转。在文字选中状态下，在属性栏中设置"字符角度"为30.0°，设置完成后按Enter键确认操作，如图6-112所示。

步骤 05 使用相同的方法调整其他文字的位置和旋转角度。效果如图6-113所示。

图 6-112

图 6-113

步骤 06 继续使用"文本"工具，在画面中输入文字。选中文字，在属性栏中设置合适的字体和字体大小，如图6-114所示。

步骤 07 使用"形状"工具对新添加的文字进行位置以及旋转角度的调整。效果如图6-115所示。

> **提示：复位文字位置**
>
> 如果要将文字恢复为原始状态，可以选择需要矫正的文字，接着执行"文本"→"矫正文本"命令，即可对旋转过的文字进行矫正。

6.4 调整文字的段落格式

在作品的制作过程中，大量的文字编排就需要使用段落文字。段落文字具有一些美术字所不具有的属性，这些属性可以在"文本"泊坞窗的"段落"选项组中进行设置。

执行"文本"→"文本"命令，在弹出的"文本"泊坞窗中单击"段落"按钮▤，打开"段落"选项组，该选项组主要用来编辑段落文字，如图6-117所示。

图 6-117

{重点}6.4.1 动手练：调整段落缩进

"缩进"是指文本对象与边界之间的间距。在"文本"泊坞窗中有左行缩进、首行缩进、右行缩进3个缩进选项，如图6-118所示。

图 6-118

1. 左行缩进

"左行缩进"可以将选中的文本的左侧向右缩进，但是首行不会发生变化。

（1）选中段落文字，如图6-119所示。

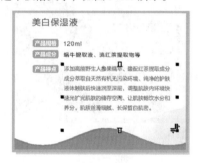

图 6-119

（2）在"文本"泊坞窗中的"左行缩进"数值框中输入数值，如图6-120所示。

图 6-120

（3）左行缩进效果如图6-121所示。

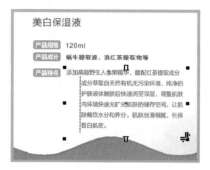

图 6-121

2. 首行缩进

在中文的书写习惯中，每段首行需要空两个文字的位置，表示这是一个自然段。利用"文本"泊坞窗中的"首行缩进"选项，可以快速使段落的第一行缩进。

（1）选中段落文字，如图6-122所示。

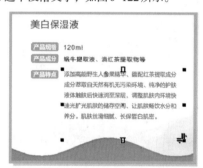

图 6-122

（2）在"文本"泊坞窗中的"首行缩进"数值框中输入数值，如图6-123所示。

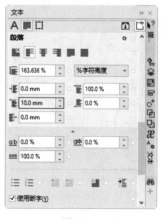

图 6-123

（3）首行缩进效果如图6-124所示。

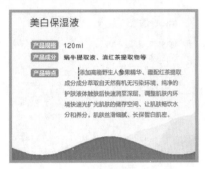

图6-124

3. 右行缩进

"右行缩进"用于设置文本相对于文本框右侧的缩进距离。

（1）选中段落文字，如图6-125所示。

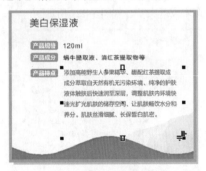

图6-125

（2）在"文本"泊坞窗中的"右行缩进"数值框中输入数值，如图6-126所示。

图6-126

（3）缩进效果如图6-127所示。

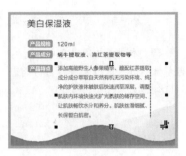

图6-127

【重点】6.4.2　动手练：调整行间距

行间距是指两个相邻文本行与行基线之间的距离。在"文本"泊坞窗中，可以通过"行间距"选项更改行间距，但是美术字和段落文字的调整效果是不同的。

（1）选中美术字，如图6-128所示。

图6-128

（2）在"行间距"数值框中输入数值（数值越大，行间距越大；数值越小，行间距越小），如图6-129所示。

图6-129

（3）此时每行文字之间的距离都是平均的，如图6-130所示。

图6-130

（4）选中段落文字，如图6-131所示。

图6-131

（5）在"行间距"数值框中输入数值，如图6-132所示。

图6-132

（6）此时段落文字的行间距会改变，但是段落与段落之间的距离不会改变。效果如图6-133所示。

图6-133

提示：手动调整段落文本的行间距

（1）使用"选择"工具在文本框上单击进行选择，拖动文本框右下角的控制点可以更改行间距，图6-134所示为段落文字原始效果。

图6-134

（2）向上拖动控制点可以缩小行间距，如图6-135所示。

图6-135

（3）向下拖动控制点可以增大行间距，如图6-136所示。

图 6-136

6.4.3　调整段间距

（1）两个自然段之间的距离叫作段间距。图6-137所示的段落文本框中有两个自然段，使用"文本"工具在其中一个自然段中插入光标，这代表选中了这个自然段。

（2）在"文本"泊坞窗的"段前间距"数值框中输入数值，如图6-138所示。被选中的段落上方出现了空隙，效果如图6-139所示。

（3）同样地，使用"文本"工具在其中一个自然段中插入光标，如图6-140所示。

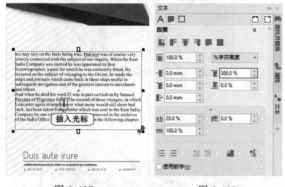

图 6-137　　　　　　　图 6-138

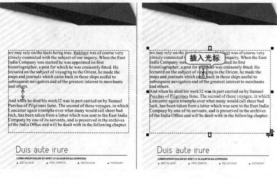

图 6-139　　　　　　　图 6-140

（4）在"文本"泊坞窗的"段后间距"数值框中输入数值，如图6-141所示。被选中的段落下方出现了空隙，效果如图6-142所示。

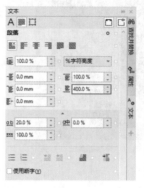

图 6-141　　　　　　　图 6-142

6.4.4　英文"断字"功能

"断字"功能主要应用于英文单词，可以将不能排入一行的某个单词自动进行拆分并添加断字符。

（1）选择段落文字，如图6-143所示。

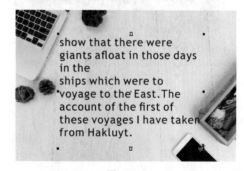

图 6-143

（2）执行"文本"→"使用断字"命令，此时文字自动进行断字，效果如图6-144所示。

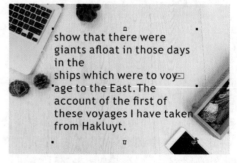

图 6-144

或者在段落文字选中状态下，在"文本"泊坞窗的"段落"选项组中勾选"使用断字"复选框，也可以得到相同的效果，如图6-145所示。

图 6-145

6.4.5 添加"项目符号"

"项目符号"用于在段落文字的每个段落前添加各种符号，能够对项目符号的大小、位置等进行自定义设置。

（1）选择要添加项目符号的段落文字，如图6-146所示。

图 6-146

（2）执行"文本"→"项目符号和编号"命令，在弹出的"项目符号和编号"对话框中勾选"列表"复选框，然后可以在"项目符号"和"数字"之间选择一种方式。例如，此处选择"项目符号"，接下来可以在"字形"下拉面板中选择一个合适的符号，如图6-147所示。

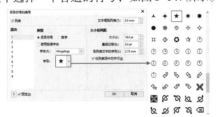

图 6-147

（3）设置完成后单击OK按钮，完成项目符号的添加，每段文字前都出现了所选的项目符号。效果如图6-148所示。

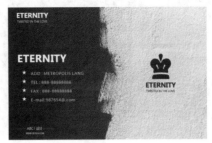

图 6-148

[重点]6.4.6 动手练：使用"首字下沉"

"首字下沉"就是对段落文字的段首文字加以放大并强化，使文本更加醒目。通过"首字下沉"对话框能够轻松制作文本的首字下沉效果，该功能常用于包含大量正文的版面中。

（1）选中段落文字，如图6-149所示。

图 6-149

（2）执行"文本"→"首字下沉"命令，在弹出的"首字下沉"对话框中勾选"使用首字下沉"复选框，然后勾选"预览"复选框，即可查看首字下沉的预览效果，如图6-150所示。

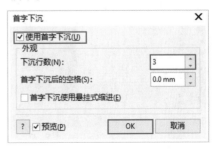

图 6-150

（3）单击OK按钮。文字效果如图6-151所示。

图 6-151

- 下沉行数：通过"下沉行数"选项设置首字的大小，行数越多，首字越大。
- 首字下沉后的空格：通过"首字下沉后的空格"选项设置首字与后侧正文之间的距离。
- 首字下沉使用悬挂式缩进：勾选"首字下沉使用悬挂式缩进"复选框设置悬挂效果。

提示：打开"首字下沉"对话框的其他方法

选中段落文字，单击"文本"工具属性栏中的"首字下沉"按钮，也可以添加首字下沉效果，如图6-152所示。

图 6-152

[重点]6.4.7 动手练：制作多栏文字

在书籍、报纸、杂志等包含大量文字的版面中，经常会出现大面积的文本被分割为几个部分摆放的现象，这就是文字的"分栏"。

（1）选中要进行分栏的段落文字，如图6-153所示。

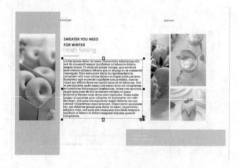

图 6-153

（2）执行"文本"→"栏"命令，在弹出的"栏设置"对话框的"栏数"数值框中输入数值，如图6-154所示。

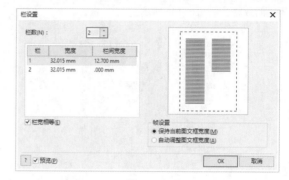

图 6-154

（3）设置完成后单击OK按钮，此时文本变为了两栏。效果如图6-155所示。

图 6-155

[重点]6.4.8 动手练：链接段落文本框

进行包含大量正文内容的版面排版时，可以将分布于不同位置的文本框进行"链接"。链接在一起的文本框可以自动进行文本内容的布置。例如，调整了第一个文本框的大小，第一个文本框无法显示的内容会自动出现在第二个文本框中，以此类推。

段落文本的文本框如果变为红色，则表示当前文本并未完全显示，也就是通常所说的文本"溢流"。在这里可以通过将溢流文本链接到另一个新的文本框中，来解决文本显示不全的问题。

（1）选择含有溢出文本的文本框，单击文本框底部表示文字溢流的图标，如图6-156所示。

中文版CoreIDRAW 2022从入门到实战（全程视频版）（上册）

图 6-156

（2）当光标变为 时，在画面的空白区域按住鼠标左键拖动，如图 6-157 所示。

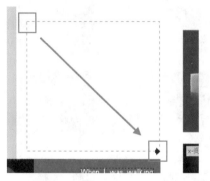

图 6-157

（3）释放鼠标后即可显示隐藏的字符，被链接的文本框之间有一段青色的带有箭头的虚线，如图 6-158 所示。

图 6-158

（4）还可以先在画面中的空白位置绘制一个文本框，如图 6-159 所示。

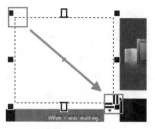

图 6-159

（5）单击溢流文本框底部表示文字溢流的图标 ，然后在空的文本框内单击，如图 6-160 所示，即可在空的文本框内显示隐藏的字符，如图 6-161 所示。

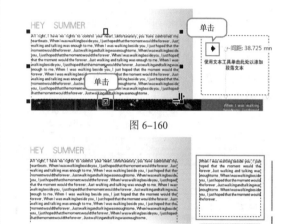

图 6-160

图 6-161

（6）文本串联后，可以进行统一的编辑。调整第一个文本框的大小，溢出的文字会自动"流入"第二个文本框中，如图 6-162 所示。

图 6-162

（7）更改第二个文本框的大小，不会影响第一个文本框，如图 6-163 所示。

图 6-163

提示：链接不同页面的文本

两个不同页面之间的文本也可以进行链接。在页面1中单击段落文本框底部的控制点 ⬚，接着切换至页面2中，当光标变为 ➡ 时，在页面2的文本框中单击，此时页面2中的文本将确认链接至页面1中的文本前面。而且在链接后，两个文本框的左侧或右侧将出现链接的页面标志，以表示文本链接顺序。

在链接文本框时，单击当前文本框顶部的控制点后进行链接，可以使文本优先显示在另一个文本框内；而单击底部控制点进行链接，则会使内部文字先显示在当前文本框内。

（8）如果要将链接的两个文本断开链接，首先按住Shift键单击加选两个文本框，如图6-164所示。执行"文本"→"段落文本框"→"断开链接"命令，即可将选中的文本框断开链接，使其成为两个独立的文本框，如图6-165所示。

图6-164

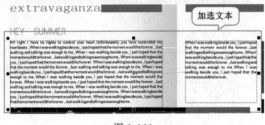

图6-165

【重点】6.4.9 动手练：文本换行

"文本换行"也被称为"文本绕排"，是指文字围绕图形周围的一种文字混排方式，这种方式能够避免文字与图形出现相互叠加或遮挡的情况。

（1）文本换行需要针对图形部分进行设置。首先选择一个图形，在属性栏中单击"文本换行"按钮 ▤ 右下角的 ◢ 按钮，在弹出的下拉面板中可以选择文本换行的方式，如图6-166所示。

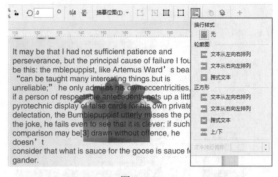

图6-166

（2）图6-167所示为各种文本换行方式对应的效果。

（a）换行方式无 　（b）轮廓图：文本从左向右排列

（c）轮廓图：文本从右向左排列 　（d）轮廓图：跨式文本

（e）正方形：文本从左向右排列 　（f）正方形：文体从右向左排列

（g）正方形：跨式文本 　（h）正方形：上/下

图6-167

（3）单击属性栏中的"文本换行"按钮 ▤ ，在面板底部的"文本换行偏移"选项中输入数值，该选项能够设置图形与文字之间的距离，如图6-168所示。效果如图6-169所示。

图 6-168　　　　　　　图 6-169

6.4.10　练习案例：制作男装宣传页

文件路径	资源包\第6章\制作男装宣传页
难易指数	★★★★★
技术掌握	"文本"工具

扫一扫，看视频

案例效果

案例效果如图 6-170 所示。

图 6-170

操作步骤

步骤 01 新建一个 A4 大小的横版空白文档。接着单击"矩形"工具按钮，绘制一个与绘图区等大的矩形。然后将其填充为青灰色，去除轮廓线，如图 6-171 所示。

图 6-171

步骤 02 选择"文本"工具，在画面中单击，然后在属性栏中设置合适的字体、字体大小，设置完成后输入文字。效果如图 6-172 所示。

图 6-172

步骤 03 使用同样的方法在已有文字下方继续输入文字，并设置字体颜色为白色。效果如图 6-173 所示。

图 6-173

步骤 04 继续使用"文本"工具，在已有文字下方按住鼠标左键拖动绘制文本框，然后在文本框中输入文字，在属性栏中设置"文本对齐方式"为"全部调整"，如图 6-174 所示。

步骤 05 执行"文件"→"导入"命令，将其他素材导入到画面中。至此，本案例制作完成，效果如图 6-175 所示。

图 6-174　　　　　　　图 6-175

6.5　使用制表位处理文字

通过"制表位"可以设置对齐段落内文字的间隔距离。下面以制作目录为例，学习制表位的使用方法。

6.5.1 添加与使用制表位

制表位常用来制作目录，接下来通过制作一个简单的目录来学习如何使用制表位。

（1）创建段落文本框，然后输入章节名和页码。接着在文本框内插入光标，随即在标尺中会显示默认制表位Ｌ，如图6-176所示。

图 6-176

（2）执行"文本"→"制表位"命令，打开"制表位设置"对话框。默认的制表位较多，可以单击"全部移除"按钮将默认的制表位删除，如图6-177所示。

（3）设置第一个制表位的位置数值，此处第一个制表位用于设置章节文字的位置，章节文字比较靠左，所以数值可以小一些，然后单击"添加"按钮，如图6-178所示。

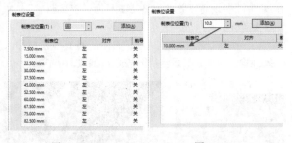

图 6-177   图 6-178

（4）添加第二个制表位，第二个制表位用于设置页码文字的位置，由于页码通常靠右，所以数值要大一些。设置完成后单击OK按钮，完成制表位的添加，此时使用"文字"工具单击段落文本，在文本编辑状态下可以看到顶部标尺处显示的制表位的标识Ｌ，如图6-179所示。

（5）在文字的最左侧插入光标，然后按Tab键，此时文字被移动到第一个制表符的位置，也就是10.000mm的位置，如图6-180所示。

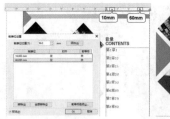
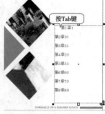

图 6-179   图 6-180

（6）在页码文字前方插入光标，然后按Tab键，此时页码文字被移动到第二个制表符的位置，也就是60.000mm的位置，如图6-181所示。

（7）使用同样的方法继续对下面几行文字进行操作，可以看到章名和页码整齐地排列在段落文本框中。效果如图6-182所示。

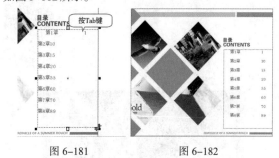

图 6-181   图 6-182

6.5.2 添加前导符

在制作目录时，通常章节名称与页码之间会以一段虚线相连，这段虚线可以通过"前导符"来实现。顾名思义，"前导符"就是放在文字前的符号，用来填补制表位之间的空隙。

（1）选择刚刚操作的文本框，执行"文本"→"制表位"命令，因为是要在页码前添加前导符，所以选择页码所在位置的制表位。在"前导符"列中设置其状态为"开"，接着单击"前导符选项"按钮，如图6-183所示。

图 6-183

（2）在弹出的"前导符设置"对话框中，单击"字符"右侧的下拉按钮，在弹出的下拉面板中选择一个符号。然后在"间距"数值框中输入合适的字符间距，设置完成后单击OK按钮，如图6-184所示。

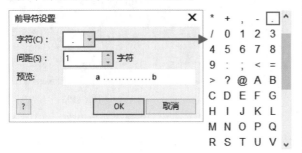

图 6-184

（3）章节名称和页码之间出现了前导符，效果如图6-185所示。

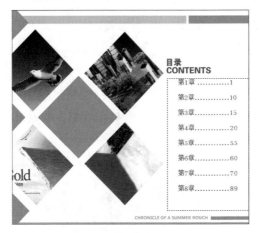

图 6-185

6.6 创建与编辑表格

单击"文本"工具按钮右下角的按钮，在弹出的工具列表中选择"表格"工具，使用"表格"工具可以创建表格，如图6-186所示。

扫一扫，看视频

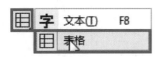

图 6-186

在使用"表格"工具的状态下，属性栏中出现用来编辑表格的选项，如图6-187所示。

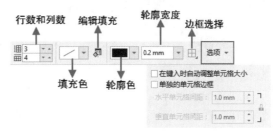

图 6-187

- 行数和列数：用于设置表格的"行数"与"列数"。
- 填充色：单击右侧的按钮，在弹出的下拉面板中选择颜色作为表格的背景色。
- 编辑填充：用于自定义背景色。
- 轮廓色：用来设置表格的轮廓颜色。
- 轮廓宽度：用来设置表格的轮廓宽度。
- 边框选择：单击右下角的下拉按钮，在弹出的下拉列表中包含9个选项，可以从中选择要编辑的边框。

【重点】6.6.1 动手练：使用"表格"工具创建表格

（1）单击"表格"工具按钮，然后在属性栏中设置合适的"行数"与"列数"，接着在画面中按住鼠标左键拖动，如图6-188所示。

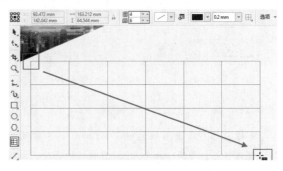

图 6-188

（2）释放鼠标后即可得到表格，如图6-189所示。

图 6-189

单击即可将表格选中，如图6-192所示。

（2）选择表格后可以进行旋转、移动等操作，如图6-193所示。

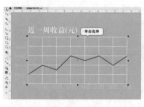

图 6-192　　　　　　图 6-193

> **提示：删除表格**
>
> 使用"选择"工具选择表格，按Delete键即可将其删除。

重点 6.6.2　动手练：创建精确尺寸的表格

（1）想要创建特定尺寸的表格，可以执行"表格"→"创建新表格"命令，打开"创建新表格"对话框，在该对话框中可以设置表格的"行数""栏数""高度""宽度"。设置完成后，单击OK按钮，如图6-190所示。

（2）此时画面中就会出现一个精确尺寸的表格。效果如图6-191所示。

（3）如果要选中单元格，需要先选中表格，单击"形状"工具按钮 ⟨·⟩，将光标移动到要选中的单元格上，光标会变为 ✛，单击即可选中该单元格，如图6-194所示。选中后的效果如图6-195所示。

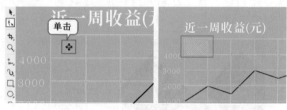

图 6-194　　　　　　图 6-195

（4）如果要选中多个不相邻的单元格，可以按住Ctrl键单击进行加选，如图6-196所示。

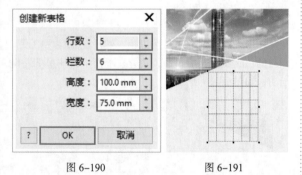

图 6-190　　　　　　图 6-191

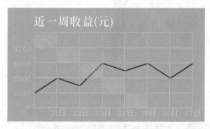

图 6-196

> **提示：调整表格的精确数值**
>
> 选择表格，在属性栏的 ↔ 79.971 mm 中设置表格的宽度，在 ↕ 79.972 mm 中设置表格的高度，然后按Enter键确定操作。

还可以按住鼠标左键拖动，释放鼠标后即可选中多个单元格，如图6-197所示。

6.6.3　动手练：选择单元格/行/列

（1）选择表格非常简单，使用"选择"工具在表格上

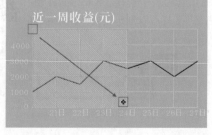

图 6-197

（5）选中表格，然后选择工具箱中的"形状"工具，将光标移至表格的左侧，当光标针变为➡时单击，即可选中整行单元格，如图6-198和图6-199所示。

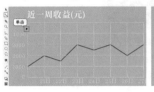 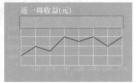

图 6-198　　　　　　　　图 6-199

（6）将光标放置在要选择的列的顶部，光标变为 ➡ 时单击，即可选中整列单元格，如图6-200所示。或者选中一个单元格，然后执行"表格"→"选择"→"列"命令，系统会自动选中该单元格所在的列，如图6-201所示。

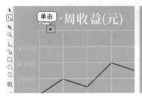 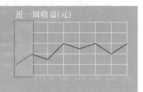

图 6-200　　　　　　　　图 6-201

6.6.4　动手练：向表格中添加内容

（1）想要向表格中添加文字，可以单击"文本"工具按钮，然后将光标移动至需要输入文字的单元格上单击，随即在单元格内会显示闪烁的光标，如图6-202所示。

（2）输入文字后将其选中，可以在属性栏中调整文字属性，如图6-203所示。向表格中添加文字后，文字不是独立存在的，它们与表格是相互关联的。例如，移动表格文字也会随之移动，缩放表格也会影响到文字的显示。

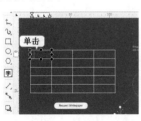 

图 6-202　　　　　　　　图 6-203

当文字字号过大时，会超出单元格的显示范围，文字无法显示，此时单元格内部的虚线会变为红色，如图6-204所示。一般情况下可以适当地减小字号或扩大单元格使文字显示。

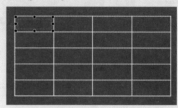

图 6-204

如果文字字号并不是很大却无法显示，也可以尝试通过调整单元格的页边距扩大文字的显示框。选中表格，在"表格"工具的属性栏中单击"页边距"按钮，在弹出的下拉面板中，单击"锁定边距"按钮，然后设置"顶部的页边距"为0.0mm，即可将所有单元格所有的边距设置为相同的宽度。此时文字就会自动显示出来，如图6-205所示。

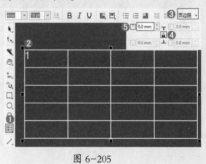

图 6-205

（3）除了在表格中添加文字，还可以向表格中添加位图。导入一张位图，然后按住鼠标右键将位图拖动到单元格中，如图6-206所示。

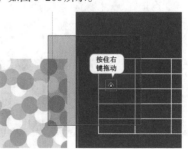

图 6-206

（4）释放鼠标后，在弹出的快捷菜单中执行"置于单元格内部"命令即可，如图6-207所示。置入后的效果如图6-208所示。

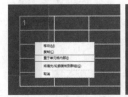 

图 6-207　　　　　　　　图 6-208

（5）如果要删除单元格中的内容，先选中要删除的内容，如图6-209所示。然后按Delete或Backspace键，即可将其删除。

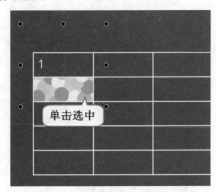

单击选中

图 6-209

（1）想要更改表格中部分文字的样式时，可以使用"文本"工具选中需要修改的文字，然后即可在属性栏中对文字属性进行更改，如图6-210所示。

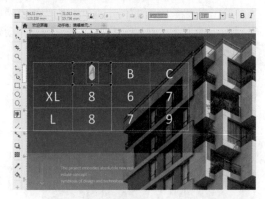

图 6-210

也可以在选中多个单元格后，在"文本"泊坞窗中

更改文字属性，如图6-211所示。

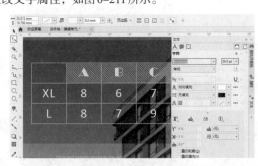

图 6-211

（2）想要快速更改整个表格的字体，可以选中整个表格，如图6-212所示。

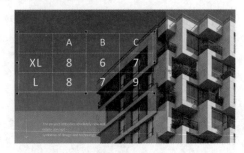

图 6-212

选择"文本"工具，然后在属性栏中更改字体、字体大小等属性，如图6-213所示。

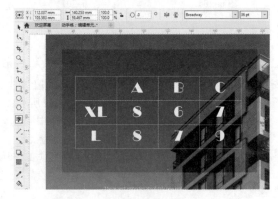

图 6-213

6.6.6　动手练：调整表格的行高和列宽

表格绘制完成后，可以在属性栏中调整表格的行高和列宽，也可以使用"形状"工具对行高和列宽直接进行调整。

（1）单击"形状"工具按钮💊，将光标移动至表格纵向分割线上，当光标变为←→按钮后按住鼠标左键拖动，如图6-214所示。拖动后即可调整列宽，如图6-215所示。

图 6-214　　　　　　图 6-215

（2）如果将光标放置在横向分割线上，拖动可以调整行高，如图6-216所示。

（3）想要精确地设置某行/列的高度/宽度，首先单击"形状"工具按钮，选中一个单元格，在属性栏中可以看到单元格的宽度与高度，如图6-217所示。

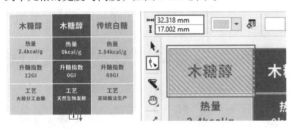

图 6-216　　　　　　图 6-217

在"宽度"选项中设置单元格的宽度，在"高度"选项中设置单元格的高度，然后按Enter键确认。效果如图6-218所示。

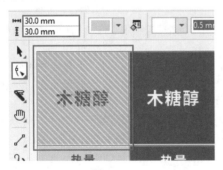

图 6-218

6.6.7　动手练：平均分布行/列

执行"表格"→"分布"命令，可以将选中的行或列进行平均分布。

（1）以分布行为例，先选中表格，使用"形状"工具在表格中选择某一列，如图6-219所示。

（2）执行"表格"→"分布"→"行均分"命令，被选中的行将会在垂直方向均匀分布，如图6-220所示。

图 6-219　　　　　　图 6-220

6.6.8　动手练：调整表格的行数与列数

（1）选择表格，在"表格"工具的属性栏中会看到当前表格的行数与列数，如图6-221所示。

图 6-221

（2）在"行数"数值框田与"列数"数值框皿中输入数值即可调整表格的行数与列数，如图6-222所示。

图 6-222

在制作表格时可能会遇到表格行/列数不够用，需要添加行/列的情况。

（1）使用"形状"工具选中一个单元格，如图6-223所示。

（2）执行"表格"→"插入"→"行上方"命令，如图6-224所示。

图 6-223　　　　图 6-224

（3）在选择的单元格上方会自动建立一行单元格，如图6-225所示。

图 6-225

如果要添加多行或多列，可以执行"表格"→"插入"→"插入行"或"表格"→"插入"→"插入列"命令来完成。例如，执行"表格"→"插入"→"插入列"命令。

（1）选中一个单元格，如图6-226所示。

（2）执行"表格"→"插入"→"插入列"命令，在弹出的"插入列"对话框中设置合适的栏数与位置，单击OK按钮，如图6-227所示。效果如图6-228所示。

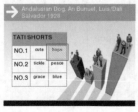

图 6-226　　　　图 6-227

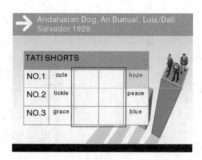

图 6-228

在表格没有拆分之前，只能删除整行或整列。

（1）使用"形状"工具选择一个单元格，如图6-229所示。

（2）执行"表格"→"删除"→"行"命令，可以将选中的单元格所在的行删除，如图6-230所示。或者使用"形状"工具选择一行单元格，接着按Delete键删除该行单元格。

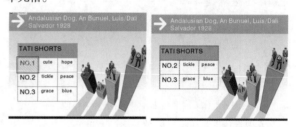

图 6-229　　　　图 6-230

【重点】6.6.9　动手练：合并多个单元格

"合并单元格"选项用于将多个单元格合并为一个单元格。

（1）选中表格，使用"形状"工具选中需要合并的单元格，然后单击属性栏中的"合并单元格"按钮，如图6-231所示。

（2）所选的单元格即可被合并为一个单元格，如图6-232所示。也可以在选中表格中后，执行"表格"→"合并单元格"命令（快捷键Ctrl+M）。

图 6-231　　　　图 6-232

（3）当被合并的单元格中有内容时，如图6-233所示，被合并后这些内容不会消失，效果如图6-234所示。

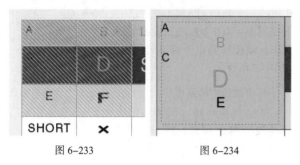

图6-233　　　　　　　图6-234

【重点】6.6.10　动手练：拆分单元格

"拆分为行"选项用于将一个单元格拆分为成行的两个或多个单元格；"拆分为列"选项用于将一个单元格拆分为成列的两个或多个单元格；"拆分单元格"选项用于对合并过的单元格进行拆分。

1.拆分为行

（1）使用"形状"工具选择单元格，如图6-235所示。

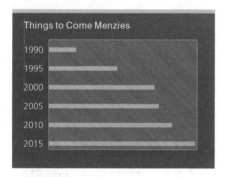

图6-235

（2）执行"表格"→"拆分为行"命令，在弹出的"拆分单元格"对话框中设置"行数"，单击OK按钮，如图6-236所示。

（3）选中的单元格被拆分为指定的行数，如图6-237所示。

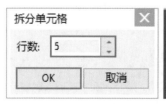

图6-236　　　　　　　图6-237

2.拆分为列

（1）选择表格，如图6-238所示。

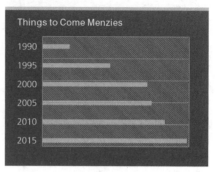

图6-238

（2）执行"表格"→"拆分为列"命令，在弹出的"拆分单元格"对话框中设置"栏数"，单击OK按钮，将选中的单元格拆分为指定列数，如图6-239所示。效果如图6-240所示。

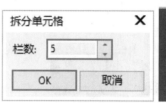

图6-239　　　　　　　图6-240

3.拆分单元格

（1）如果表格中存在合并过的单元格，那么选中该单元格，如图6-241所示。

（2）执行"表格"→"拆分单元格"命令，合并过的单元格将被拆分，如图6-242所示。如果选中的单元格并未经过合并，那么"拆分单元格"命令将不可用。

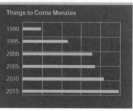

图6-241　　　　　　　图6-242

> 提示：拆分表格
>
> 选择表格，执行"对象"→"拆分表格"命令，然后按快捷键Ctrl+U将其取消编组。选择边框进行移动，即可看到表格被拆分，如图6-243所示。

图 6-243

[重点]6.6.11 设置表格的颜色

在CorelDRAW中，表格对象可以像其他矢量对象一样进行填充颜色的设置。

（1）如果想要为表格设置填充颜色，可以在属性栏中单击"背景色"按钮，在弹出的下拉面板中选择一种合适的颜色，此时表格就被填充了背景色，如图6-244所示。

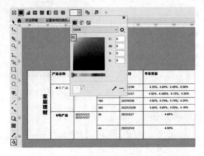

图 6-244

（2）如果想要设置单独单元格的颜色，可以使用"形状"工具选中单元格后，进行填充色的设置，如图6-245所示。

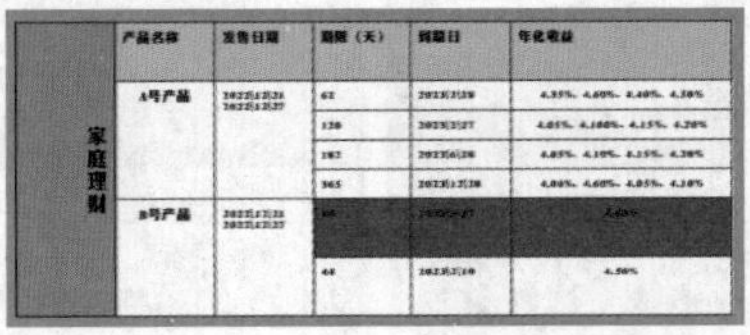

图 6-245

6.6.12 设置表格或单元格的边框

设置表格边框粗细和颜色的方法与设置图形的轮廓色有所不同，在设置表格边框时首先需要选择调整位置。属性栏中的"边框选择"按钮⊞就是用来确定边框调整

位置的。

单击属性栏中的"边框选择"按钮⊞右下角的◢按钮，在弹出的下拉列表中有9个选项，根据名称及图标就能够确定要调整的位置，如图6-246所示。

图 6-246

1. 更改边框的宽度

首先选择表格，在属性栏中选择边框调整位置，然后在"边框"选项[2.0 mm]中输入数值，按Enter键确认，效果如图6-247所示。

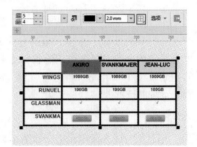

图 6-247

2. 更改边框的颜色

选择表格，在属性栏中选择边框调整位置，然后单击"轮廓颜色"按钮[■■]，在弹出的下拉面板中选择一种颜色，如图6-248所示。

图 6-248

6.7 文本与表格的相互转换

在CorelDRAW中可以将文本转换为表格，也可以将表格转换为文本。

6.7.1 将文本转换为表格

若要将文本转换为表格，需要在文本中插入制表符、逗号、段落回车符或其他字符。

（1）选择文本（段落文本或美术字均可），如图6-249所示。

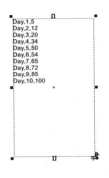

Day,1,5
Day,2,12
Day,3,20
Day,4,34
Day,5,50
Day,6,54
Day,7,65
Day,8,72
Day,9,85
Day,10,100

图 6-249

（2）执行"表格"→"将文本转换为表格"命令，在弹出的"将文本转换为表格"对话框中选择或设置合适的分隔符，如图6-250所示。

图 6-250

（3）单击OK按钮，即可将文本转换为表格，如图6-251所示。

Day	1	5
Day	2	12
Day	3	20
Day	4	34
Day	5	50
Day	6	54
Day	7	65
Day	8	72
Day	9	85
Day	10	100

图 6-251

6.7.2 将表格转换为文本

（1）选择表格，执行"表格"→"将表格转换为文本"命令，在弹出的"将表格转换为文本"对话框中选中"制表位"单选按钮（将表格转换为文本时，将根据插入的符号来分隔表格的行或列），如图6-252所示。

（2）单击OK按钮，即可将表格转化为文本，如图6-253所示。

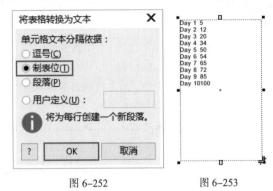

图 6-252   图 6-253

6.7.3 综合案例：制作简约表格

文件路径	资源包\第6章\制作简约表格
难易指数	★★★★★
技术掌握	"表格"工具、"文本"工具

扫一扫，看视频

案例效果

案例效果如图6-254所示。

图 6-254

操作步骤

步骤 01 新建一个空白文档，然后将背景素材导入文档，如图6-255所示。

步骤 02 执行"表格"→"创建新表格"命令，在弹出的"创建新表格"对话框中，设置"行数"为8，"栏数"为5，单击OK按钮完成设置，如图6-256所示。

图 6-255   图 6-256

步骤 03 表格效果如图 6-257 所示。

步骤 04 选中绘制好的表格，向右拖动表格右侧的控制点，增加列宽，如图 6-258 所示。

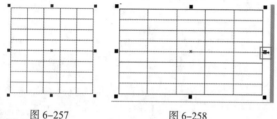

图 6-257   图 6-258

步骤 05 向下拖动表格下方的控制点，增加行高，如图 6-259 所示。

步骤 06 选中表格，选择"形状"工具，将光标移动到第一行左侧的位置，当光标变为 ➡ 后单击选择第一行单元格，如图 6-260 所示。

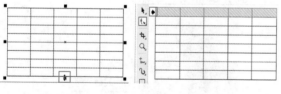

图 6-259   图 6-260

步骤 07 在属性栏中单击"背景色"右侧的下拉按钮，在弹出的下拉面板中设置背景色为深蓝色，如图 6-261 所示。

步骤 08 选择最后一行单元格，然后单击属性栏中的"合并单元格"按钮 🔲，如图 6-262 所示。

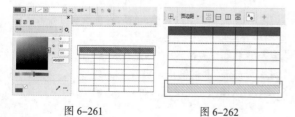

图 6-261   图 6-262

步骤 09 选中不同的行，并更改单元格的填充颜色，如图 6-263 所示。

步骤 10 对表格的边框进行调整。选择表格，设置"边框选择"为"全部"，"边框"为 0.25mm，"轮廓颜色"为白色。效果如图 6-264 所示。

图 6-263   图 6-264

步骤 11 在表格中添加文字。单击"文本"工具按钮，在单元格中添加合适的文字。选中文字，在属性栏中设置合适的字体和字体大小，如图 6-265 所示。

Monday	Tuesday	Wednesday	Thursday	Friday
yoga	irope skippng	Power cycling	sit-up	jogging
jogging	Power cycling	yoga	Power cycling	rope
sit-up	jogging	jogging	jogging	sit-up
Power cycling	sit-up	rope skipping	yoga	Power
rope skipping	yoga	sit-up	rope skipping	yoga
sit-up	sit-up	sit-up	sit-up	sit-up
Two houra a day				

图 6-265

步骤 12 对文字的对齐方式进行调整。选中表格，执行"窗口"→"泊坞窗"→"文本"命令，在弹出的"文本"泊坞窗中单击"图文框"按钮 🔳，设置对齐方式为"居中垂直对齐"，如图 6-266 所示。效果如图 6-267 所示。

图 6-266

中文版 CorelDRAW 2022 从入门到实战（全程视频版）（上册）

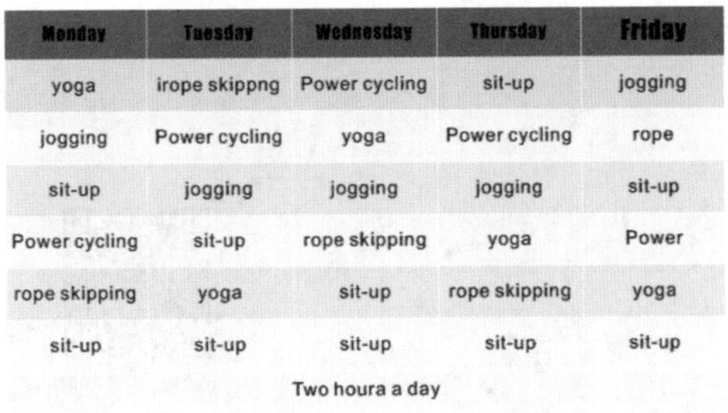

Monday	Tuesday	Wednesday	Thursday	Friday
yoga	irope skippng	Power cycling	sit-up	jogging
jogging	Power cycling	yoga	Power cycling	rope
sit-up	jogging	jogging	jogging	sit-up
Power cycling	sit-up	rope skipping	yoga	Power
rope skipping	yoga	sit-up	rope skipping	yoga
sit-up	sit-up	sit-up	sit-up	sit-up
		Two houra a day		

图 6-267

步骤 13 对部分文字的颜色进行调整。选择“文本”工具，选中第一个单元格中的文字，将其颜色设置为白色，如图6-268所示。

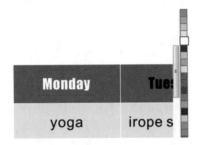

图 6-268

步骤 14 以同样的方法将第一行文字的颜色设置为白色，效果如图6-269所示。

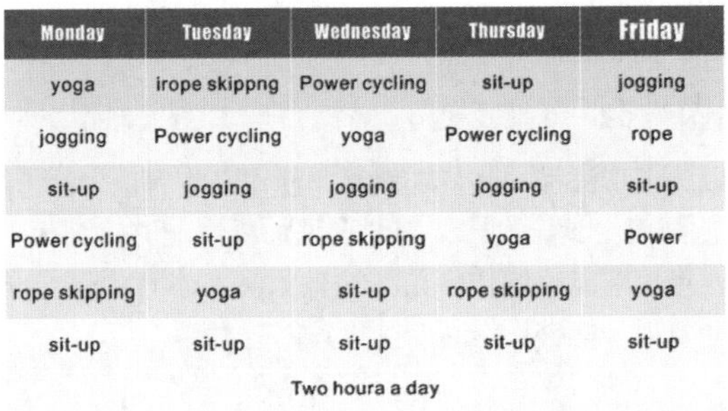

Monday	Tuesday	Wednesday	Thursday	Friday
yoga	irope skippng	Power cycling	sit-up	jogging
jogging	Power cycling	yoga	Power cycling	rope
sit-up	jogging	jogging	jogging	sit-up
Power cycling	sit-up	rope skipping	yoga	Power
rope skipping	yoga	sit-up	rope skipping	yoga
sit-up	sit-up	sit-up	sit-up	sit-up
		Two houra a day		

图 6-269

步骤 15 为表格添加阴影。选中表格，单击“阴影”工具按钮，按住鼠标左键向右下拖动，为表格添加阴影。在属性栏中设置“阴影颜色”为黑色，“阴影不透明度”为50，“阴影羽化”为2。阴影效果如图6-270所示。至此，本案例制作完成，案例效果如图6-271所示。

Monday	Tuesday	Wednesday	Thursday	Friday
yoga	irope skippng	Power cycling	sit-up	jogging
jogging	Power cycling	yoga	Power cycling	rope
sit-up	jogging	jogging	jogging	sit-up
Power cycling	sit-up	rope skipping	yoga	Power
rope skipping	yoga	sit-up	rope skipping	yoga
sit-up	sit-up	sit-up	sit-up	sit-up
		Two houra a day		

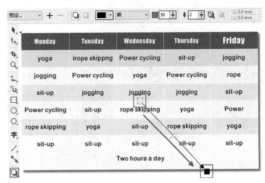

图 6-270

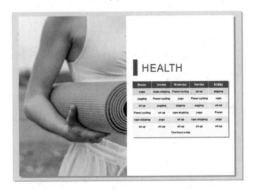

图 6-271

Chapter

7

第7章

图形特效

本章内容简介

　　本章主要讲解工具箱中的"透明度"工具、"阴影"工具、"轮廓图"工具、"混合"工具、"变形"工具、"封套"工具、"立体化"工具、"块阴影"工具以及"效果"菜单中的"斜角"命令的使用方法。为图形添加的效果，在不需要时可以去除。部分效果不仅可以使用工具添加，还可以通过泊坞窗添加，如混合效果、轮廓图效果、封套效果、立体化效果等。

重点知识掌握

- ●熟练掌握透明效果的制作方法
- ●掌握为图形创建立体效果的方式
- ●掌握为对象添加和编辑阴影的方法
- ●掌握使用变形与封套处理对象的方法

通过本章的学习，我们能做什么

　　通过本章的学习，我们可以为图形添加一些特殊效果，使作品变得生动、有趣。例如，为图形调整透明度能够让画面更具层次感，为图形添加投影能够让画面更具空间感，使用"轮廓图"工具创建轮廓能够制作多层描边效果。在本章中还会学习到一些其他效果，充分利用这些效果，能够让作品变得更具创造力。

7.1 设置对象透明度

"透明度"工具可以为矢量图形、文本、位图等对象应用透明效果，如图7-1所示。

扫一扫，看视频

（a）矢量图　　（b）文本　　（c）位图

图7-1

"透明度"工具主要具有两方面的功能：透明效果的应用与"合并模式"的设置（透明效果的应用与合并模式的设置既可单独进行，又可共同进行），如图7-2所示。

（a）原图　　（b）设置透明度　　（c）设置合并模式

图7-2

使用"透明度"工具时首先要选择对象，接着单击工具箱中的"透明度"工具按钮。在默认情况下，使用的是"无透明度"，所以大部分选项都不显示。切换为其他透明度模式后，可以在属性栏中看到相应的参数设置，如图7-3所示。

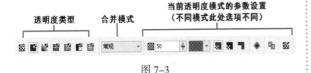

图7-3

在"透明度"工具的属性栏中有多种透明效果可供选择："无透明度"、"均匀透明度"、"渐变透明度"、"向量图样透明度"、"位图图样透明度"、"双色图样透明度"和"底纹透明度"，如图7-4所示。选择了合适的方式后，接下来可以在属性栏对当前透明度模式的参数进行设置。

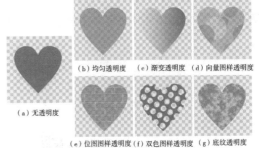

（b）均匀透明度　（c）渐变透明度　（d）向量图样透明度

（a）无透明度

（e）位图图样透明度（f）双色图样透明度　（g）底纹透明度

图7-4

【重点】7.1.1　动手练：创建均匀透明度效果

1. 创建均匀透明度效果

（1）选择一个图形，如图7-5所示。

（2）单击工具箱中的"透明度"工具按钮，然后单击属性栏中的"均匀透明度"按钮，设置透明度类型为"均匀透明度"，默认情况下"透明度"为50。此时画面效果如图7-6所示。

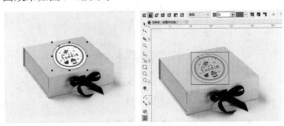

图7-5　　　　　　　图7-6

（3）"透明度"的数值越大，对象越透明。在数值框中输入数值，然后按Enter键即可设置图形的透明度，如图7-7所示。

也可以单击"透明度"选项右侧的按钮，随即显示隐藏的滑块，拖动滑块即可调整图形的透明度，如图7-8所示。这种调整透明度的方式可以随时查看透明度效果，操作起来较为灵活。

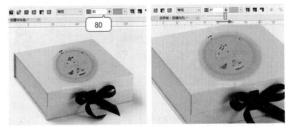

图7-7　　　　　　　图7-8

175

（4）在透明图形底部有一个浮动的选项，可以拖动滑块或输入数值调整图形的透明度，如图7-9所示。

图7-9

也可以单击属性栏中的"透明度挑选器"按钮，在弹出的"透明度挑选器"中选择透明等级，如图7-10所示。在"透明度挑选器"中颜色越暗的按钮，透明度数值越低；反之，颜色越亮的按钮，透明度数值越高。

图7-10

2. 单独为填充色/轮廓色设置透明度

（1）在属性栏中单击"全部"按钮 ▣，此时更改选中图形的透明度时，填充色与轮廓色的透明度会同时更改，如图7-11所示。

（2）单击"填充"按钮 ▣，此时只能对填充色的透明度进行更改。效果如图7-12所示。

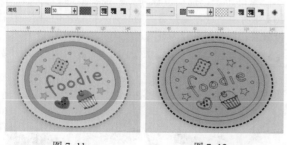

图7-11　　　　　　图7-12

（3）单击"轮廓"按钮 ▣，此时只能对轮廓色的透明度进行更改。效果如图7-13所示。

图7-13

3. 清除透明度效果

选择透明的图形，单击属性栏中的"无透明度"按钮 ▣，如图7-14所示。随即会清除图形的透明度效果，如图7-15所示。

图7-14　　　　　　图7-15

【重点】7.1.2　动手练：创建渐变透明度效果

对象的透明效果可以是均匀的，也可以是不均匀的。在CorelDRAW中，可以轻松地制作带有渐变感的线性、辐射、方形和锥形的透明效果。

1. 创建渐变透明度

（1）选择一个图形，如图7-16所示。

图7-16

（2）单击工具箱中的"透明度"工具按钮▨，接着单击属性栏中的"渐变透明度"按钮▣，随即选中的图形产生渐变透明效果，如图7-17所示。

透明度挑选器　透明度类型　节点透明度　节点位置　旋转　　自由缩放和倾斜　冻结透明度
　　　　　　　　　　　　　　　　　　　　　　　　　　　复制透明度

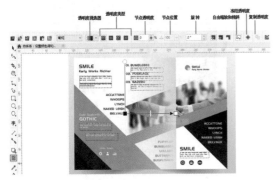

图 7-17

（3）渐变透明度控制杆的编辑方式与渐变填充是相同的，编辑方法也非常相似。在渐变透明度控制杆中，用黑白灰来表示透明度的等级，黑色为完全透明，白色为不透明，灰色为半透明。越接近黑色越透明，越接近白色越不透明，如图7-18所示。

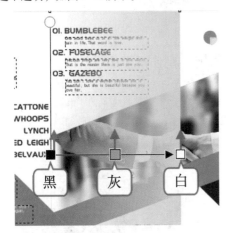

黑　　灰　　白

图 7-18

2. 设置渐变透明度类型

渐变透明度有"线性渐变透明度"▨、"椭圆形渐变透明度"▨、"锥形渐变透明度"▨和"矩形渐变透明度"▨4种，若要选择渐变透明度类型，单击相应的按钮即可。

（1）单击"线性渐变透明度"按钮▨，可以制作出沿着线性路径逐渐透明的效果，如图7-19所示。

（2）单击"椭圆形渐变透明度"按钮▨，可以制作出以圆形方式向内或向外逐渐透明的效果，如图7-20所示。

图 7-19　　　　　　　　　图 7-20

（3）单击"锥形渐变透明度"按钮▨，可以制作出以锥形方式逐渐透明的效果，如图7-21所示。

（4）单击"矩形渐变透明度"按钮▨，可以制作出以矩形为中心向内或向外逐渐透明的效果，如图7-22所示。

图 7-21　　　　　　　　　图 7-22

3. 在"透明度挑选器"中选择渐变透明度效果

通过"透明度挑选器"可以从个人或公共库中选择一种透明度效果。

选择一个图形，然后单击属性栏中的"透明度挑选器"按钮▨▾，在弹出的下拉面板中选择一种透明度的效果单击，即可将此效果添加到所选图形上方。效果如图7-23所示。

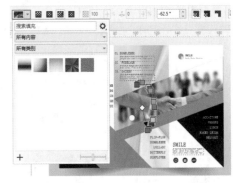

图 7-23

4. 编辑节点透明度

（1）单击选择一个节点，然后在属性栏中的"节点透明度"选项中设置透明度数值，按Enter键确认，如图7-24所示。

（2）选择节点后会显示浮动选项，在浮动选项中也可以对节点的透明度进行调整，如图7-25所示。

图7-24　　　　　　　图7-25

5. 旋转透明度效果

如果要旋转渐变透明度效果，拖动黑色箭头处的节点即可，如图7-26所示。

也可以在属性栏中的"旋转"数值框中输入数值，然后按Enter键确认，如图7-27所示。

图7-26　　　　　　　图7-27

6. 复制透明度效果

（1）选择工具箱中的"透明度"工具，选择一个图形，如图7-28所示。

图7-28

（2）单击属性栏中的"复制透明度"按钮，然后将光标移动至透明图形上单击，如图7-29所示。

图7-29

（3）随即选中的图形被添加了相同的透明度效果，如图7-30所示。

图7-30

提示：制作折页的折叠效果

为三折页每一个版面都绘制灰色的矩形并添加渐变透明度，然后设置合并模式为"乘"，这样折页上就会呈现出折痕的立体效果，如图7-31所示。

图7-31

7.1.3　动手练：创建向量图样透明度效果

单击"向量图样透明度"按钮，可以为选中的图形添加带有向量图样的透明度效果。图形的透明效果会按照所选图样转换为灰度效果后的黑白关系进行显示，图样中越暗的部分越透明，越亮的部分越不透明。

1. 创建向量图样透明度效果

（1）选择一个图形，如图7-32所示。

（2）单击工具箱中的"透明度"工具按钮▩，然后单击属性栏中的"向量图样透明度"按钮▩。再单击"透明度挑选器"后方的下拉按钮，在弹出的下拉面板中选择一个合适的向量图样，如图7-33所示。

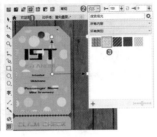

图7-32   图7-33

2. 编辑向量图样透明度效果

（1）属性栏中的"前景透明度"选项 ↦ 100 ⊞ 用来设置前景色的透明度，"前景透明度"为80时的效果如图7-34所示。

（2）"背景透明度"选项 →⊞ 50 ⊞ 用来设置背景色的透明度，"背景透明度"为50时的效果如图7-35所示。

（3）单击"反转"按钮 ⇄，可以将前景色和背景色的透明度反转，如图7-36所示。

图7-34   图7-35   图7-36

7.1.4 创建位图图样透明度效果

单击"位图图样透明度"按钮▩，可以为选中的图形添加带有位图图样的透明度效果。

（1）选择一个图形，如图7-37所示。

（2）单击工具箱中的"透明度"工具按钮▩，然后单击属性栏中的"位图图样透明度"按钮▩，接着单击"透明度挑选器"后方的下拉按钮，在弹出的下拉面板中选择一个合适的位图图样。图形的透明效果会按照所选位图图样转换为灰度效果后的黑白关系进行显示，图

样中越暗的部分越透明，越亮的部分越不透明。效果如图7-38所示。

图7-37   图7-38

7.1.5 创建双色图样透明度效果

（1）选择一个图形，如图7-39所示。

（2）单击工具箱中的"透明度"工具按钮▩，然后单击属性栏中的"双色图样透明度"按钮▩，单击"透明度挑选器"后方的下拉按钮，在打开的下拉面板中选择一个双色图样。随后图样中黑色部分为透明，白色部分为不透明，如图7-40所示。

图7-39   图7-40

（3）双色图样透明度效果是通过"前景透明度"和"背景透明度"来调整的。图7-41所示为更改这两个选项设置后的效果。

图7-41

7.1.6 创建底纹透明度效果

底纹透明度效果与位图图样透明度效果相似，都是按照所选图样的灰度关系进行透明度的投射，使对象上产生不规则的透明效果。

（1）选择一个图形，如图7-42所示。

（2）单击工具箱中的"透明度"工具按钮，然后单击属性栏中"底纹透明度"按钮。接着单击"透明度挑选器"后方的下拉按钮，在弹出的下拉面板中选择一种底纹，如图7-43所示。

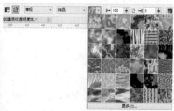

图7-42　　　　　　　　图7-43

（3）此时，图形的效果如图7-44所示。

图7-44

重点 7.1.7 设置合并模式

合并模式用来设置两个图形叠加后产生的色彩混合的特殊效果。在"透明度"工具的属性栏中可以对合并模式进行设置。合并模式与当前设置的透明度类型无关，即使当前的透明度模式为"无透明度"，也可以进行合并模式设置。

（1）想要清晰地看到合并模式的效果，需要两个重叠的对象。选择上方的图形（位图与矢量图皆可），如图7-45所示。

（2）单击工具箱中的"透明度"工具按钮，在属性栏中单击"常规"右侧的下拉按钮，在弹出的下拉列表中可以看到多种合并模式，如图7-46所示。

图7-45　　　　　　　　图7-46

（3）单击选择任意一种合并模式，所选对象即可产生相应的混合效果。图7-47所示为"减少"合并模式的效果。

图7-47

（4）图7-48所示为不同合并模式的效果。如果要取消对象的合并模式，在属性栏中将"合并模式"设置为"常规"即可。

每种合并模式所产生的效果都与当前对象以及其下方对象的颜色有关，所以有时针对某些颜色使用特定的合并模式可能无法观察到效果。

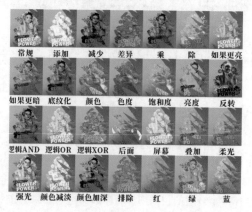

图7-48

7.1.8 练习案例：使用"透明度"工具制作色彩叠加感海报

文件路径	资源包\第7章\使用"透明度"工具制作色彩叠加感海报
难易指数	⭐⭐⭐⭐⭐
技术掌握	"透明度"工具、合并模式

扫一扫，看视频

案例效果

案例效果如图7-49所示。

图7-49

操作步骤

步骤01 新建一个空白文档，接着使用"矩形"工具绘制一个与绘图区等大的矩形。然后将其填充为青色，并去除轮廓线，如图7-50所示。

步骤02 在文档中添加文字。选择工具箱中的"文本"工具，在背景矩形中间单击，在属性栏中设置合适的字体和字体大小。设置完成后输入字母"Q"，如图7-51所示。

图7-50　　　　　　图7-51

步骤03 制作文字上方的倾斜多边形。选择工具箱中的"钢笔"工具，在画面中绘制一个四边形，然后设置填充色为绿色，并去除轮廓线，如图7-52所示。

步骤04 为绘制的图形设置透明度效果。在图形选中状态下，选择工具箱中的"透明度"工具，接着在属性栏中设置"合并模式"为"色度"，如图7-53所示。

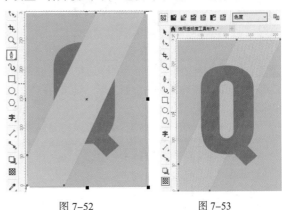

图7-52　　　　　　图7-53

步骤05 选中字母，单击工具箱中的"透明度"工具按钮，然后单击属性栏中的"均匀透明度"按钮，设置透明度类型为"均匀透明度"。"透明度"的数值越大，对象越透明。设置"透明度"为50，效果如图7-54所示。

步骤06 继续使用"文本"工具，在画面中添加文字。效果如图7-55所示。

图7-54　　　　　　图7-55

> **提示：设置透明度的其他方法**
>
> 在选择"透明度"工具的状态下，在透明图形底部有一个浮动的选项，可以拖动滑块或输入数值调整图形的透明度，如图7-56所示。

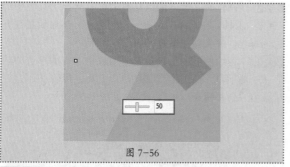

图 7-56

图 7-60   图 7-61

步骤07 制作案例效果右下角的图形元素。使用"钢笔"工具在画面的右下角绘制一个四边形，填充为白色，去除轮廓线，如图 7-57 所示。

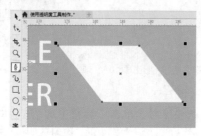

图 7-57

步骤08 对绘制的图形进行部分区域的擦除，使其呈现出镂空效果。选中白色的图形，单击工具箱中的"橡皮擦"工具按钮，在属性栏中设置笔尖形状为方形笔尖，"橡皮擦厚度"为 5.0mm，"倾斜角"为 90.0°，"方位角"为 45.0°。设置完成后在多边形上方通过单击的方式进行擦除，如图 7-58 所示。

步骤09 释放鼠标后，即可看到擦除效果。效果如图 7-59 所示。

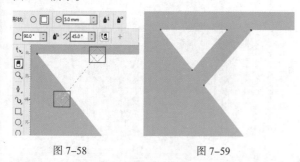

图 7-58   图 7-59

步骤10 继续使用"橡皮擦"工具擦除。在擦除时根据实际情况，随时调整橡皮擦的厚度。图形效果如图 7-60 所示。至此，本案例制作完成，效果如图 7-61 所示。

7.2 制作阴影效果

扫一扫，看视频

为对象添加阴影能够增加对象的真实程度，增强画面的空间感。如果觉得设计作品看起来很"平淡"，那么不妨添加阴影效果试试。图 7-62 和图 7-63 所示为带有阴影效果的设计作品。

图 7-62   图 7-63

【重点】7.2.1 动手练：为对象添加阴影

"阴影"工具不仅可以为矢量图形添加阴影，还可以为文本、位图和群组对象等添加阴影。

1. 为对象添加阴影

（1）选择需要添加阴影的对象，单击工具箱中的"阴影"工具按钮，将光标移动至图形对象上，按住鼠标左键向其他位置拖动，此时蓝色线条的位置为阴影显示的大致范围，如图 7-64 所示。

（2）调整到合适位置后释放鼠标，即可添加阴影，效果如图 7-65 所示。

中文版CorelDRAW 2022从入门到实战（全程视频版）（上册）

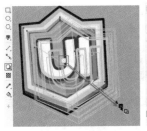

图 7-64　　　　　　　　　图 7-65

2. 使用预设的阴影效果

在属性栏的"预设"下拉列表中包含多种内置的阴影效果，如图 7-66 所示。

选中对象，在属性栏中单击"预设"右侧的下拉按钮，在弹出的下拉列表中选择一种预设效果，即可为图形添加预设的阴影效果。图 7-67 所示为部分预设阴影效果。

（a）平面右下　（b）平面左下

（c）透视右下　（d）透视左下

图 7-66　　　　　　　　　图 7-67

提示：认识制作特效的工具

本章要学习的工具其大部分的操作思路是比较接近的，如图 7-68 所示。

图 7-68

首先选择要处理的对象，然后选择要使用的工具，在属性栏中设置一定的参数，接着在对象上按住鼠标左键拖动，即可观察到效果（"透明度"工具的部分模式可用）。选择已经应用特效的对象，还可以重新在属性栏中进行参数的更改。仔细观察这些工具的属性栏，

可以看到其中都有几个相同的选项，如图 7-69 所示。

图 7-69

在 预设... ▼ 下拉列表中可以为当前对象选择一种预设的特效应用方式。单击 按钮，可以将当前对象上的特效赋予其他对象，如图 7-70 所示。

图 7-70

单击"清除立体化"按钮则可以清除该特效，如图 7-71 所示。

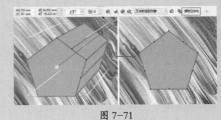

图 7-71

重点 7.2.2　调整阴影效果

阴影效果创建完成后，可以进行后期的编辑与调整。

1. 手动调整阴影效果

（1）创建阴影效果后，拖动黑色箭头旁边的节点，即可调整阴影的位置，如图 7-72 所示。

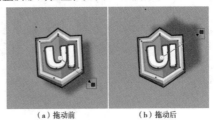

（a）拖动前　　　　　（b）拖动后

图 7-72

（2）阴影有5个起始点，分别为上、下、左、右和中间。例如，在图形中间位置按住鼠标左键拖动创建阴影效果，那么图形的起始点就在中间。拖动控制点⊠即可调整阴影起始点的位置，如图7-73所示。

（3）图7-74所示为在其他起始点创建的效果。

图 7-73 　　　　　　　图 7-74

2. 调整阴影的过渡效果

拖动控制柄上方的长方形滑块Ⅱ，即可调整阴影的过渡效果，如图7-75和图7-76所示。

图 7-75 　　　　　　　图 7-76

3. 精确调整阴影位置

（1）选择带有阴影效果的图形，在属性栏中的"阴影偏移"选项中可以看到当前阴影的位置数据，如图7-77所示。

（2）选项用来调整水平方向的阴影位置，输入精确数值后按Enter键确认，如图7-78所示。

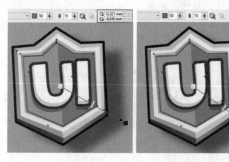

图 7-77 　　　　　　　图 7-78

（3）选项用来调整垂直方向的阴影位置，输入精确数值后按Enter键确认，如图7-79所示。

图 7-79

4. 精确调整阴影角度和阴影长度

属性栏中的"阴影角度"选项用来精确调整阴影的角度。但是在以阴影起始点为中心时，该选项不可用。

（1）选择一个带有阴影效果的图形，在属性栏中的"阴影角度"选项中输入精确数值，按Enter键确认，如图7-80所示。

（2）"阴影延展"选项用来调整阴影的长度，输入精确数值后按Enter键确认，如图7-81所示。

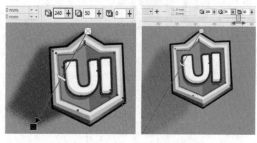

图 7-80 　　　　　　　图 7-81

5. 调整阴影淡出效果

属性栏中的"阴影淡出"选项用来调整阴影边缘的淡出程度，数值越大阴影的颜色越浅。图7-82所示为"阴影淡出"是10和90的对比效果。

（a）阴影淡出：10 　　　（b）阴影淡出：90

图 7-82

中文版CorelDRAW 2022从入门到实战（全程视频版）（上册）

7.2.3 设置阴影效果参数

1. 调整阴影的不透明度

选中带有阴影效果的图形，在"阴影"工具属性栏中的"阴影不透明度"选项 50 中调整阴影的透明度，数值越小，阴影越透明；反之，数值越大，阴影越不透明。图7-83所示为不同数值的对比效果。

（a）阴影不透明度：100 　　（b）阴影不透明度：20

图7-83

2. 调整阴影的"合并模式"

在默认情况下，阴影的"合并模式"为"乘"，单击"合并模式"右侧的下拉按钮，在弹出的下拉列表中选择一种合并模式，如图7-84所示。图7-85所示为设置"合并模式"为"除"时的效果。

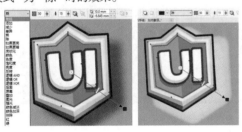

图7-84 　　　　　 图7-85

3. 设置阴影羽化

"阴影羽化"选项 用来调整阴影边缘的柔和效果。图7-86所示为不同数值的对比效果。

（a）阴影羽化：0 　　 （b）阴影羽化：60

图7-86

4. 设置羽化方向

"羽化方向"按钮 用来设置向阴影内部、外部或同时向内部和外部柔化阴影边缘。

选中带阴影效果的图形，在"阴影"工具属性栏中单击"羽化方向"按钮 右下角的 按钮，在弹出的下拉列表中有5种羽化方向，如图7-87所示。图7-88所示为不同羽化方向的效果。

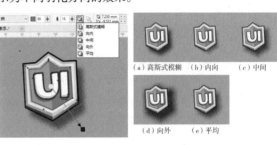

（a）高斯式模糊 （b）内向 （c）中间

（d）向外 （e）平均

图7-87 　　　　　 图7-88

5. 设置阴影的颜色

若要更改阴影的颜色，可以单击属性栏中的"阴影颜色"按钮 ，在弹出的下拉面板中选择一种颜色，如图7-89所示。

图7-89

7.2.4 拆分阴影

添加了阴影效果的对象可以进行拆分，使对象和阴影分离为两个独立的部分。

（1）选择要分离的对象，接着执行"对象"→"拆分墨滴阴影"命令（快捷键Ctrl+K），如图7-90所示。

（2）此时，对象和阴影就可以单独移动或编辑了，如图7-91所示。

图 7-90 图 7-91

{重点}7.2.5 清除阴影

选择要清除的阴影对象，然后执行"对象"→"清除阴影"命令，或者单击"阴影"工具属性栏中的"清除阴影"按钮，阴影效果会被清除。

7.2.6 练习案例：炼彩文字广告

扫一扫，看视频

文件路径	资源包\第7章\炫彩文字广告
难易指数	★★★★★
技术掌握	"交互式填充"工具、"阴影"工具

案例效果

案例效果如图 7-92 所示。

图 7-92

操作步骤

步骤 01 新建一个A4大小的横版文档。接着执行"文件"→"导入"命令，将素材导入画面，使其充满整个绘图区，如图 7-93 所示。

图 7-93

步骤 02 单击工具箱中的"文本"工具按钮，在画面中单击插入光标后输入文字，接着选中文字，在属性栏中设置合适的字体、字体大小，如图 7-94 所示。

步骤 03 选中文字，设置字符的轮廓色为蓝色，"轮廓宽度"为8像素，填充色为无，如图 7-95 所示。

图 7-94 图 7-95

步骤 04 选中文字，使用快捷键Ctrl+C进行复制，然后使用快捷键Ctrl+V进行粘贴。接着选择文字，选择工具箱中"交互式填充"工具，在属性栏中单击"渐变填充"按钮，设置填充类型为"线性渐变填充"，然后更改节点颜色编辑渐变颜色。颜色编辑完成后去除轮廓线并将文字向上移动，如图 7-96 所示。

步骤 05 继续使用"文本"工具，在主体文字上方和下方输入文字。然后使用"交互式填充"工具为其填充渐变。效果如图 7-97 所示。

图 7-96 图 7-97

步骤 06 为输入的文字添加阴影效果。选择副标题文字，单击工具箱中的"阴影"工具按钮，按住鼠标左键拖动创建阴影。然后在属性栏中设置"阴影不透明度"为70，"阴影羽化"为5，"颜色"为深灰色，如图 7-98 所示。

步骤 07 使用同样的方法制作其他文字的阴影。效果如图 7-99 所示。

图 7-98 图 7-99

步骤 08 继续使用"文本"工具，在画面中左侧输入文字。然后使用"交互式填充"工具将其填充为洋红色系渐变，效果如图7-100所示。至此，本案例制作完成，效果如图7-101所示。

图 7-100　　　　图 7-101

7.3 制作图形的多层轮廓

"轮廓图"效果的特点是向内或向外产生放射的层次效果，类似于地图中的地势等高线，所以"轮廓图"效果也常被称为"等高线"效果。

扫一扫，看视频

[重点]7.3.1　动手练：为图形添加"轮廓图"效果

（1）选择一个图形，单击工具箱中的"轮廓图"工具按钮回，然后按住鼠标左键向外拖动，如图7-102所示。

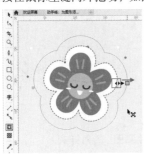

图 7-102

（2）释放鼠标，即可创建"轮廓图"效果，如图7-103所示。

（3）如果向内拖动，则可创建由外向内的"轮廓图"，效果如图7-104所示。

图 7-103　　　　图 7-104

提示：使用"轮廓图"泊坞窗

选择一个图形，执行"效果"→"轮廓图"命令（快捷键Ctrl+F9），在弹出的"轮廓图"泊坞窗中进行相应的设置，然后单击"应用"按钮，即可添加"轮廓图"效果，如图7-105所示。

图 7-105

7.3.2　编辑"轮廓图"效果

1. 调整"轮廓图"偏移距离

（1）拖动黑色箭头旁的节点，根据轮廓线确定"轮廓图"的大小，如图7-106所示。

（2）释放鼠标，完成"轮廓图"的偏移，如图7-107所示。

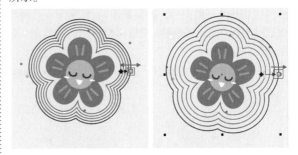

图 7-106　　　　图 7-107

也可以在属性栏中的"轮廓图偏移"选项回中调整每个轮廓之间的间距，输入数值后按Enter键确认。效果如图7-108所示。

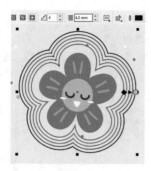

图 7-108

2."轮廓图"步长

在属性栏中的"轮廓图步长"选项 中设定精确的步长，如图7-109和图7-110所示。

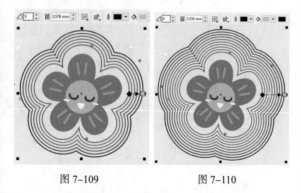

图 7-109　　　　　图 7-110

3. 设置轮廓偏移方向

属性栏中有"到中心" 、"内部轮廓" 和"外部轮廓" 3个按钮，用来设置轮廓偏移方向。

（1）单击属性栏中的"到中心"按钮 ，即可看到由外向内创建的新的图形，效果如图7-111所示。此时可以通过更改"轮廓图偏移"数值调整新图形的数量，效果如图7-112所示。

图 7-111　　　　　图 7-112

（2）通过"内部轮廓"按钮 可以向内部创建新的图形，如图7-113所示。但它受到"轮廓图步长"和"轮廓图偏移"参数的影响，如图7-114所示。

图 7-113　　　　　图 7-114

（3）通过"外部轮廓"按钮 可以向外部创建新的图形，同样它也受到"轮廓图步长"和"轮廓图偏移"参数的影响，如图7-115所示。

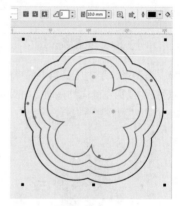

图 7-115

4. 设置"轮廓图"的角样式

单击属性栏中的"斜接角"按钮 右下角的按钮 ，在弹出的下拉列表中有"斜接角""圆角""斜切角"3种角样式，如图7-116所示。

图 7-116

在默认情况下，"轮廓图"的角样式为"斜接角"。图7-117所示为3种角样式的效果。

中文版CoreIDRAW 2022从入门到实战（全程视频版）（上册）

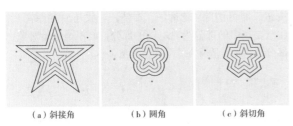

（a）斜接角　　　（b）圆角　　　（c）斜切角

图 7-117

5. "轮廓图"颜色的调整

"轮廓图"的颜色其实是由两部分颜色的过渡构成的：原始图形与新出现的轮廓图形。图7-118所示为轮廓的原始效果。

如果要更改原始图形的颜色，可以直接选择该对象并在调色板中更改填充/轮廓色，如图7-119所示。

图 7-118　　　　　　图 7-119

如果要更改新得到的轮廓图形的填充/轮廓色，则需要选中轮廓图形后，在属性栏中进行更改，如图7-120所示。

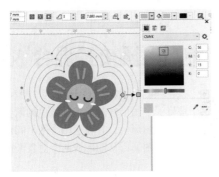

图 7-120

6. 设置颜色的过渡方式

单击属性栏中的"轮廓色"按钮，在弹出的下拉列表中可以看到3种颜色过渡方式，如图7-121所示。

图 7-121

图7-122所示为3种不同颜色过渡方式的对比效果。

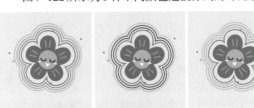

（a）线性轮廓色　　（b）顺时针轮廓色　　（c）逆时针轮廓色

图 7-122

7. 设置对象和颜色加速

"对象和颜色加速"功能用于调整轮廓图形之间的距离和填充颜色过渡效果。单击属性栏中的"对象和颜色加速"工具按钮，在弹出的下拉面板中可以对"对象"和"颜色"进行调整，如图7-123所示。

在默认情况下，当拖动"对象"滑块时，"颜色"滑块也会随之移动，如图7-124所示。单击按钮，当其变成时可以单独拖动"对象"或"颜色"滑块。

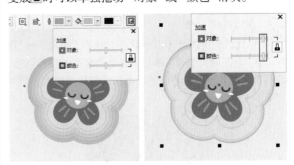

图 7-123　　　　　　图 7-124

拖动"对象"滑块可以调整每个图形之间的距离，每个图形之间的距离呈现递增或递减的效果，如图7-125所示。

"颜色"滑块用于调整图形之间填充颜色过渡效果。拖动"颜色"滑块即可调整填充颜色递增或递减的效果，如图7-126所示。

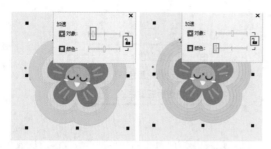

图 7-125   图 7-126

【重点】7.3.3   拆分轮廓图

使用"拆分轮廓图"命令可以将轮廓图对象中的放射图形分离成相互独立的对象。

（1）选中已经创建的轮廓图，执行"对象"→"拆分轮廓图"命令（快捷键Ctrl+K），或者右击在弹出的快捷菜单中执行"拆分轮廓图"命令，如图7-127所示。

（2）随即原图形与创建的轮廓图分离，进行移动即可查看效果。效果如图7-128所示。

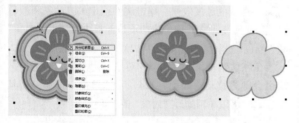

图 7-127   图 7-128

（3）此时轮廓图处于群组状态，执行"对象"→"组合"→"全部取消组合"命令，取消轮廓图的群组状态。取消群组的轮廓图后可以进行单独的编辑及修改。效果如图7-129所示。

图 7-129

7.3.4   清除"轮廓图"效果

选中"轮廓图"对象，单击属性栏中的"清除轮廓"

按钮，即可消除"轮廓图"效果，对象还原到原图形。注意要选中的部分为轮廓图的部分，而不是原始对象的部分，否则"清除轮廓"按钮无法显示。

7.3.5   复制轮廓图属性

（1）选择一个图形，在"轮廓图"工具使用状态下，单击属性栏中的"复制轮廓图属性"按钮 ，如图7-130所示。

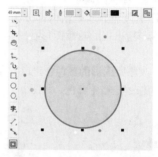

图 7-130

（2）将光标移动至已有轮廓图上单击，随即原始图形被赋予了相同的轮廓图属性。效果如图7-131所示。

图 7-131

7.4 制作图形的"混合"效果

扫一扫，看视频

"混合"效果（也被称为"调和"效果）是将一个图形经过形状和颜色的渐变过渡到另一个图形上，并在这两个图形间形成一系列中间图形，从而形成两个对象渐进变化的叠影。

【重点】7.4.1   动手练：混合矢量图形

1. 使用"混合"工具创建"混合"效果

接下来通过制作长阴影效果讲解如何使用"混合"工具。

（1）输入文字，如图7-132所示。

（2）将文字复制一份，向右下移动，然后选中复制的文字使用快捷键Ctrl+Page Down 将其向后移动一层，如图7-133 所示。

图 7-132　　　　　　　　图 7-133

（3）单击工具箱中的"混合"工具按钮，将光标移动至其中一个图形上，按住鼠标左键向另外一个图形上拖动，如图7-134 所示。

（4）在另一个图形上释放鼠标，此时可以看到两个对象之间产生形状与颜色的渐变混合效果。效果如图7-135 所示。

图 7-134　　　　　　　　图 7-135

（5）选择下方的图形，单击"透明度"工具按钮，设置其合并模式为"乘"，设置"透明度"为100。此时阴影效果如图7-136 所示。

图 7-136

工具按钮，在属性栏中单击"预设"右侧的下拉按钮，在弹出的下拉列表中有5种预设"混合"效果，选择任意一种即可创建"混合"效果，如图7-137 所示。

当然，也可以将当前的"混合"效果存储为预设效果以便后续使用。选中创建的"混合"效果，单击属性栏中的"添加预设"按钮，在打开的"另存为"对话框中选择保存路径，并为"混合"效果命名即可。对于创建的"混合"效果，用户可以根据需要进行保存。

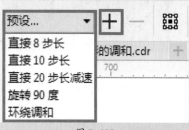

图 7-137

2. 使用"混合"泊坞窗创建"混合"效果

（1）选中两个图形，如图7-138 所示。

图 7-138

（2）执行"窗口"→"泊坞窗"→"效果"→"混合"命令，在弹出的"混合"泊坞窗中设置"混合对象"数值，然后单击"应用"按钮，如图7-139 所示。创建的混合效果如图7-140 所示。

 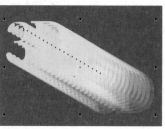

图 7-139　　　　　　　　图 7-140

3. 创建多个对象的复合"混合"效果

（1）单击工具箱中的"混合"工具按钮 ，在第一个图形上按住鼠标左键，拖动到第二个图形上释放鼠标。效果如图7-141所示。

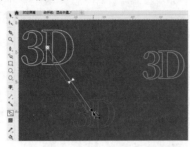

图 7-141

（2）将光标移动到第二个图形的边缘，然后按住鼠标左键从第二个图形向第三个图形上拖动，如图7-142所示。

（3）释放鼠标，完成复合混合操作。效果如图7-143所示。

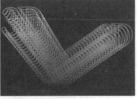

图 7-142　　　　　图 7-143

重点 7.4.2　编辑混合对象

1. 调整"混合"效果

创建"混合"效果后，拖动控制柄末端的控制点 ⊠，调整混合对象的位置，即可调整混合对象图形之间的距离，效果如图7-144和图7-145所示。

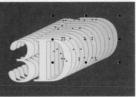

图 7-144　　　　　图 7-145

2. 设置混合对象步长

"步长"是指混合对象之间由几个图形构成的混合效果。在属性栏中的选项 ⌦ 10 ▾ 中设置混合对象

步长，输入数值后按Enter键，完成步长的调整。效果如图7-146所示。

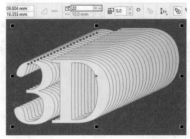

图 7-146

3. 混合方向

属性栏中的"调和方向"选项 90.0 用于设定中间生成对象在混合过程中的旋转角度，使起始对象和终点对象的中间位置形成一种弧形旋转混合效果，如图7-147所示。

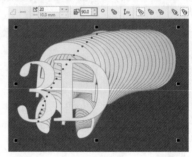

图 7-147

4. 设置颜色混合方式

颜色混合有3种方式，分别是"直接调和"、"顺时针调和"和"逆时针调和"。

首先选中要创建混合效果的对象，在属性栏中单击"直接调和"按钮，可以直接创建颜色渐变的效果，如图7-148所示。

单击"顺时针调和"按钮，可以按照色谱顺时针方向逐渐创建混合颜色。效果如图7-149所示。

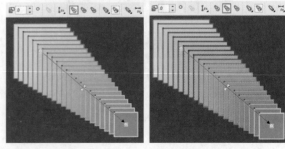
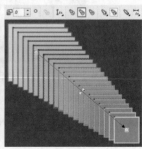

图 7-148　　　　　图 7-149

单击"逆时针调和"按钮 ，可以按照色谱逆时针方向逐渐创建混合颜色。效果如图7-150所示。

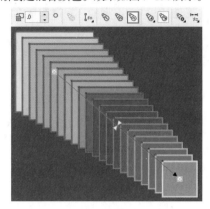

图 7-150

5. 创建对象和颜色加速

（1）选择已创建"混合"效果的对象，如图7-151所示。

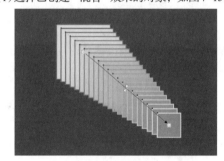

图 7-151

（2）单击属性栏中的"对象和颜色加速"按钮 右下角的 按钮，在弹出的下拉面板中单击 按钮，当其变成 时，拖动"对象"滑块可以调整图形的分布效果，如图7-152所示。

（3）拖动"颜色"滑块可以调整颜色的分布，如图7-153所示。当其为 时，可以同时调整"对象"和"颜色"。

图 7-152

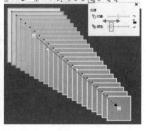

图 7-153

6. 替换混合路径

创建"混合"效果后，可以对混合的路径进行替换。

（1）创建混合对象，然后绘制一段路径。接着选择混合对象，单击属性栏中的"路径属性"按钮 ，在弹出的下拉列表中选择"新建路径"，如图7-154所示。

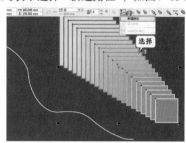

图 7-154

（2）此时光标变为 ，将其移动至路径上单击，如图7-155所示。

（3）此时混合对象沿绘制的路径排布。效果如图7-156所示。

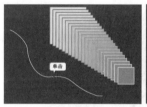

图 7-155   图 7-156

> **提示：复制、拆分和清除"混合"效果**
> 复制、拆分和清除"混合"效果与"轮廓图"效果的复制、拆分和清除操作是相同的。

7. 编辑混合路径

如果混合路径为曲线，调整路径后混合的形态也会改变。

（1）选中混合的对象，然后单击工具箱中的"形状"工具按钮，随即便会显示混合路径，如图7-157所示。

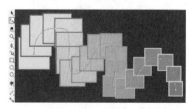

图 7-157

（2）拖动节点即可调整路径，如图7-158所示。

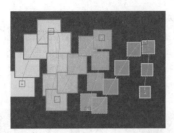

图 7-158

7.5 图形变形

扫一扫，看视频

使用"变形"工具对图形进行变形，实际上是为图形添加变形效果，一旦清除变形效果，图形即可恢复到原来的形状。

[重点] 7.5.1 动手练：创建与编辑变形效果

1. 手动创建变形效果

（1）绘制一个图形，如图 7-159 所示。

（2）选择该图形，单击工具箱中的"变形"工具按钮☑，然后在图形上按住鼠标左键拖动，根据蓝色的轮廓判断变形效果，如图 7-160 所示。

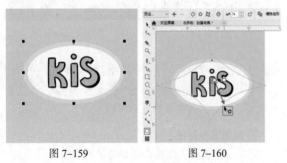

图 7-159   图 7-160

（3）释放鼠标，即可完成变形操作，效果如图 7-161 所示。

图 7-161

2. 使用预设创建变形效果

选择一个图形，单击工具箱中的"变形"工具按钮☑，在属性栏中单击"预设"下拉按钮，在弹出的下拉列表中有 5 种预设的变形效果，如图 7-162 所示。图 7-163 所示为预设的变形效果。

图 7-162

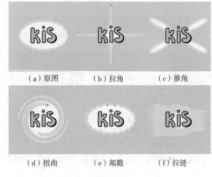

（a）原图   （b）拉角   （c）推角

（d）扭曲   （e）邮戳   （f）拉链

图 7-163

3. 调整变形效果

（1）选择一个变形后的图形，如图 7-164 所示。拖动控制柄上的控制点◇可以调整变形的起始位置，拖动控制柄上的控制点□可以调整变形的程度，效果如图 7-165 和图 7-166 所示。

图 7-164

中文版 CorelDRAW 2022 从入门到实战（全程视频版）（上册）

图 7-165　　　　　　　　　　图 7-166

（2）选择一个变形后的图形，单击属性栏中的"居中变形"按钮⊕，如图7-167所示。随即变形起点位置变为图形的中心位置，此时得到的图形更加规整，效果如图7-168所示。

图 7-167　　　　　　　　　　图 7-168

提示：清除变形效果

选择变形后的图形，执行"对象"→"清除变形"命令，或者单击"清除变形"按钮，即可清除变形效果。如果对象之前进行过多次变形操作，那么就需要多次执行该操作才能恢复最初状态。

7.5.2　"推拉变形"模式

"推拉变形"模式能够通过推入和外拉边缘使图形变形。

1. 创建推拉变形效果

（1）选择一个图形，如图7-169所示。

（2）选择工具箱中的"变形"工具，单击属性栏中的"推拉变形"按钮⊕，然后将光标放在图形中央，按住鼠标左键向外拖动，即可创建外拉的变形效果。效果如图7-170所示。

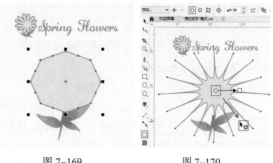

图 7-169　　　　　　　　　　图 7-170

（3）如果将光标移动至图形中间，按住鼠标左键向内拖动，即可创建推入的变形效果。效果如图7-171所示。

图 7-171

2. 调整推拉变形效果

"推拉振幅"选项 ∿ -100 可以调整推拉变形的效果。当数值为正时，创建外拉的变形效果，如图7-172所示。

当数值为负时，创建内推的变形效果，如图7-173所示。

推拉振幅：100　　　　　　　推拉振幅：-100

图 7-172　　　　　　　　　　图 7-173

7.5.3 "拉链变形"模式

"拉链变形"模式能够创建锯齿边缘的变形效果。

1. 创建拉链变形效果

（1）选择一个图形，如图7-174所示。

（2）选择工具箱中的"变形"工具，单击属性栏中的"拉链变形"按钮🔄，然后将光标放在图形中央，按住鼠标左键向外拖动。变形效果如图7-175所示。

图 7-174　　　　　　　　图 7-175

2. 调整拉链变形效果

"拉链振幅"选项🔽用于调整锯齿效果的高度，数值越大，锯齿越高。图7-176和图7-177所示为"拉链振幅"是20和100的对比效果。

拉链振幅：20　　　　　　拉链振幅：100

图 7-176　　　　　　　　图 7-177

"拉链频率"选项🔽用于调整锯齿的数量，数值越大，锯齿数量越多。图7-178和图7-179所示为"拉链频率"是1和10的对比效果。

拉链频率：1　　　　　　　拉链频率：10

图 7-178　　　　　　　　图 7-179

3. 更改拉链变形类型

属性栏中有"随机变形"🔄、"平滑变形"🔄和"局限变形"🔄3个按钮用于创建3种不同类型的变形效果。

（1）创建拉链变形效果，效果如图7-180所示。

（2）单击"随机变形"按钮🔄，可以创建随机拉链变形效果。效果如图7-181所示。

图 7-180　　　　　　　　图 7-181

（3）单击"平滑变形"按钮🔄，可以创建平滑拉链变形效果。效果如图7-182所示。

（4）单击"局限变形"按钮🔄，则随着变形的进行，逐步降低变形效果。效果如图7-183所示。

图 7-182　　　　　　　　图 7-183

7.5.4 "扭曲变形"模式

"扭曲变形"模式能够创建旋涡状的变形效果。

1. 创建扭曲变形效果

（1）选择一个图形，选择工具箱中的"变形"工具，单击属性栏中的"扭曲变形"按钮 ⁣，然后将光标放在图形上，按住鼠标左键，接着沿着图形边缘拖动进行扭曲变形。效果如图7-184所示。

（2）拖动的圈数越多，扭曲变形效果越明显。效果如图7-185所示。

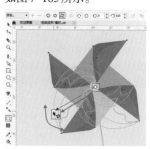

图 7-184   图 7-185

2. 调整扭曲变形的旋转方向

单击"顺时针旋转"按钮 ⁣，可以创建顺时针扭曲变形效果。效果如图7-186所示。

单击"逆时针旋转"按钮 ⁣，可以创建逆时针扭曲变形效果。效果如图7-187所示。

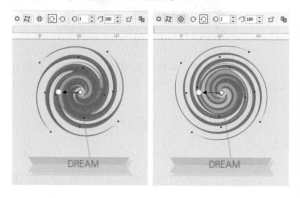

图 7-186   图 7-187

3. 设置扭曲变形的旋转效果

属性栏中的"完整旋转"选项 ⁣ 用于调整对象旋转扭曲的程度，数值越大，旋转扭曲的效果越强烈。图7-188和图7-189所示为"完整旋转"是1和3的对比效果。

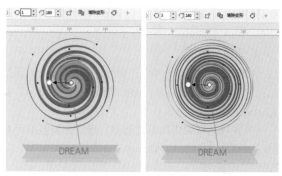

完整旋转：1   完整旋转：3

图 7-188   图 7-189

属性栏中的"附加度数"选项 ⁣ 在扭曲变形的基础上作为附加的内部旋转，对扭曲后的对象内部做进一步的扭曲处理。图7-190和图7-191所示为"附加度数"是50和180的对比效果。

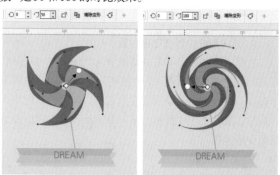

附加度数：50   附加度数：180

图 7-190   图 7-191

> **提示：将变形效果转换为曲线**
>
> 选择一个变形后的图形，单击属性栏中的"转换为曲线"按钮 ⁣（快捷键Ctrl+Q），转换为曲线后，变形后的图形将失去变形效果的属性。

7.6 使用封套改变对象形态

"封套"工具是一种对对象进行变形的工具，产生的变形效果就如同将对象封装到一个袋子中（随意揉捏袋子，袋子中物体的形状就会发生变化）。"封套"工 扫一扫，看视频
具可以对图形、文字、编组对象以及位图等对象进行操作。

重点 7.6.1 动手练：为对象添加封套

1. 添加封套

（1）选择一个图形，单击工具箱中的“封套”工具按钮，随即对象周围会显示用来编辑封套的控制框，如图7-192所示。

（2）在控制框的边缘有控制点，拖动控制点即可对对象进行变形，如图7-193所示。

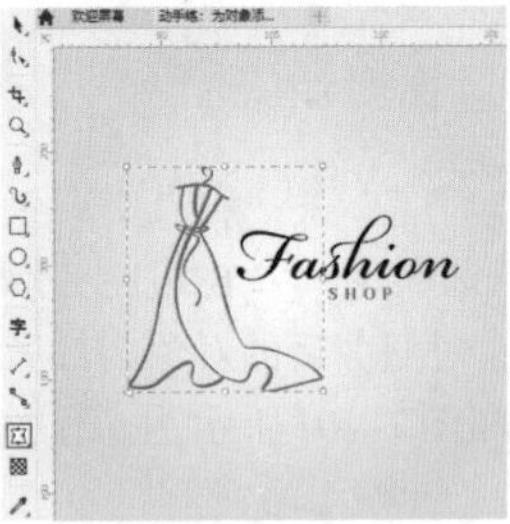

图 7-192

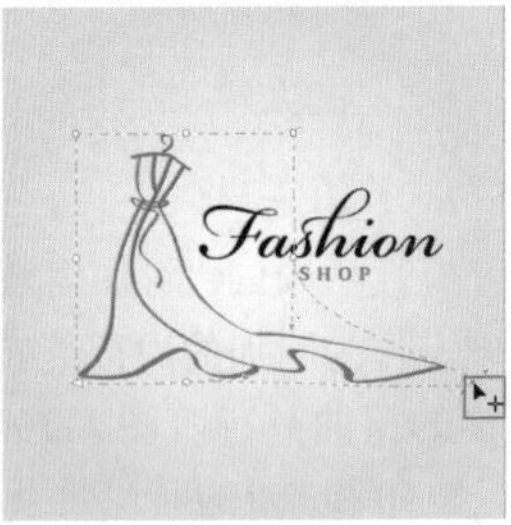

图 7-193

2. 选择预设的封套变形效果

选择一个图形，单击工具箱中的“封套”工具按钮，在属性栏中单击“预设”下拉按钮，在弹出的下拉列表中选择一种合适的预设封套变形效果，即可将其应用到对象中，如图7-194所示。图7-195所示为各种预设的封套变形效果。

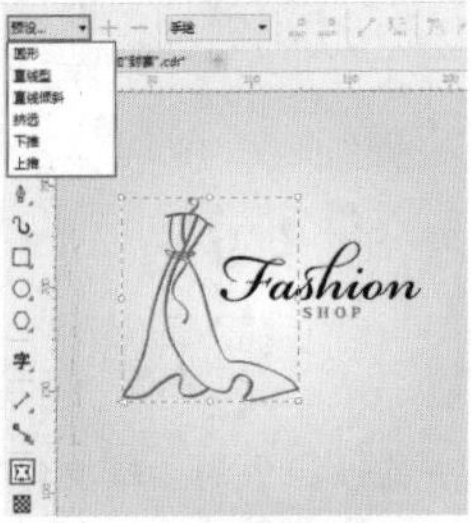

图 7-194

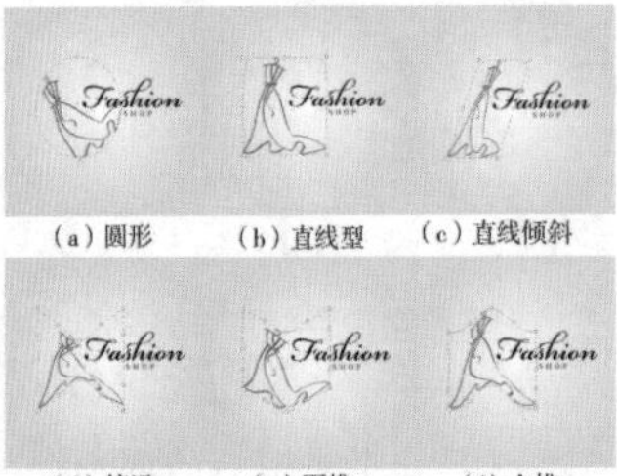

（a）圆形　（b）直线型　（c）直线倾斜

（d）挤远　（e）下推　（f）上推

图 7-195

> **提示：通过“封套”泊坞窗为图形添加预设封套变形效果**
>
> 选择一个图形，执行“效果”→“封套”命令，在弹出的“封套”泊坞窗中的“选择预设”选项卡中有多种预设封套变形效果可供选择，从中选择一种预设的封套变形效果，如图7-196所示。

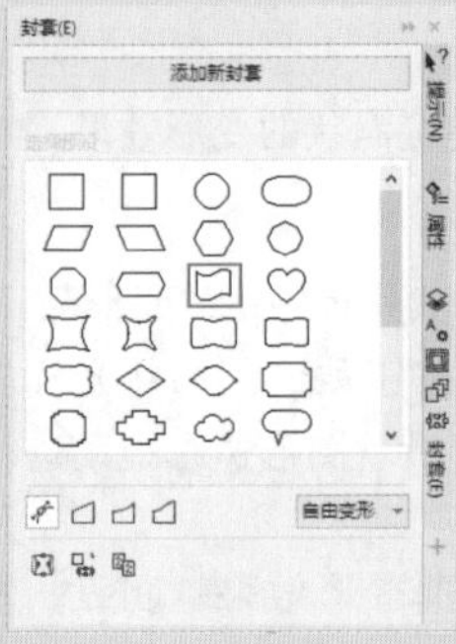

图 7-196

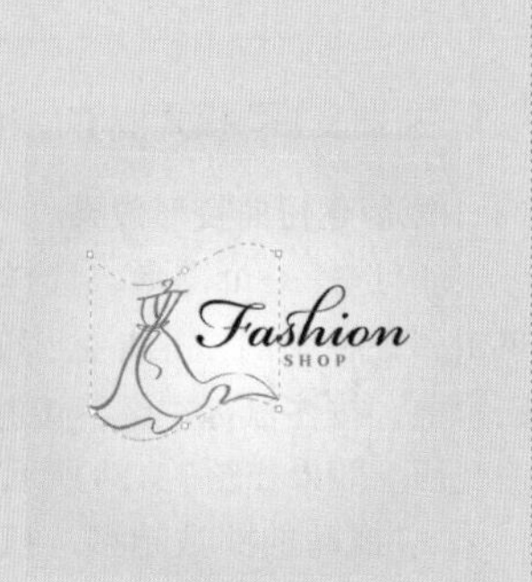

图 7-197

重点 7.6.2 编辑封套

在默认情况下，控制框上共有8个控制点，如果要添加控制点，则可以在控制框上双击。单击选择一个控制点，可以在属性栏中看到用来编辑节点的选项，其使用方法与“形状”工具属性栏中相应选项的使用方法相同，如图7-198所示。

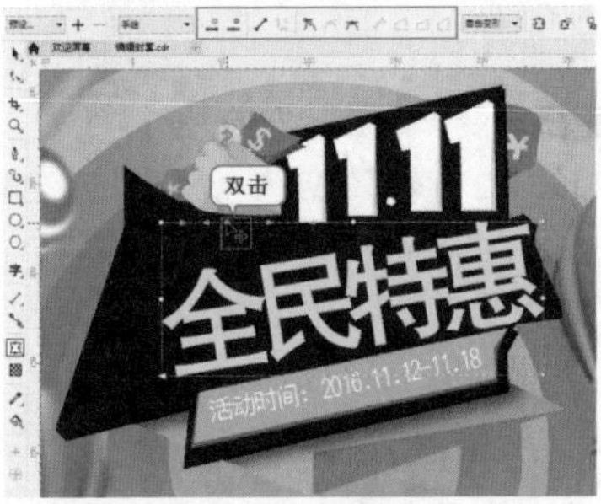

图 7-198

在属性栏中存了4种封套模式，分别是“非强制模式”、“直线模式”、“单弧模式”和“双弧模式”。

默认的封套模式是“非强制模式”，其变化相对比较自由，可以对封套的多个节点同时加以调整。效果如图7-199所示。

若单击“直线模式”按钮，拖动控制点可以创建基于直线的封套，为对象添加透视点。效果如图7-200所示。

若单击“单弧模式”按钮，拖动控制点可以创建一边带弧形的封套，使对象呈现凹面结构或凸面结构外观。效果如图7-201所示。

若单击“双弧模式”按钮，拖动控制点可以创建一边或多边带S形的封套，如图7-202所示。

图 7-199

图 7-200

图 7-201

图 7-202

7.6.3 根据其他形状创建封套

在创建封套变形效果时，可以以某种特定的图形作为封套进行变形。

（1）绘制一个图形，如图 7-203 所示。

（2）选择要封套变形的文字，单击属性栏中的"创建封套"按钮 ，如图 7-204 所示。

图 7-203

图 7-204

（3）在绘制的图形上单击，如图 7-205 所示。

（4）接着文字即可按照封套的形状产生变化。效果如图 7-206 所示。

图 7-205

图 7-206

7.6.4 练习案例：使用"封套"工具制作建筑公司标志

文件路径	资源包\第7章\使用"封套"工具制作建筑公司标志
难易指数	★★★★
技术掌握	"封套"工具

案例效果

案例效果如图 7-207 所示。

图 7-207

操作步骤

步骤 01 新建一个空白文档，使用"矩形"工具绘制一个矩形，将矩形填充为深蓝色，如图 7-208 所示。

步骤 02 导入建筑剪影素材，调整至合适的大小后放在画面中央。效果如图 7-209 所示。

图 7-208

图 7-209

步骤 03 选中建筑剪影素材，选择工具箱中的"封套"工具，接着单击属性栏中"直线模式"按钮，然后向上拖动下方中心的控制点进行封套变形。效果如图 7-210 所示。

步骤 04 选择工具箱中的"钢笔"工具在建筑剪影素材下方绘制一段折线，然后在属性栏中设置轮廓宽度为 0.3mm，轮廓色为白色，如图 7-211 所示。

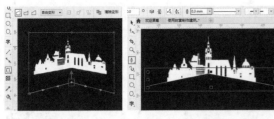

图 7-210　　　　　　　图 7-211

步骤 05 选择工具箱中的"文本"工具，在画面中输入文字，然后将文字颜色设置为橘黄色。效果如图7-212所示。

步骤 06 选中文字，选择工具箱中的"封套"工具，单击属性栏中的"非强制模式"按钮，然后选择控制点向上拖动。效果如图7-213所示。

图 7-212　　　　　　　图 7-213

步骤 07 将光标移动至控制框上方，光标变为 后双击即可添加控制点，拖动控制点调整封套变形，如图7-214所示。

步骤 08 继续在右侧添加控制点，进行封套变形。效果如图7-215所示。

图 7-214　　　　　　　图 7-215

步骤 09 继续使用"文本"工具添加文字，使用"钢笔"工具在副标题文字的左右两侧绘制直线。至此，本案例制作完成，效果如图7-216所示。

图 7-216

7.7 制作立体图形

扫一扫，看视频

使用"立体化"工具可以对平面化的矢量对象进行立体化处理。使用"立体化"工具可以为图形对象、文字对象添加立体化效果，但是位图对象除外，如图7-217所示。

除了利用"立体化"工具外，通过"立体化"泊坞窗也可以创建立体化效果。执行"效果"→"立体化"命令，即可打开"立体化"泊坞窗，如图7-218所示。

在"立体化"泊坞窗顶部有"立体化相机"按钮 、"立体化旋转"按钮 、"立体化光源"按钮 、"立体化颜色"按钮 和"立体化斜角"按钮 5个按钮，单击相应的按钮即可打开相应的选项卡。

图 7-217　　　　　　　图 7-218

【重点】7.7.1 动手练：为图形添加立体化效果

1. 手动创建立体化效果

（1）选择图形，单击"阴影"工具按钮右下角的 按钮，在弹出的工具列表中选择"立体化"工具 。将光标移至图形上，按住鼠标左键拖动，此时可以参照蓝色的轮廓线确定立体化的大小，如图7-219所示。

（2）释放鼠标，创建的立体化效果如图7-220所示。

图 7-219　　　　　　　图 7-220

2. 使用预设创建立体化效果

选择对象，在工具箱中单击"立体化"工具按钮 🔷，在属性栏中单击"预设"右侧的下拉按钮，将光标移动到预设名称上即可看到预览效果，如图7-221所示。

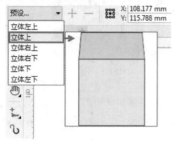

图 7-221

图7-222所示为6种不同的预设立体化效果。

（a）立体左上　（b）立体上　（c）立体右上

（d）立体右下　（e）立体下　（f）立体左下

图 7-222

7.7.2　设置立体化类型

创建立体化效果后，可以在属性栏中设置立体化类型。选择一个带有立体化效果的图形，在属性栏中单击"立体化类型"下拉按钮 ⬜ ▾，在弹出的下拉面板中有6种立体化类型，如图7-223所示。

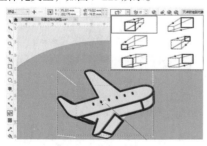

图 7-223

预设的立体化类型效果如图7-224所示。

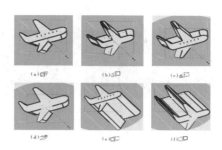

图 7-224

【重点】7.7.3　编辑立体化效果

1. 手动编辑立体化效果

将光标移至控制柄箭头前的 ✖ 上，按住鼠标左键拖动，可以调整立体图形的位置，从而影响对象立体化效果，效果如图7-225和图7-226所示。

图 7-225　　　　　　　　图 7-226

2. 精确编辑立体化效果

灭点的位置影响对象的立体化效果。选择一个创建了立体化效果的图形，在属性栏中可以看到灭点的坐标。

在 🔷 150.0 mm ▾ 选项中可以设置灭点的X坐标，如图7-227所示。

在 🔷 100.0 mm ▾ 选项中可以设置灭点的 Y坐标，如图7-228所示。

图 7-227　　　　　　　　图 7-228

3. 调整灭点深度

属性栏中的"深度"选项 ⬚ 20 ⬚ 用于调整灭点的远近，数值越大，灭点越远，立体化效果越深。图7-229所示为"深度"分别是5和20时的立体化效果。

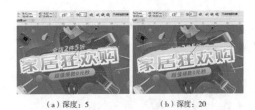

(a) 深度：5　　　　(b) 深度：20

图 7-229

4. 旋转立体化对象

（1）选择立体化对象，如图 7-230 所示。

（2）在"立体化"工具的属性栏中单击"立体化旋转"按钮 ，将光标移至弹出的下拉面板中，按住鼠标左键拖动进行旋转，如图 7-231 所示。

 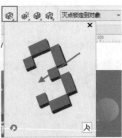

图 7-230　　　　图 7-231

（3）释放鼠标，旋转后的立体化对象如图 7-232 所示。

图 7-232

5. 设置立体化对象的颜色

创建立体化效果后，立面的颜色是可以调整的。如果要调整立体化对象的颜色，先选中该对象，接着单击属性栏中的"立体化颜色"按钮 右下角的 按钮，在弹出的下拉面板中选择填充方式——"使用对象填充" 、"使用纯色" 或"使用递减的颜色" 。

（1）首先选中带有立体化效果的图形，接着单击属性栏中的"立体化颜色"按钮 右下角的 按钮，默认情况下创建的立体化对象的颜色为"使用对象填充" ，这种填充以图形的填充色作为立面的颜色。效果如图 7-233 所示。

图 7-233

（2）单击"使用纯色"按钮 右侧的下拉按钮，在弹出的下拉面板中设置一种颜色，此时立面的颜色就会变为所选颜色，如图 7-234 所示。通常立体图形侧面部分的颜色要深于正面部分的颜色。

图 7-234

（3）"使用递减的颜色"填充的特点是从一种颜色到另一种颜色。单击"使用递减的颜色"按钮 ，然后设置"从"的颜色，接着设置"到"的颜色。效果如图 7-235 所示。

图 7-235

6. 立体化倾斜

"立体化倾斜"能够将斜边添加到立体化效果中。

（1）选择一个添加了阴影效果的图形，如图7-236所示。

（2）单击属性栏中的"立体化倾斜"按钮，在弹出的下拉面板中勾选"使用斜角"复选框，如图7-237所示。

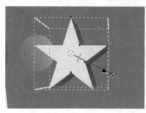 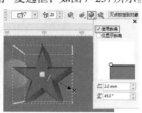

图 7-236　　　　　　图 7-237

若勾选"仅显示斜角"复选框，拖动缩览图中的控制点，可以手动调整修饰边的大小，如图7-238所示。

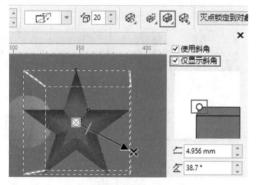

图 7-238

> 提示："立体化倾斜"需要在有光源的情况下才能使用
>
> 没有光源时，斜角修饰边的效果无法从图形上看到。图7-239所示为未启用光源与启用光源的对比效果。

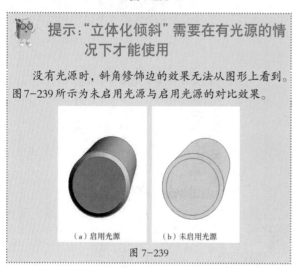

（a）启用光源　　（b）未启用光源

图 7-239

7.7.4　立体化效果的照明设置

如果要体现立体化效果，那么光是不可缺少的因素。CorelDRAW中的"立体化"工具不仅能够模拟对象的立体化效果，还能够通过对三维光照原理的模拟为立体化对象添加更为真实的光源照射效果，来丰富立体的层次感。

1. 添加与取消立体化照明

（1）选择一个添加了立体化效果的图形，如图7-240所示。

（2）选择"立体化"工具，单击属性栏中的"立体化照明"按钮右下角的按钮，在下拉面板中勾选1复选框，随即光源1会出现在对象的右上角，如图7-241所示。

图 7-240　　　　　　图 7-241

> 提示：
>
> 照明效果并非是针对整个文件中的全部立体对象设置的，而是针对每个对象单独设置的。

（3）在"立体化照明"下拉面板中勾选2复选框，即可看到光源2，如图7-242所示。如果要取消光源立体化照明，将光源前方的勾选取消即可，如图7-243所示。

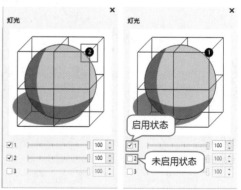

图 7-242　　　　　　图 7-243

2. 改变光源角度

（1）单击某个数字光源按钮后，相应的光源会出现在对象的右上角，效果如图7-244所示。

（2）按住数字并移动到网格的其他位置即可改变光源角度，此时光照效果也会发生变化，效果如图7-245所示。

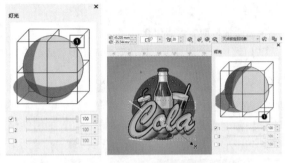

图 7-244   图 7-245

3. 调整光照强度

在"立体化照明"下拉面板中单击并拖动"强度"滑块，即可调整光照的强度，如图7-246所示。

图7-247所示为"强度"分别是100和50的对比效果。

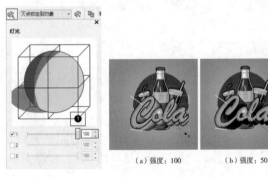

（a）强度：100   （b）强度：50

图 7-246   图 7-247

7.7.5 练习案例：制作立体感文字

扫一扫，看视频

文件路径	资源包\第7章\制作立体感文字
难易指数	★★★★★
技术掌握	"立体化"工具、"文本"工具

案例效果

案例效果如图7-248所示。

图 7-248

操作步骤

步骤 01 新建一个空白文档，然后导入背景素材。接着选择工具箱中的"文本"工具，输入合适的文字，如图7-249所示。

步骤 02 选中文字，在工具箱中单击"立体化"工具按钮，将光标移至文字对象上，按住鼠标左键拖动，释放鼠标，创建的立体化效果如图7-250所示。

图 7-249   图 7-250

> **提示：调整立体化效果**
>
> 创建立体化效果后，如果要对效果进行调整，则将光标移动至 × 上，按住鼠标左键拖动即可，如图7-251所示。
>
>
>
> 图 7-251

步骤 03 此时文字和文字立面的颜色相同，立体效果不明显。需要更改立面颜色，单击属性栏中的"立体化颜色"按钮，在下拉面板中单击"使用纯色"按钮，然后设置"使用"为浅青灰色，如图7-252所示。

中文版CorelDRAW 2022从入门到实战（全程视频版）（上册）

图 7-252

步骤 04 在画面中添加其他小元素，丰富整体的细节效果。打开素材，选中需要使用的部分复制，粘贴到文档内，摆放在合适的位置上。至此，本案例制作完成，效果如图 7-253 所示。

图 7-253

7.8 制作带有体积感的阴影

利用"块阴影"工具可以创建由简单线条构成的阴影效果，使对象呈现出立体感。

首先选中一个对象，单击"阴影"工具组中的"块阴影"工具按钮，然后在属性栏中设置"块阴影颜色"等参数，接着在对象上按住鼠标左键拖动，如图 7-254 所示。

得到的阴影效果如图 7-255 所示。

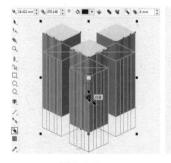

图 7-254

图 7-255

也可以选中已添加阴影效果的对象，在"块阴影"工具属性栏中重新修改参数，如图 7-256 所示。

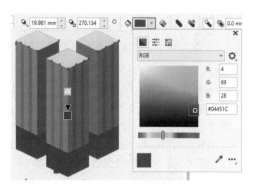

图 7-256

7.9 为图形添加斜角

"斜角"命令通过倾斜对象的边缘使其产生立体效果。

（1）选择一个闭合的且具有填充色的对象，如图 7-257 所示。执行"效果"→"斜角"命令，打开"斜角"泊坞窗，在这里可以对斜角的样式、偏移、阴影、光源等进行设置，如图 7-258 所示。

图 7-257 图 7-258

（2）设置完成后，单击"应用"按钮。效果如图 7-259 所示。

图 7-259

1. 设置样式

斜角效果有"柔和边缘"和"浮雕"两种样式，可以在样式列表中进行选择。选择"柔和边缘"样式可以创建某些区域显示为阴影的斜面；选择"浮雕"样式可以使对象产生浮雕效果。两者的对比效果如图7-260所示。

（a）柔和边缘　　　（b）浮雕

图 7-260

2. 设置斜角偏移

斜角偏移用来设置斜角的偏移效果。当选择"到中心"时，可以在对象中部创建斜面，如图7-261所示。

当选择"间距"时，则可以指定斜面的宽度，并在"间距"数值框中输入一个值，如图7-262所示。

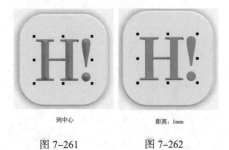

到中心　　　　　　距离：1mm

图 7-261　　　　　图 7-262

3. 设置阴影颜色

想要更改阴影斜面的颜色，可以单击"阴影颜色"下拉按钮■▼，在弹出的颜色挑选器中选择一种颜色，如图7-263所示。阴影效果如图7-264所示。

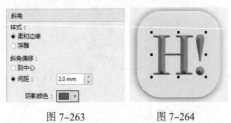

图 7-263　　　　　图 7-264

4. 设置光源颜色

想要更改聚光灯颜色，可以从灯光控制挑选器中选择一种颜色，如图7-265和图7-266所示。

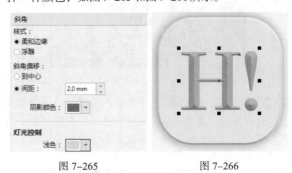

图 7-265　　　　　图 7-266

5. 设置光源强度

拖动"强度"滑块可以更改聚光灯光照的强度。图7-267所示为强度分别是25和100的对比效果。

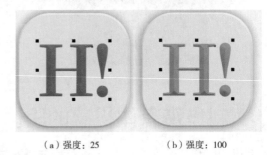

（a）强度：25　　　（b）强度：100

图 7-267

6. 设置光源方向

拖动"方向"滑块可以更改聚光灯的方向，值的范围为0°~360°。图7-268所示为方向分别是70°和300°的对比效果。

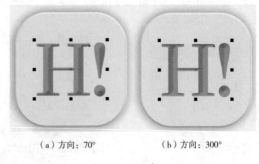

（a）方向：70°　　　（b）方向：300°

图 7-268

7. 设置光源高度

拖动"高度"滑块可以更改聚光灯的高度位置，值的范围为 0 ～ 90。图 7-269 所示为高度分别是 5 和 30 的对比效果。

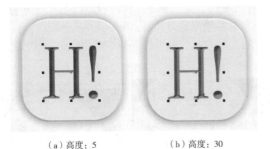

(a) 高度：5　　　　　　(b) 高度：30

图 7-269

综合案例：缤纷艺术字

文件路径	资源包\第7章\缤纷艺术字
难易指数	★★★★★
技术掌握	"阴影"工具、"轮廓图"工具、"立体化"工具

扫一扫，看视频

案例效果

案例效果如图 7-270 所示。

图 7-270

操作步骤

步骤 01 新建一个 A4 大小的横版文档，接着执行"文件"→"导入"命令，将背景素材导入使其充满整个绘图区，如图 7-271 所示。

步骤 02 选择工具箱中的"矩形"工具，绘制一个与绘图区等大的矩形，将其填充为深紫色，并去除轮廓线，如图 7-272 所示。

图 7-271　　　　　　　图 7-272

步骤 03 选择深紫色矩形，选择工具箱中的"透明度"工具，在属性栏中单击"均匀透明度"按钮，设置"透明度"数值为 10，使底部素材能轻微地显示出来，如图 7-273 所示。

步骤 04 制作云朵图案。单击工具箱中的"椭圆形"工具按钮，在画面中绘制椭圆，将其填充为白色并去除轮廓线，效果如图 7-274 所示。

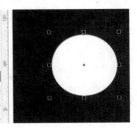

图 7-273　　　　　　　图 7-274

步骤 05 使用同样的方式绘制其他椭圆，使其形成一个云朵图案，效果如图 7-275 所示。按住 Shift 键依次加选各个椭圆图形，使用快捷键 Ctrl+G 将椭圆编组。

步骤 06 为编组的云朵图案添加阴影。将编组的图形选中，选择工具箱中的"阴影"工具，将光标放在云朵图案上方，按住鼠标左键向下拖动添加阴影效果。然后在属性栏中设置"阴影颜色"为黑色，"阴影不透明度"为 30，"阴影羽化"为 0，如图 7-276 所示。

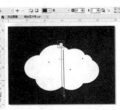

图 7-275　　　　　　　图 7-276

步骤 07 继续使用"椭圆形"工具，按住 Ctrl 键的同时按住鼠标左键，在云朵图案上绘制一个正圆。然后选择工具箱中的"交互式填充"工具，在属性栏中单击"渐变填充"按钮，设置"渐变类型"为"椭圆形渐变填充"，设置完成后在正圆上方按住鼠标左键拖动控制杆调整渐变效果，在节点上设置合适的颜色，最后去除轮廓线。效果如图7-277所示。

步骤 08 继续使用"椭圆形"工具绘制一个橘色正圆，如图7-278所示。

 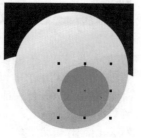

图 7-277　　　　　　　　图 7-278

步骤 09 选择工具箱中的"透明度"工具，在属性栏中单击"渐变透明度"按钮，设置"渐变类型"为"椭圆形渐变透明度"，设置完成后在橘色正圆上方按住鼠标左键拖动控制杆调整渐变效果。然后设置中间节点的"透明度"为0，下方节点的"透明度"为100，并拖动"渐变"滑块，如图7-279所示。

步骤 10 选择工具箱中的"文本"工具，在橘色渐变正圆上单击插入光标，在属性栏中设置合适的字体、字体大小，设置完成后输入文字，并设置文字颜色为白色，效果如图7-280所示。

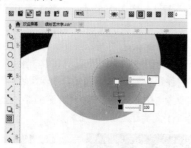

图 7-279

图 7-280

步骤 11 设置文字的轮廓色为黄色，轮廓宽度为8像素。效果如图7-281所示。

步骤 12 选中文字，单击工具箱中的"阴影"工具按钮，按住鼠标左键拖动为其添加阴影。在属性栏中设置"阴影颜色"为橘色，"阴影不透明度"为70，"阴影羽化"为15，如图7-282所示。

图 7-281　　　　　　　　图 7-282

步骤 13 继续使用"文本"工具，在已有文字下方输入文字，然后选中文字，设置"填充色"为无，"轮廓色"为蓝紫色，"宽度"为20像素。效果如图7-283所示。

图 7-283

步骤 14 选择工具箱中的"轮廓图"工具，在属性栏中单击"外部轮廓"按钮，设置"轮廓图步长"为5，"轮廓图偏移"为2.329mm，"轮廓图圆角"为"斜接角"，"轮廓色"为"线性轮廓色"，"轮廓色"为紫色，如图7-284所示。

图 7-284

步骤 15 在画面中输入多个字母，并设置其渐变填充颜色。效果如图7-285所示。

图 7-285

步骤 16 选择多个渐变文字，然后使用快捷键Ctrl+G进行组合。选择工具箱中的"立体化"工具，然后在文字上方按住鼠标左键拖动创建立体效果。接着在属性栏中设置"深度"为20，"立体化颜色"为从蓝到深蓝，"灭点属性"为"灭点锁定到对象"，如图7-286所示。

图 7-286

步骤 17 设置完成后将该立体文字向上移动，摆放在轮廓图上。效果如图7-287所示。

步骤 18 使用"文本"工具，在立体文字下方输入文字。选中文字，在属性栏中设置合适的字体、字体大小，同时设置文字颜色为紫红色。效果如图7-288所示。

图 7-287　　　　　　　　　　　图 7-288

步骤 19 继续使用同样的方法输入其他文字，效果如图7-289所示。

图 7-289

步骤 20 执行"文件"→"导入"命令，将图形素材导入画面，摆放在合适的位置。至此，本案例制作完成，效果如图7-290所示。

图 7-290

Chapter
8
第8章

扫一扫，看视频

位图处理

本章内容简介

虽然CorelDRAW是一款矢量制图软件，但是它还具有很多较为实用的位图编辑处理功能，使用这些功能不仅可以进行调色、更改图像颜色模式、进行简单的抠图操作，还可以为位图添加"特效"。

重点知识掌握

- 掌握位图和矢量图相互转换的方法
- 掌握位图的颜色调整方法
- 熟悉各种特效命令的效果

通过本章的学习，我们能做什么

使用CorelDRAW制作画册、包装、海报等作品时，往往需要添加一些位图图像。在实际操作过程中，我们经常会发现，添加到文档中的位图的颜色倾向、明暗程度似乎与当前画面效果不是很匹配。如果将图片重新在Photoshop中进行处理，又比较麻烦。这时CorelDRAW的位图处理以及调色的相关功能就派上了用场，可以轻松地将素材图像调整为与画面相匹配的效果。在本章中，我们还会学习为位图添加多种特效，特效的效果千变万化，在学习和操作的过程中无须死记硬背，只要明白其原理活学活用即可。

8.1 位图的常用操作

在使用CorelDRAW制图的过程中，经常会使用到位图元素，通常情况下，我们会在其他图像处理软件（如Photoshop）中将位图元素处理完成后再到CorelDRAW中使用。但实际上，在CorelDRAW中也可以对位图进行一些简单处理，如简单地抠图（位图颜色遮罩）、调色及添加特效等。

【重点】8.1.1 将矢量图转换为位图

（1）在CorelDRAW中，位图和矢量图是可以相互转化的。选择矢量对象，如图8-1所示。

扫一扫，看视频

（2）执行"位图"→"转换为位图"命令，在弹出的"转换为位图"对话框中对"分辨率"和"颜色模式"等进行设置，如图8-2所示。

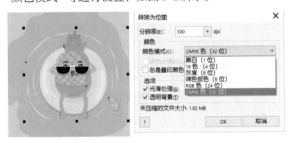

图8-1　　　　　　图8-2

（3）单击OK按钮，矢量图就会转换为位图，如图8-3所示。

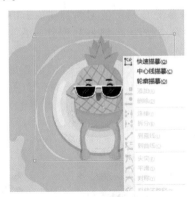

图8-3

- 分辨率：在该下拉列表中可以选择一种合适的分辨率，分辨率越高，转换为位图后的清晰度越高，文件所占的内存也越大。

- 颜色模式：在该下拉列表中可选择转换的色彩模式。
- 光滑处理：勾选"光滑处理"复选框，可以防止在转换为位图后出现锯齿。
- 透明背景：勾选"透明背景"复选框，可以在转换为位图后保留矢量图的通透性。

【重点】8.1.2 动手练：快速将位图描摹为矢量图

将位图转换为矢量图是一个非常有趣的功能。我们都知道，位图是由一个个极小的像素块构成的，每个像素块之间的颜色可能都会有些许的差异，而矢量图从效果上来看则是由一个个不同形状的色块构成的，并没有那么多的颜色细节。

扫一扫，看视频

通过"描摹"功能将位图转换为矢量图，就需要将位图中大量颜色接近的像素块合并为一个个相似颜色的色块，从而形成风格独特的画面。

"快速描摹"功能可以快速将位图转换为矢量图，是一种较为粗糙的描摹方式。

（1）选择一个位图，如图8-4所示。执行"位图"→"快速描摹"命令，稍等片刻即可完成描摹操作（该命令没有参数可供设置）。矢量图效果如图8-5所示。

图8-4　　　　　　图8-5

（2）移动矢量图，可以看到位图还在原来的位置，如图8-6所示。

（3）此时矢量图形处于编组的状态，按快捷键Ctrl+U取消群组，然后使用"形状"工具在图形上单击即可显示节点，效果如图8-7所示。

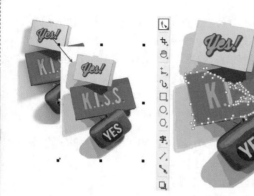

图 8-6   图 8-7

图 8-8

8.1.3 练习案例: 使用快速描摹制作矢量感插图

文件路径	资源包\第8章\使用快速描摹制作矢量感插图
难易指数	★★★★
技术掌握	快速描摹、"透明度"工具

扫一扫, 看视频

案例效果

案例效果如图8-9所示。

图 8-9

操作步骤

步骤 01 新建一个空白文档, 然后导入背景素材, 如图8-10所示。

步骤 02 使用"矩形"工具绘制一个矩形, 然后填充为浅土黄色, 去除轮廓线, 如图8-11所示。

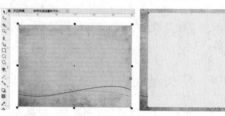

图 8-10   图 8-11

步骤 03 选择该矩形, 使用"阴影"工具, 接着按住鼠标左键拖动创建阴影。然后在属性栏中设置"阴影颜色"为黑色, "阴影不透明度"为30, "阴影羽化"为5, 如图8-12所示。

步骤 04 导入风景素材。选择该素材, 单击属性栏中的"描摹位图"下拉按钮, 然后选择"快速描摹"选项, 如图8-13所示。

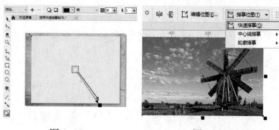

图 8-12   图 8-13

步骤 05 描摹完成后, 使用快捷键Ctrl+U取消编组, 然后选中天空按Delete键将其删除。效果如图8-14所示。

步骤 06 继续进行天空和部分地面的删除, 只保留风车和下方的草地。然后框选剩余的图形进行编组, 将其编组后移动至版面的右侧。效果如图8-15所示。

图 8-14   图 8-15

中文版CoreIDRAW 2022从入门到实战(全程视频版)(上册)

提示：快速描摹

在使用"快速描摹"将位图转换为矢量图时，可能会出现真实效果与预期效果不同的现象，如图8-16所示。这种情况可以使用"钢笔"工具进行细节的填补，也可以使用"橡皮擦"工具将多余部分擦除。

图 8-16

步骤 07 在文档左侧添加文字。使用"文本"工具，在版面左侧单击添加文字。选中文字，在属性栏中设置合适的字体和字体大小，同时将其填充为深橘色。效果如图8-17所示。

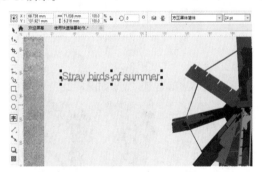

图 8-17

步骤 08 继续使用"文本"工具拖动绘制一个文本框，然后输入文字。效果如图8-18所示。

图 8-18

步骤 09 继续在画面中添加其他文字。效果如图8-19所示。

步骤 10 使用"矩形"工具绘制一个黑色的矩形，去除轮廓线。效果如图8-20所示。

图 8-19　　　　　　　　图 8-20

步骤 11 选中黑色的矩形，使用"透明度"工具，在属性栏中设置合并模式为"乘"，透明度类型为"渐变透明度"。接着拖动控制杆调整渐变透明度效果，效果如图8-21所示。至此，本案例制作完成，效果如图8-22所示。

图 8-21

图 8-22

8.1.4　中心线描摹、轮廓描摹：丰富的描摹效果

除了"快速描摹"外，CorelDRAW中还有另外两种描摹方式，而且这两种描摹方式中又包含多种描摹类型。

1. 中心线描摹

"中心线描摹"有"技术图解"和"线条画"两种类型，能够满足用户不同的创作需求。

（1）选择位图，执行"位图"→"中心线描摹"→"技术图解"命令，打开PowerTRACE对话框。此时"描绘类型"为"中心线"，"图像类型"为"技术图解"，所以这里无须设置。针对下方的参数进行调整，然后在左侧的缩览图中预览描摹效果，如图8-23所示。

（2）单击OK按钮，描摹的效果与原图重叠显示，如图8-24所示。

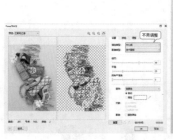 

图 8-23　　　　　　　　　图 8-24

（3）执行"位图"→"中心线描摹"→"线条画"命令，也可以打开PowerTRACE对话框。同样进行相应的设置，然后在左侧的缩览图中预览描摹效果，如图8-25所示。

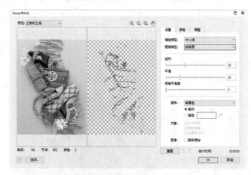

图 8-25

> 提示：可以在PowerTRACE对话框中设置"图像类型"
>
> 在PowerTRACE对话框的"图像类型"下拉列表中，可以选择"技术图解"和"线条画"两种描摹类型，如图8-26所示。

图 8-26

2. 轮廓描摹

执行"位图"→"轮廓描摹"命令，在弹出的子菜单中可以看到6个命令。从中选择某一个命令，在弹出的PowerTRACE对话框中即可对相应的参数进行设置。

例如，在PowerTRACE对话框中通过"图像类型"下拉列表选择轮廓描摹的类型，如图8-27所示。

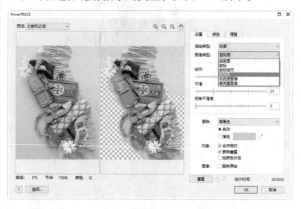

图 8-27

不同的轮廓描摹类型的效果如图8-28所示。

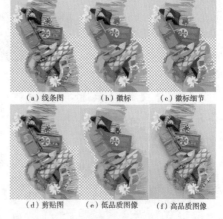

(a) 线条图　　(b) 徽标　　(c) 徽标细节

(d) 剪贴图　(e) 低品质图像　(f) 高品质图像

图 8-28

8.1.5　调整位图轮廓

位图对象也是有轮廓的，通常为矩形。使用"形状"

工具可以通过调整位图的轮廓，调整位图显示的区域。

（1）使用"形状"工具在位图上单击，位图四角会显示控制点，如图8-29所示。

图 8-29

（2）拖动控制点可以更改位图的轮廓，位图的内容并没有发生变形，而显示的区域发生了变化。效果如图8-30所示。

（3）位图轮廓的编辑方法与路径的编辑方法相同，效果如图8-31所示。

图 8-30　　　　　　图 8-31

8.1.6 矫正图像

"矫正图像"命令主要用于调整位图照片拍摄时产生的镜头畸变、角度以及透视问题。图8-32所示的画面中存在桶形畸变、地平线不平等问题（创建辅助线，即可看到问题所在）。

选择位图，执行"位图"→"矫正图像"命令，打开"矫正图像"对话框，如图8-33所示。

图 8-32　　　　　　图 8-33

1. 更正镜头畸变

"更正镜头畸变"选项用来校正图像的桶形畸变和枕形畸变。向左拖动"更正镜头畸变"滑块可以矫正桶形畸变，向右拖动"更正镜头畸变"滑块可以矫正枕形畸变。因为图8-32呈现为桶形畸变，所以向左拖动。若预览图中的网格影响观察，可以先取消勾选"网格"复选框，如图8-34所示。

图 8-34

2. 旋转图像

"旋转图像"选项用来调整图像的旋转角度，向左拖动滑块可以使图像逆时针旋转（最大15°），向右拖动滑块可以使图像顺时针旋转（最大15°）。在对图像进行旋转时，拖动"旋转图像"滑块进行设置，如图8-35所示。

图 8-35

> 提示：将图像旋转90°
>
> 单击 ↺ 按钮，可以使图像逆时针旋转90°；单击 ↻ 按钮，可以使图像顺时针旋转90°。

● 垂直透视：拖动"垂直透视"滑块，可以使图像产生垂直方向的透视效果，如图8-36和图8-37所示。

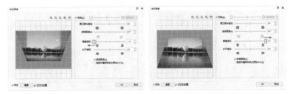

图 8-36　　　　　　图 8-37

● 水平透视：拖动"水平透视"滑块，可以使图像产生水平方向的透视效果，如图8-38和图8-39所示。

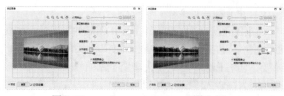

图 8-38　　　　　　　　　　图 8-39

- 裁剪图像：勾选该复选框，可以将旋转的图像进行修剪以保持原始图像的纵横比。取消勾选该复选框，将不会删除图像中的任何部分。
- 裁剪并重新取样为原始大小：勾选"裁剪图像"复选框后，该复选框可用。勾选该复选框可以对旋转的图像进行修剪，然后重新调整其大小以恢复原始的高度和宽度。

8.1.7　重新取样

使用"重新取样"命令可以改变位图的大小和分辨率。

1. 更改图像大小

（1）选择位图，在属性栏中可以看到位图的尺寸，如图 8-40 所示。

（2）执行"位图"→"重新取样"命令，在弹出的"重新取样"对话框中可以看到位图的原始尺寸。在"宽度"和"高度"数值框中输入新尺寸，如图 8-41 所示。

图 8-40　　　　　　　　　　图 8-41

（3）单击OK按钮，即可完成更改图像大小的操作，效果如图 8-42 所示。

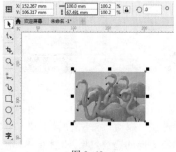

图 8-42

（4）在"重新取样"对话框中，还可通过更改图像大小的百分比来更改图像大小。勾选"保持纵横比"复选框，可以对图形尺寸进行等比调整，如图 8-43 所示。

（5）更改图像尺寸后，图像的大小也会更改，在"重新取样"对话框的左下方可以看到"原始文件大小"和"新图像大小"以及"原始像素大小"和"新像素大小"，如图 8-44 所示。

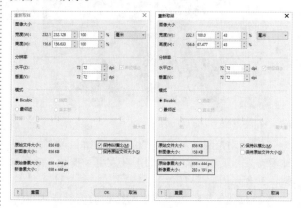

图 8-43　　　　　　　　　　图 8-44

（6）如果要在更改图像尺寸后保持图像和像素大小不变，则可以勾选"保持原始文本大小"复选框，如图 8-45 所示。

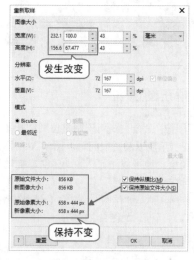

图 8-45

2. 更改图像分辨率

"重新取样"对话框中的"分辨率"选项组主要用于调整图像的分辨率，如图 8-46 所示。

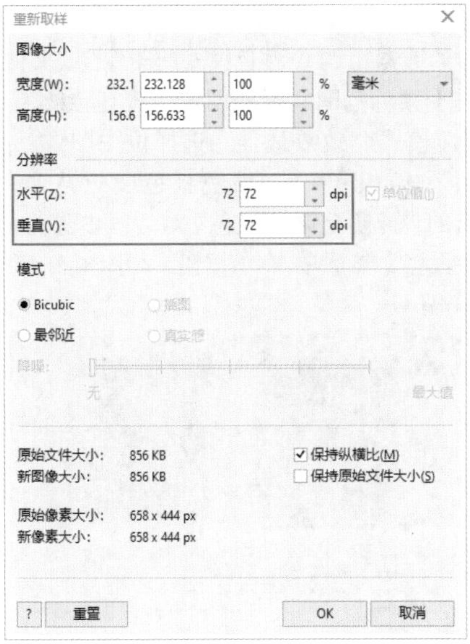

图 8-46

8.1.8 位图边框扩充

使用"位图边框扩充"命令可以为位图添加边框。

1. 自动扩充位图边框

执行"位图"→"位图边框扩充"→"自动扩充位图边框"命令，可以自动为位图添加边框（此命令既适用于位图，也适用于矢量图）。

2. 手动扩充位图边框

（1）选择位图，如图 8-47 所示。

（2）执行"位图"→"位图边框扩充"→"手动扩充位图边框"命令，在弹出的"位图边框扩充"对话框中，可以看到位图的原始大小，在此基础上设置"扩大到"数值（数值要比原始参数大才能看见扩充边框），然后单击 OK 按钮，如图 8-48 所示。

图 8-47　　　　　图 8-48

（3）此时位图周围出现了扩充的白色边框，效果如图 8-49 所示。

图 8-49

8.1.9 位图颜色模式

"模式"命令可以更改位图的颜色模式，同一个图像转换为不同的颜色模式在显示效果上也会有所不同。

选择一个位图，执行"位图"→"模式"命令，在弹出的子菜单中可以进行颜色模式的选择，如图 8-50 所示。

图 8-50

图 8-51 所示为不同颜色模式的对比效果。

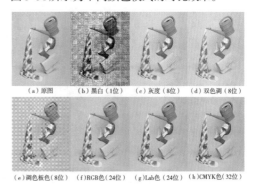

（a）原图　　（b）黑白（1位）　（c）灰度（8位）　（d）双色调（8位）

（e）调色板色（8位）　（f）RGB色（24位）　（g）Lab色（24位）　（h）CMYK色（32位）

图 8-51

● 黑白（1位）："黑白"模式是由黑、白两种颜色组成的颜色模式，这种 1 位的模式没有层次上的变化。首先选择一幅位图图像，执行"位图"→"模式"→"黑白（1位）"命令，在打开的"转换至1位"

对话框中单击"转换方法"右侧的下拉按钮，在弹出的下拉列表中选择一种合适的转换方法；然后通过"强度"选项设置转换方式的强弱；设置完成后单击OK按钮。具体如图8-52所示。

- 灰度 (8位)："灰度"模式是由255个级别的灰度组成的颜色模式，它不具有颜色信息。如果要将彩色图像变为黑白图像，可以使用该命令。选择一幅彩色位图图像，执行"位图"→"模式"→"灰度 (8位)"命令，图像变为了灰色。图像颜色模式转换为灰度模式后，位图将丢失彩色，而且是不可恢复的。效果如图8-53所示。

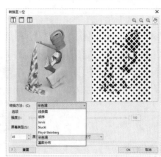 

图 8-52　　　　　　　图 8-53

- 双色调 (8位)："双色调"模式是由两种及两种以上颜色混合而成的颜色模式。执行"位图"→"模式"→"双色调 (8位)"命令，打开"双色调"对话框。此时"类型"为"单色调"，颜色为深灰色。调整曲线形状，可以自由地控制添加到图像色调的颜色和强度，如图8-54所示。

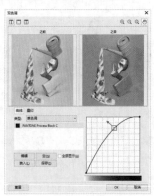

图 8-54

- 调色板色 (8位)："调色板色"模式也被称为"索引颜色"模式。将图像转换为"调色板色"模式时，会给每个像素分配一个固定的颜色值。这些颜色值存储在简洁的颜色表中，或者包含在多达256

色的调色板中。因此，"调色板色"模式的图像包含的数据比24位颜色模式的图像少，文件也较小。对于颜色范围有限的图像，将其转换为"调色板色"模式时效果最佳。选择位图图像，执行"位图"→"模式"→"调色板色(8位)"命令，在弹出的"转换至调色板色"对话框中进行相应的参数设置，然后单击OK按钮，如图8-55所示。

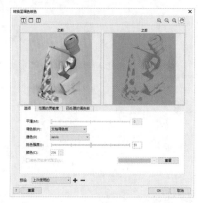

图 8-55

- RGB色 (24位)：执行"位图"→"模式"→"RGB色 (24位)"命令，即可将图像的颜色模式转换为"RGB色"模式，该命令没有参数设置对话框。"RGB色"模式是最常用的位图颜色模式，它以红、绿、蓝3种颜色为基本色，进行不同程度的叠加。制作用于在电子屏幕上显示的图像时，如网页设计、软件UI设计等，常采用该颜色模式。

- Lab色 (24位)：执行"位图"→"模式"→"Lab色 (24位)"命令，可将图像的颜色模式转换为"Lab色"模式，该命令没有参数设置对话框。"Lab色"模式由3个通道组成：一个通道是透明度，即L；其他两个通道是色彩通道，分别用a和b表示色相和饱和度。"Lab色"模式分开了图像的亮度与色彩，是一种国际色彩标准模式。

- CMYK色 (32位)：执行"位图"→"模式"→"CMYK色 (32位)"命令，该命令没有参数设置对话框，可将图像和颜色模式转换为"CMYK色"模式。"CMYK色"模式是一种印刷常用的颜色模式，在制作用于印刷的文档时，如书籍、画册、名片等，需要将文档的颜色模式设置为"CMYK色"模式。"CMYK色"是一种减色颜色模式，其色域略小于"RGB色"模式，所以"RGB色"模式图像转换为"CMYK色"模式图像后会出现色感降低的情况。

8.1.10 位图颜色遮罩

使用"位图颜色遮罩"命令可以隐藏或显示位图中指定的颜色。该命令常用来实现"抠图"。

选择位图，如图8-56所示。执行"位图"→"位图遮罩"命令，打开"位图遮罩"泊坞窗，如图8-57所示。

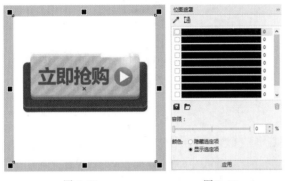

图 8-56   图 8-57

1. 隐藏选定项/显示选定项

隐藏选定项/显示选定项这两个单选按钮主要用来设置选择的颜色是隐藏还是显示。选中"隐藏选定项"单选按钮，会将选中的颜色隐藏；选中"显示选定项"单选按钮，会保留选中的颜色。

2. 选择隐藏/显示的颜色

（1）在中间的列表框中选择一个选项，然后单击✐按钮，在画面中单击拾取颜色。接着设置"容限"数值，并选中"隐藏选定项"单选按钮，如图8-58所示。

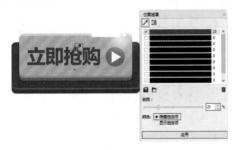

图 8-58

（2）单击"应用"按钮，即可看到选中的颜色被隐藏了。效果如图8-59所示。

（3）为了让抠图效果更精细，可以在中间的列表框中添加多种颜色，如图8-60所示。

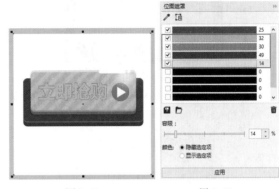

图 8-59   图 8-60

若要指定某种颜色，可以单击颜色条将其选中，然后单击▣按钮，在弹出的"选择颜色"下拉面板中定义颜色，如图8-61所示。

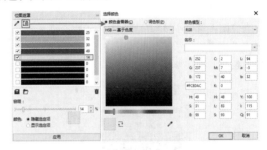

图 8-61

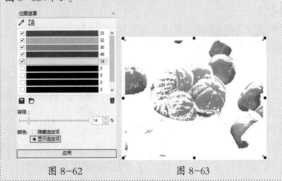

图 8-62   图 8-63

3. 调整容限

"容限"选项用来设置颜色选择范围。数值越小，颜色选择范围越小，如图8-64所示。

图 8-64

数值越大，颜色选择范围越大，如图8-65所示。

图 8-65

4. 移除遮罩

当位图图像应用了颜色遮罩后，若想查看原图效果，单击"移除遮罩"按钮 🗑，即可将其恢复到应用颜色遮罩前的效果，如图8-66所示。

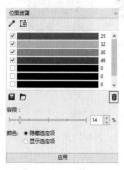

图 8-66

8.2 调色

在平面设计中，经常会用到位图元素，而位图的颜色可能与当前作品的色彩基调不符，这时就需要对位图进行一定的颜色调整。在CorelDRAW中，有一些常用的调整位图颜色的命令，通过这些命令可以实现位图元素颜色的变更。执行"效果"→"调整"命令，可以看到子菜单中有了多个调色命令，如图8-67所示。

图 8-67

> **提示：矢量图也可以调色**
>
> 在CorelDRAW中，不仅可以对位图进行调色，还可以对矢量图进行调色。对矢量图调色的方法与对位图调色的方法是相同的。

重点 8.2.1 动手练：调色命令的使用方法

调色命令有很多种，但其使用方法非常简单，大致可以归纳为"选择对象"→"执行调色命令"→"在弹出的对话框中进行设置"→"得到调色效果"。接下来就以"色度/饱和度/亮度"命令为例学习如何使用调色命令。

（1）选中一个位图，如图8-68所示。

（2）执行"效果"→"调整"→"色度/饱和度/亮度"命令，在弹出的对话框中进行参数的设置。对于参数的设置，我们预先并不知道哪一种比较合适。此时可以勾选"预览"复选框，拖动滑块随时查看调整效果，进而确定合适的参数设置，如图8-69所示。

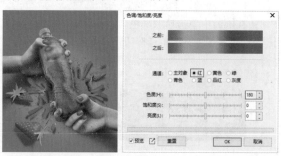

图 8-68　　　　　　图 8-69

（3）设置完成后，单击OK按钮，可以看到图像的色调发生了变化。效果如图8-70所示。

图 8-70

虽然每个调色命令所打开的窗口不同，但是有一些功能是通用的，我们可以根据图标进行判断。

（1）单击对话框底部的 ☑ 按钮，可以将图像对比效果的窗口显示出来，如图 8-71 所示。

（2）此时可以查看原图与调色后图像的对比效果，如图 8-72 所示。而且在右上角有"放大" ⊕ 、"缩小" ⊖ 、"显示适合窗口大小的图像" ⊕ 、"平移工具" ✋ 4 个按钮可以对图像进行调整。

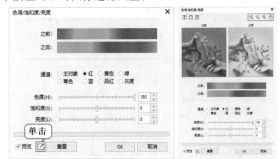

图 8-71　　　　　　图 8-72

（3）单击 □ 按钮，在窗口中只能查看调色的图像效果，如图 8-73 所示。

（4）单击 田 按钮，效果将对半显示，即原图与调色后的图各占一半，如图 8-74 所示。

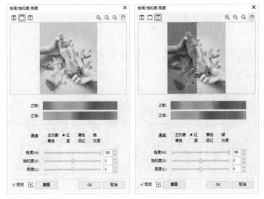

图 8-73　　　　　　图 8-74

（5）在进行参数设置过程中，若要将参数复位到最初数值，则可以单击底部的"重置"按钮，如图 8-75 所示。

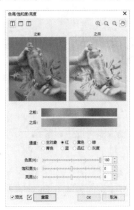

图 8-75

8.2.2　自动调整位图颜色

"自动调整"命令能够自动校正偏色、对比度、曝光度等问题，该命令没有参数设置窗口。

（1）选择一个位图，如图 8-76 所示。

（2）执行"效果"→"调整"→"自动调整"命令，系统会自动分析图像存在的问题，并进行处理。处理完成后，图像会发生变化，如图 8-77 所示。需要注意的是，该命令并不一定能得到理想的效果，所以更多的时候需要利用其他带有参数选项的命令对图像进行调整。

图 8-76　　　　　　图 8-77

{重点}8.2.3　动手练：图像调整实验室

利用"图像调整实验室"命令，可以方便快捷地在一个窗口中对图像进行温度、饱和度、亮度、对比度等参数的设置，调整图像的颜色。

扫一扫，看视频

（1）选择需要调整的图像，如图 8-78 所示。

（2）执行"效果"→"调整"→"图像调整实验室"命令，在弹出的"图像调整实验室"对话框中进行相应的参数设置，设置完成后单击 OK 按钮，如图 8-79 所示。

图 8-78   图 8-79

> 提示："图像调整实验室"对话框顶部的工具
>
> 在"图像调整实验室"对话框顶部有多个工具按钮，这些工具按钮都是用来查看预览图的，从按钮名称就可以了解按钮的功能，如图 8-80 所示。
>
>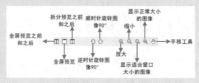
>
> 图 8-80

1. 调整图像色温

"温度"选项用于调整图像的色温。数值越小，画面越"暖"，如图 8-81 所示；数值越大，画面越"冷"，如图 8-82 所示。

图 8-81   图 8-82

2. 调整图像色相

"淡色"选项用于调整图像色相，即在图像中添加绿色或洋红。向左拖动滑块添加洋红，如图 8-83 所示；向右拖动滑块添加绿色，如图 8-84 所示。

图 8-83   图 8-84

3. 调整图像饱和度

"饱和度"选项用于调整颜色的鲜明程度。向左拖动

滑块将降低颜色的鲜明程度，如图 8-85 所示；向右拖动滑块将提高颜色的鲜明程度，如图 8-86 所示。

图 8-85   图 8-86

4. 调整图像亮度

"亮度"选项用于调整图像的明暗程度。数值越小，画面越暗，如图 8-87 所示；数值越大，画面越亮，如图 8-88 所示。

图 8-87   图 8-88

5. 调整图像对比度

"对比度"选项用于增加或减少图像中暗色区域和明亮区域之间的色调差异。向左拖动滑块将降低图像对比度，如图 8-89 所示；向右拖动滑块将增加图像对比度，如图 8-90 所示。

图 8-89   图 8-90

6. 调整高光亮度

"突出显示"选项用于调整图像中最亮区域的亮度。向左拖动滑块将降低高光区域的亮度，如图 8-91 所示；向右拖动滑块将提高高光区域的亮度，如图 8-92 所示。

图 8-91   图 8-92

7. 调整阴影亮度

"阴影"选项用于调整图像中最暗区域的亮度。向左拖动滑块将降低阴影区域的亮度，如图8-93所示；向右拖动滑块将提高阴影区域的亮度，如图8-94所示。

图 8-93　　　　　　　图 8-94

8. 调整中间色调亮度

"中间色调"选项用于调整图像中中间色调的亮度。向左拖动滑块将降低中间色调的亮度，如图8-95所示；向右拖动滑块将提高中间色调的亮度，如图8-96所示。

图 8-95　　　　　　　图 8-96

8.2.4 色阶

"色阶"命令主要用于调整画面的明暗程度以及增加或降低对比度。

选择需要处理的对象，如图8-97所示。执行"效果"→"调整"→"色阶"命令，打开"级别"对话框，如图8-98所示。

 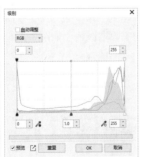

图 8-97　　　　　　　图 8-98

1. 使用色阶调整色调范围

"黑色滑块"定义了图像的黑场位置，也就是画面中最暗的部分。向右拖动"黑色滑块"，可以让画面暗部更

暗，如图8-99所示。效果如图8-100所示。

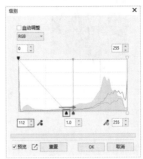 

图 8-99　　　　　　　图 8-100

"白色滑块"定义了图像中的白场位置，也就是照片中最亮的部分。向左拖动"白色滑块"，可以让画面亮部更亮，如图8-101所示。效果如图8-102所示。

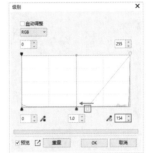 

图 8-101　　　　　　　图 8-102

"灰色滑块"对应了图像中中间调的部分。向左拖动"灰色滑块"，中间调部分变暗，如图8-103所示；向右拖动"灰色滑块"，中间调部分变亮，如图8-104所示。

图 8-103　　　　　　　图 8-104

2. 输出范围

在直方图左上角和右上角分别有两个滑块，这是用来设置图像的"输出范围"的。"输出范围"选项用于指定图像最亮色调和最暗色调的标准值。向右拖动"黑色滑块"，可以增加画面中白色的数量，效果如图8-105所示；向左拖动"白色滑块"，可以增加画面中黑色的数量，效果如图8-106所示。

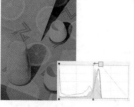

图 8-105　　　　　　　图 8-106

3. 利用通道进行调色

默认情况下(也就是"RGB 通道"),是对全图进行调色,当进行参数调色时画面整体的明暗都会发生变化。还可以通过对单独通道,改变画面的颜色。在"通道"下拉列表中选择颜色通道,拖动滑块增加或减少颜色数值,如图 8-107 所示。调整完成后画面颜色会发生变化,效果如图 8-108 所示。

图 8-107　　　　　　　图 8-108

8.2.5　均衡

"均衡"命令可以均衡画面中的色彩。

(1)选择需要处理的图像,如图 8-109 所示。

(2)执行"效果"→"调整"→"均衡"命令,打开"均衡"对话框,如图 8-110 所示。

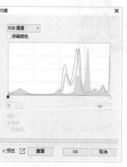

图 8-109　　　　　　　图 8-110

(3)此时画面会自动进行颜色均衡,原本红色倾向

明显的图片变为了绿色调。效果如图 8-111 所示。

图 8-111

(4)还可以选择单独的通道进行颜色的调整,如图 8-112 所示。效果如图 8-113 所示。

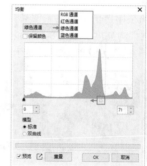

图 8-112　　　　　　　图 8-113

8.2.6　样本&目标

"样本 & 目标"命令可以使用从图像中选取的色样来调整位图中的颜色值。可以从图像的阴影、中间调以及高光部分选取色样,并将目标颜色应用于每个色样。

(1)选择需要处理的图像,如图 8-114 所示。

(2)执行"效果"→"调整"→"样本 & 目标"命令,在弹出的"样本 & 目标"对话框中使用"吸管"工具在图像中吸取颜色,如图 8-115 所示。

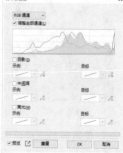

图 8-114　　　　　　　图 8-115

（3）勾选"阴影"复选框，接着单击示例右侧的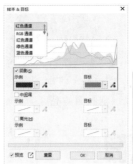按钮，然后将光标移动至画面中的暗部单击，如图8-116所示。随即取样的颜色会在"示例"中出现，此时"示例"与"目标"中的颜色相同，如图8-117所示。

图 8-116

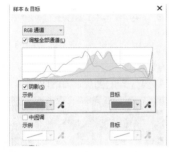

图 8-117

（4）单击"目标"下拉按钮，打开"选择颜色"下拉面板，然后设置合适的颜色，设置完成后单击OK按钮，如图8-118所示。此时，画面效果如图8-119所示。

图 8-118　　　　　图 8-119

（5）如果想要对单独颜色进行调整，在"通道"下拉列表中，选择合适的颜色通道，然后选择颜色并进行替换，如图8-120和图8-121所示。

图 8-120　　　　　图 8-121

[重点]8.2.7　动手练：调合曲线

使用"调合曲线"命令可以通过调整曲线形态改变画面的明暗程度以及色彩，常用于提高或压暗图像亮度、增强图像亮度对比度。

（1）选择需要处理的图像，如图8-122所示。

（2）执行"效果"→"调整"→"调合曲线"命令，打开"调合曲线"对话框。整条曲线大致可以分为3个部分，右上部分主要控制图像亮部区域，左下部分主要控制图像暗部区域，中间部分主要控制图像中间调区域，如图8-123所示。

　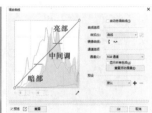

图 8-122　　　　　图 8-123

1. 提高画面亮度

在曲线上单击，添加一个控制点，然后按住鼠标左键将其向左上方拖动，此时画面亮度被提高，如图8-124所示。

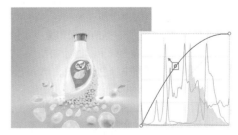

图 8-124

在控制点上单击将其选中，然后按Delete键，即可将其删除。

2. 压暗画面亮度

若将控制点向右下方拖动，则画面的亮度会变暗，如图8-125所示。

图 8-125

3. 增加亮度对比度

在曲线亮部区域添加控制点，向左上方拖动。然后在曲线暗部区域添加控制点，向右下方拖动，此时会增强图像的亮度对比度，如图8-126所示。

图 8-126

4. 对单独通道进行调色

在"调合曲线"对话框中，还可以对图像的各个通道进行调色。通过调整单个通道的曲线，可以影响到画面的颜色倾向。在"通道"下拉列表中选择一个通道，然后调整曲线形状进行调色。将单一通道的曲线向上拖动，则相当于在当前画面中增加这种颜色；将单一通道的曲线向下拖动，则相当于在当前画面中减少这种颜色。例如：选择"绿"通道，在曲线上单击添加控制点，向左上方拖动，即可增加画面中绿色的含量，画面更倾向于绿色。效果如图8-127所示。

在曲线上单击添加控制点，向右下方拖动，即可减少画面中绿色的含量。效果如图8-128所示。

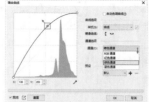

图 8-127

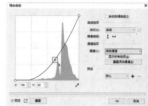

图 8-128

【重点】8.2.8 动手练：亮度

"亮度"命令用于调整矢量对象或位图的亮度、对比度以及颜色的强度。

（1）选择需要处理的图像，如图8-129所示。

图 8-129

（2）执行"效果"→"调整"→"亮度"命令，拖动"亮度""对比""强度""高光""阴影""中间调"滑块，或者在右侧的数值框中输入数值，进行调整，如图8-130所示。

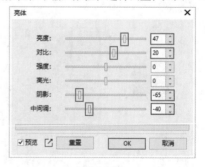

图 8-130

（3）单击OK按钮，效果如图8-131所示（此命令既可以针对位图进行操作，也适用于矢量图）。

图 8-131

- 亮度：用来提高或压暗图像的亮度。数值越低，图像越暗；数值越高，图像越亮。图 8-132 所示为"亮度"是-50 和 50 的对比效果。

(a) 亮度：-50　　　　　(b) 亮度：50

图 8-132

- 对比度：用来增强或减弱图像的亮度对比度。数值越低，图像对比越弱；数值越高，图像对比越强。图 8-133 所示为"对比度"是-50 和 50 的对比效果。

(a) 对比度：-50　　　　(b) 对比度：50

图 8-133

- 强度：可加亮绘图的浅色区域或压暗深色区域。"对比度"和"强度"通常一起调整，因为增加对比度有时会使阴影和高光中的细节丢失，而增加强度可以还原这些细节。

提示：什么是对比度

对比度是指图像中明暗区域最亮的白和最暗的黑之间不同亮度层级的测量，差异范围越大代表对比度越大，差异范围越小代表对比度越小。

[重点]8.2.9 动手练：颜色平衡

"颜色平衡"命令通过对图像中互为补色的色彩之间平衡关系的处理，来校正图像色偏。

(1) 选择需要处理的图像，如图 8-134 所示。

(2) 执行"效果"→"调整"→"颜色平衡"命令，打开"颜色平衡"对话框。其中包括"三向色""主对象""阴影""中间色调"和"高光"5 种选项卡。首先需要确定调整的范围，然后在"颜色通道"选项组中拖动"青--红""品红--绿""黄--蓝"滑块，或者在右侧的数值框中输入数值进行调整。设置完成后单击 OK 按钮，如图 8-135 所示（此命令既适用于位图，也适用于矢量图）。

图 8-134　　　　　　　　图 8-135

色彩平衡的工作原理

调整范围后，接着调整"青--红""品红--绿"以及"黄--蓝"在图像中所占的比例，可以手动输入，也可以拖动滑块来调整。例如，单击"中间色调"按钮将范围设定为中间色调，向左拖动"青--红"滑块，可以在图像中增加青色，同时减少其补色——红色；向右拖动"青--红"滑块，可以在图像中增加红色，同时减少其补色——青色，如图 8-136 和图 8-137 所示。

图 8-136

图 8-137

8.2.10 伽玛值

在CorelDRAW中，"伽玛值"命令主要用于调整图像的中间色调，对深色和浅色影响较小（此命令既适用于位图，也适用于矢量图）。

（1）选择需要处理的图像，执行"效果"→"调整"→"伽玛值"命令，打开"伽玛值"对话框。向左拖动"伽玛值"滑块可以让图像变暗，如图8-138所示。单击对话框左下方的按钮，可以直观地看到对比效果。

（2）向右拖动"伽玛值"滑块可以让图像变亮，如图8-139所示。设置完成后单击OK按钮。

图 8-138　　　　　　　图 8-139

8.2.11 白平衡

"白平衡"命令能够更改图像的颜色倾向（此命令既适用于位图操作，也适用于矢量图）。

选择需要处理的对象，如图8-140所示。执行"效果"→"调整"→"白平衡"命令，打开"白平衡"对话框，如图8-141所示。

图 8-140　　　　　　　图 8-141

1.调整色温

"色温"选项能够更改图像色彩的冷暖。向左拖动"色温"滑块能够增加画面中黄色的含量，使画面色彩看起来更温暖，如图8-142所示。向右拖动"色温"滑块能够增加画面中蓝色的含量，使画面色彩看起来更冰冷，如图8-143所示。

图 8-142

图 8-143

2.调整色彩

"淡色"选项能够更改图像的颜色倾向。向左拖动"淡色"滑块能够增加画面中洋红色的含量，如图8-144所示。向右拖动"淡色"滑块能够增加画面中绿色的含量，如图8-145所示。

图 8-144

图 8-145

重点8.2.12 动手练：色度/饱和度/亮度

"色度/饱和度/亮度"命令可以通过调整滑块位置或设置数值，更改画面的颜色倾向、色彩的鲜艳程度及亮度（此命令既适用于位图，又适用于矢量图）。

（1）选择需要处理的图像，如图8-146所示。

（2）执行"效果"→"调整"→"色度/饱和度/亮度"命令，如图8-147所示。

图 8-146　　　　　图 8-147

1. 对全图进行调色

首先选中"主对象"单选按钮，这样调色效果会影响整个画面；接着拖动"色度"滑块，更改图像的色相。设置完成后单击OK按钮确认操作，如图8-148和图8-149所示。

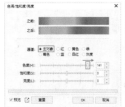

图 8-148　　　　　图 8-149

"饱和度"选项用来更改图像颜色的饱和度，向左拖动滑块可以降低画面颜色的饱和度，如图8-150所示；向右拖动滑块可以提高画面颜色的饱和度，如图8-151所示。

图 8-150　　　　　图 8-151

"亮度"选项用来更改图像的明暗程度，向左拖动滑块可以使画面变暗，如图8-152所示；向右拖动滑块可以使画面变亮，如图8-153所示。

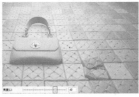

图 8-152　　　　　图 8-153

2. 对单一通道进行调色

选择一个颜色区域明显的位图，执行"效果"→"调整"→"色度/饱和度/亮度"命令。在"通道"选项组中选择一种颜色通道，这里选中"红"单选按钮，然后调整"色度""饱和度""亮度"参数，如图8-154所示。设置完成后单击OK按钮，此时可以发现画面中红色部分颜色被调整了，而其他颜色没有变化，效果如图8-155所示。

图 8-154　　　　　图 8-155

若选中"青色"单选按钮，然后进行其他参数的调整，则画面中包含青色的部分发生了改变，如图8-156示。效果如图8-157所示。

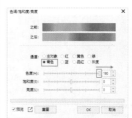

图 8-156　　　　　图 8-157

8.2.13　动手练：黑与白

"黑与白"命令可以把彩色图像转换为黑白图像，同时可以调整每一种色调转换为黑白后的明暗程度。此命令还可以将图像转换为单色图像（此命令既可针对位图操作，也可针对矢量图形操作）。选择位图，如图8-158所示。

图 8-158

执行"效果"→"调整"→"黑与白"命令,打开"黑&白"对话框,如图8-159所示。在该对话框中勾选"预览"选项,默认参数下画面中色彩消失,变成了灰度图像,如图8-160所示。

图 8-159　　　　图 8-160

1. 对单独颜色进行调整

在"黑&白"对话框中"红""黄""绿""青""蓝""品红"选项可以用来调整图像中特定颜色的灰度。例如向左拖动"黄"滑块,可以使由黄色转换而来的灰度变暗,如图8-161所示;向右拖动"黄"滑块,可以使由黄色转换而来的灰度变亮,如图8-162所示。

图 8-161

图 8-162

2. 制作单色图像

勾选"分割色调"选项能够制作带有颜色的单色照片。"灰度层次"选项能够调整画面中中间色调的色彩饱和度。拖动"色度"滑块可以选择为图像着色的颜色;"饱和度"选项可以更改所着色颜色的鲜艳程度,向左拖动

滑块可以降低饱和度,向右拖动滑块可以增加颜色饱和度。如图8-163所示,从中可以看到画面中中间色调部分颜色发生了变化。

图 8-163

单击"重置"按钮将对话框中参数复位,然后调整"高光"选项组中的"色度"和"饱和度"选项,此时可以发现画面中高光位置的颜色发生了变化,图8-164所示。

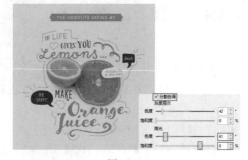

图 8-164

8.2.14　动手练:振动

"振动"命令能够智能地调整图像颜色的饱和度(此命令既可针对位图操作,也可针对矢量图形操作)。

选择位图,如图8-165所示。执行"效果"→"调整"→"振动"命令,如图8-166所示。

图 8-165　　　　图 8-166

中文版CorelDRAW 2022从入门到实战(全程视频版)(上册)

1. 调整画面的自然饱和度

"振动"选项能够自然地、智能地调整画面的饱和度。向左拖动"振动"滑块可以降低画面的色彩饱和度，当数值最小时画面仍然保留色彩，如图 8-167 所示；向右拖动"振动"滑块可以提高画面色彩的饱和度，当数值调整到最大时画面色彩也不会失真出现溢色的情况，如图 8-168 所示。

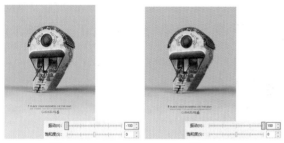

图 8-167   图 8-168

2. 饱和度

"饱和度"选项同样能够调整画面饱和度，其效果比"振动"要强。向左拖动"饱和度"滑块可以降低画面的色彩饱和度，当数值最小时画面中的色彩会消失，如图 8-169 所示；向右拖动"饱和度"滑块可以提高画面色彩的饱和度，当数值调整到最大时画面中的色彩可能会出现失真、溢色的情况，如图 8-170 所示。

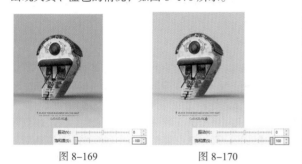

图 8-169   图 8-170

〔重点〕8.2.15 动手练：所选颜色

"所选颜色"命令主要用来调整位图中每种颜色的色彩及浓度，也可以在不影响其他主要颜色的情况下有选择地修改任何主要颜色中的颜色。

例如，要将画面中的青色更改为紫色，可选择图像，执行"效果"→"调整"→"所选颜色"命令，打开"所选颜色"对话框。在"色谱"选项组中选中"青"单选按钮，然后在"调整"选项组中调整所选色谱的颜色数量，向左拖动滑块可以减少颜色数量，向右拖动滑块可以增

加颜色数量。在这里将"青"设置为-100，"品红"设置为100，单击OK按钮，如图 8-171 所示。

图 8-171

- 调整：用来调整所选色谱的颜色数量。
- 调整百分比：选中"相对"单选按钮，可以根据颜色总量的百分比来修改青、品红、黄和黑的数量；选中"绝对"单选按钮，可以采用绝对值来调整颜色。
- 色谱：用来选择要调整的颜色。

8.2.16 动手练：替换颜色

"替换颜色"命令是针对图像中的某种颜色区域进行调整的，将选择的颜色替换为其他颜色。

（1）选择需要处理的图像，执行"效果"→"调整"→"替换颜色"命令，在弹出的"替换颜色"对话框中单击"对颜色进行取样"按钮，然后将光标移动到图像上，当光标变为时单击进行颜色的拾取，如图 8-172 所示。

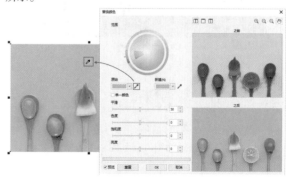

图 8-172

（2）单击"新建"下拉按钮，在弹出的下拉面板中选择一种颜色，如图 8-173 所示。此时画面效果如图 8-174 所示。

图 8-173　　　　　　　图 8-174

如果想要调整替换色彩的范围，可以拖动下方的"平滑"滑块或在"平滑"数值框中输入数值。图 8-175 所示为"平滑"是 0 和 100 的对比效果。

（a）平滑：0

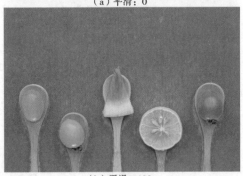

（b）平滑：100

图 8-175

【重点】8.2.17　取消饱和

"取消饱和"命令可以将彩色图像变为黑白图像。

（1）选择需要处理的图像，如图 8-176 所示。

（2）执行"效果"→"调整"→"取消饱和"命令，可以将位图对象的颜色转换为与其相对的灰度效果，如图 8-177 所示。

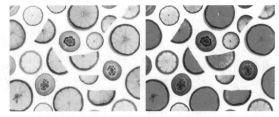

图 8-176　　　　　　　　图 8-177

8.2.18　练习案例：健身馆折页宣传册

扫一扫，看视频

文件路径	资源包\第8章\健身馆折页宣传册
难易指数	★★★★★
技术掌握	取消饱和度、"裁剪"工具

案例效果

案例效果如图 8-178 所示。

图 8-178

操作步骤

步骤 01　新建一个 A4 大小的横向空白文档。由于三折页的内容比较多，需要创建辅助线，如图 8-179 所示。创建辅助线时，可以先创建分割 3 个页面的辅助线，然后创建用于识别每个页面版心位置的辅助线。为了得到精确的辅助线，可以选中辅助线，在属性栏中设置辅助线所处的位置。

步骤 02　使用"矩形"工具，在绘图区左侧参照绘图区和辅助线的位置绘制一个矩形，如图 8-180 所示。

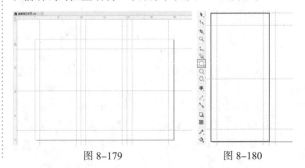

图 8-179　　　　　　　　图 8-180

步骤 03 继续绘制另外两个矩形，如图 8-181 所示。

步骤 04 为绘制的矩形填充颜色。选中左侧的两个矩形，将其填充为白色。然后在右侧矩形选中的状态下，使用"交互式填充"工具，在属性栏中单击"均匀填充"按钮，设置"填充色"为蓝色，如图 8-182 所示。

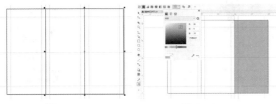

图 8-181　　　　　　　图 8-182

步骤 05 按住 Shift 键依次单击，加选 3 个矩形，然后按住 Shift 键垂直向下拖动鼠标，拖动到合适位置后右击进行复制。效果如图 8-183 所示。

步骤 06 在复制得到的 3 个矩形处于选中的状态下，单击属性栏中的"水平镜像"按钮 ，将其进行水平方向的翻转。效果如图 8-184 所示。

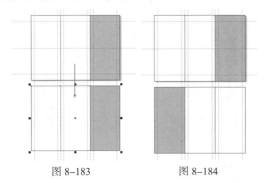

图 8-183　　　　　　　图 8-184

步骤 07 按住快捷键 Ctrl+A 全选 6 个矩形，然后去除轮廓线。效果如图 8-185 所示。

步骤 08 在下方 3 个页面上创建 3 条横向的辅助线。绘制一个作为整体背景的深灰色矩形，然后按快捷键 Ctrl+Page Down，将其移动至页面最后方。效果如图 8-186 所示。

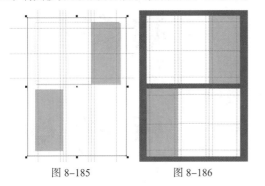

图 8-185　　　　　　　图 8-186

步骤 09 执行"文件"→"导入"命令，依次导入素材 1~素材 4，摆放在合适的位置。效果如图 8-187 所示。

步骤 10 将导入的素材进行去色处理。加选导入的素材，执行"效果"→"调整"→"取消饱和"命令，将素材全部变为灰度状态。效果如图 8-188 所示。

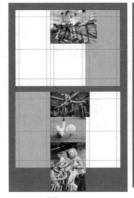 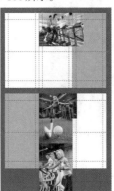

图 8-187　　　　　　　图 8-188

步骤 11 选择第一行中间的素材，单击"裁剪"工具按钮 ，参照辅助线的位置按住鼠标左键拖动绘制裁剪框，如图 8-189 所示。

图 8-189

步骤 12 拖动至合适位置时，按 Enter 键确认裁剪操作。效果如图 8-190 所示。

图 8-190

步骤 13 继续使用同样的方法对下方的图片进行裁剪。效果如图8-191所示。

步骤 14 继续导入素材5，同样将该图片处理为灰度图像。效果如图8-192所示。

图 8-191   图 8-192

步骤 15 使用"椭圆形"工具，按住Ctrl键在素材图片上绘制一个正圆。效果如图8-193所示。

步骤 16 选择素材图片，执行"对象"→PowerClip→"置于图文框内部"命令，当光标变成箭头形状时单击正圆，将图片置于图文框内部。效果如图8-194所示。

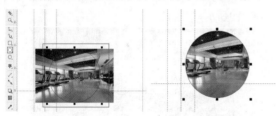

图 8-193   图 8-194

步骤 17 选择该图像，设置轮廓色为淡青色，"轮廓宽度"为2.5mm，如图8-195所示。

步骤 18 使用同样的方法处理另外两个图像。效果如图8-196所示。

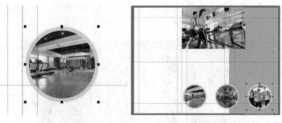

图 8-195   图 8-196

步骤 19 在文档中添加文字。使用"文本"工具，在画面中单击插入光标，然后输入文字。接着选中输入的文字，在属性栏中设置合适的字体、字体大小。效果如图8-197所示。

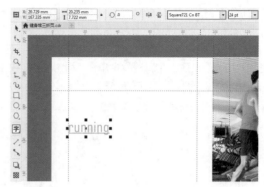

图 8-197

步骤 20 再次使用"文本"工具，在已有文字的下方按住鼠标左键拖动绘制一个文本框，在属性栏中设置合适的字体、字体大小，设置"文本对齐方式"为"全部调整"，然后输入文字。效果如图8-198所示。

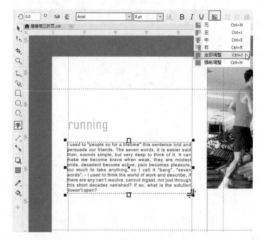

图 8-198

步骤 21 在已有文字的底部以及右侧添加合适的文字，同时设置合适的颜色。效果如图8-199所示。

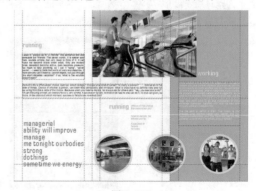

图 8-199

步骤22 对部分文字的颜色进行调整。在使用"文本"工具的状态下，将正圆上方的部分内容选中，将其填充为相同的灰色。效果如图8-200所示。

步骤23 使用"文本"工具在下方的矩形中添加文字，同时注意文字颜色的调整。执行"查看"→"辅助线"命令，隐藏辅助线。效果如图8-201所示。

图 8-200   图 8-201

步骤24 选中同一页面的所有内容，按快捷键Ctrl+G进行编组。使用"阴影"工具，在页面上按住鼠标左键向右拖动，得到阴影效果。在属性栏中设置"阴影颜色"为黑色，"阴影透明度"为50，"阴影羽化"为2。效果如图8-202所示。

图 8-202

步骤25 制作展示效果，使用"矩形"工具在空白区域再次绘制一个深灰色矩形。然后将制作好的带有阴影的三折页选中，复制到深灰色矩形上。效果如图8-203所示。

步骤26 使用同样的方法处理另一个页面，并摆放在此页面上方。至此，本案例制作完成，最终效果如图8-204所示。

图 8-203   图 8-204

8.2.19　通道混合器

（1）选择需要处理的图像，如图8-205所示。

（2）执行"效果"→"调整"→"通道混合器"命令，在弹出的"通道混合器"对话框中设置"色彩模型"及"输出通道"选项，然后拖动"输入通道"选项组中的颜色滑块，单击OK按钮结束操作，如图8-206所示。效果如图8-207所示。

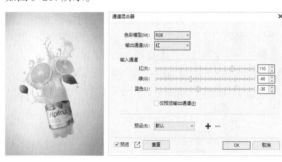

图 8-205   图 8-206

图 8-207

● 输出通道：在"平行出通道"下拉列表中可以选择一个通道，对图像的色调进行调整。

● 输入通道：用来设置源通道在输出通道中所占的百分比。向左拖动滑块，可以减小该通道在输出通道中所占的百分比，如图8-208所示；向右拖动滑块，可以增大该通道在输出通道中所占的百分比，如图8-209所示。

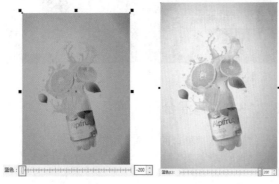

图 8-208　　　　　图 8-209

8.2.20　去交错

"去交错"命令主要用于处理使用扫描设备输入的位图，消除位图上的网点。选择需要处理的图像，执行"效果"→"变换"→"去交错"命令，在弹出的"去交错"对话框中设置"扫描线"和"替换方法"，然后单击OK按钮结束操作，如图8-210所示。

图 8-210

- 偶数行：选中该单选按钮，可以去除双线。
- 奇数行：选中该单选按钮，可以去除单线。
- 复制：选中该单选按钮，可以使用相邻行的像素填充扫描线。
- 插补：选中该单选选项，可以使用扫描线周围的平均像素填充扫描线。

8.2.21　反转颜色

选择矢量图形或位图对象，如图8-211所示。执行"效果"→"变换"→"反转颜色"命令，图像的颜色会发生反转，效果如图8-212所示。

图 8-211　　　　　图 8-212

提示：可逆的反转颜色

反转颜色操作是可逆的，但这种可逆性只针对矢量图形。再次执行该命令，即可将图形的颜色恢复到原始的效果。

8.2.22　极色化

"极色化"命令通过移除画面中色调相似的区域，得到色块化的效果（此命令既可以针对位图操作，也可以针对矢量图形操作）。

（1）选择矢量图形或位图，如图8-213所示。

图 8-213

（2）执行"效果"→"变换"→"极色化"命令，打开"极色化"对话框，如图8-214所示。

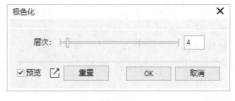

图 8-214

（3）拖动"层次"滑块，"层次"数值越小，画面中颜色的数量越少，色块化越明显，效果如图8-215所示；"层次"数值越大，画面中颜色的数量越多，效果如图8-216所示。

图 8-215　　　　　　图 8-216

8.2.23　阈值

"阈值"命令可以将图像的暗部变为黑色或将亮部变为白色，也可以制作由有黑、白、灰构成的图像（此命令既可以针对位图操作，又可以针对矢量图形操作）。

（1）选择需要处理的对象，如图8-217所示。

图 8-217

（2）执行"效果"→"变换"→"阈值"命令，打开"阈值"对话框，当选中"变黑"单选按钮时可以将画面暗部区域变为黑色，向右拖动"阈值"滑块，可以增加变黑的范围。此时画面效果如图8-218所示。

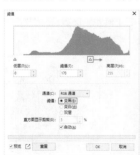

图 8-218

（3）选中"变白"单选按钮，画面中亮部区域会变为白色，向右拖动"低层次"滑块可以减少画面中的白色。此时画面效果如图8-219所示。

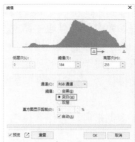

图 8-219

（4）当选中"双层"单选按钮时，图像中仅保留黑、白两色，如图8-220和图8-221所示。

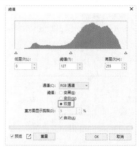

图 8-220　　　　　　图 8-221

8.3 特效

在"效果"菜单中包含了大量用于制作位图特效的命令组，每个命令组中包含多个效果命令。这些命令不仅常用于位图处理，也常用于矢量图处理，如图8-222所示。

图 8-222

重点 8.3.1　动手练：使用特效

虽然特效命令非常多，但其使用方法很简单。相关操作基本可以概括为"选择对象"→"执行特效命令"→"设置参数"这三

扫一扫，看视频

大步骤。虽然有些特效的名称比较晦涩难懂，其中的参数选项也各不相同，但是这些参数大多可以通过调整滑块或简单设置数值来直接在画面中观察效果。因此，在学习这些特效命令时，并不需要对每个参数的具体含义进行过多的研究，只要简单地操作尝试，得到合适的效果即可。

下面以某个基本特效命令为例来讲解怎样为位图添加特效。

（1）选择需要处理的图像，如图8-223所示。

（2）执行"效果"→"艺术笔触"→"炭笔画"命令，打开"木炭"对话框，如图8-224所示。

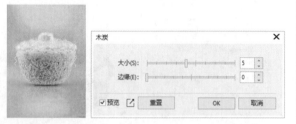

图 8-223　　　　　　　图 8-224

（3）在"木炭"对话框中，单击底部的 按钮，可以看到原图与效果图的对比画面，如图8-225所示。

（4）如果要调整参数，可以拖动滑块或者在数值框内输入数值。设置完成后单击OK按钮，完成对位图添加特效的操作，如图8-226所示。

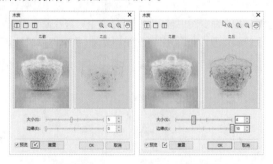

图 8-225　　　　　　　图 8-226

8.3.2　三维效果

"三维效果"命令组中包括"三维旋转""柱面""浮雕""卷页""挤远/挤近""球面"6种效果命令。

选择需要处理的图像，如图8-227所示。执行"效果"→"三维效果"命令，在弹出的子菜单中选择相应的命令，可以使位图图像呈现出三维变换效果，增强其空间感，如图8-228所示。

图 8-227　　　　　　　图 8-228

- 三维旋转：可以使平面图像在三维空间内旋转，产生一定的立体效果。执行"效果"→"三维效果"→"三维旋转"命令，打开"三维旋转"对话框。在"三维旋转"对话框中，"垂直"选项用来设置垂直方向的旋转角度，"水平"选项用来设置水平方向的旋转角度。在"垂直"和"水平"数值框中输入数值（取值范围为–75~75），然后单击OK按钮，如图8-229所示。此时效果如图8-230所示。

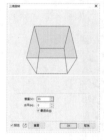

图 8-229　　　　　　　图 8-230

- 柱面：可以沿着圆柱体的表面贴上图像，创建出贴图的三维效果。执行"效果"→"三维效果"→"柱面"命令，打开"柱面"对话框。在"柱面模式"选项组中选中"水平"或"垂直的"单选按钮，可进行相应方向的延伸或挤压变形；然后设置"百分比"数值，调整变形的强度；最后单击OK按钮完成设置，如图8-231所示。效果如图8-232所示。

图 8-231　　　　　　　图 8-232

- 浮雕：可以通过勾画图像的轮廓和降低周围色值在平面图像上生成类似于浮雕的一种三维效果。执行"效果"→"三维效果"→"浮雕"命令，在弹出的"浮雕"对话框中设置相应的参数，然后单击OK按钮，如图8-233所示。效果如图8-234所示。

图 8-233　　　　　　　　图 8-234

- 卷页：可以把位图的任意一角像纸一样卷起来，呈现向内卷曲的效果。执行"效果"→"三维效果"→"卷页"命令，在弹出的"卷页"对话框中设置相应的参数，然后单击OK按钮，如图8-235所示。效果如图8-236所示。

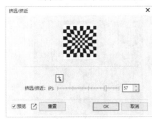

图 8-235　　　　　　　　图 8-236

- 挤远/挤近：用来覆盖图像的中心位置，使图像产生或远或近的距离感。执行"效果"→"三维效果"→"挤远/挤近"命令，打开"挤远/挤近"对话框。在"挤远/挤近"对话框中将滑块向右拖动或输入正数（图8-237），呈现被"挤远"的效果，如图8-238所示；将滑块向左拖动或输入负数，呈现被"挤近"的效果。单击 🖝 按钮，然后在位图上单击，即可以单击位置为"挤远/挤近"效果的中心点。

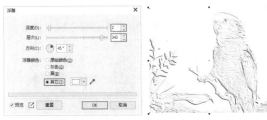

图 8-237　　　　　　　　图 8-238

- 球面：通过变形处理使图像产生包围在球体内外侧的视觉效果。执行"效果"→"三维效果"→"球面"命令，打开"球面"对话框。其中的"百分比"选项用来调整"球面"效果，向右拖动滑块或在

数值框中输入正数（图8-239），会得到凸出的球面化效果，如图8-240所示；向左拖动滑块或在数值框中输入负数，则会得到凹陷的球面化效果。

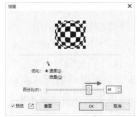

图 8-239　　　　　　　　图 8-240

- 锯齿型：模拟石子落入水中泛起涟漪的效果。执行"效果"→"三维效果"→"锯齿型"命令，打开"锯齿型"对话框，如图8-241所示。"类型"选项用来选择波纹的效果，"波浪"选项用来设置波纹的密度，"浓度"选项用来设置波纹凸起的强度，效果如图8-242所示。

图 8-241　　　　　　　　图 8-242

8.3.3　艺术笔触效果

艺术笔触效果可以把位图转化成类似用各种自然方法绘制出的图像，使其呈现出艺术画的风格。

选择需要处理的图像，如图8-243所示。执行"效果"→"艺术笔触"命令，可以看到图8-244所示的命令。从中选择某个命令，即可对当前对象应用该效果。

图 8-243　　　　　　　　图 8-244

- 炭笔画：可以制作出素描效果。选择一个位图，执行"效果"→"艺术笔触"→"炭笔画"命令，在弹出的"木炭"对话框中，拖动"大小"滑块可以设置画笔的粗细效果，拖动"边缘"滑块可以设置画笔的边缘强度，效果如图8-245所示。
- 彩色蜡笔画：可以使位图产生类似于粉笔画的效果。选择一个位图，执行"效果"→"艺术笔触"→"彩色蜡笔画"命令，在弹出的对话框中进行相应的设置，然后单击OK按钮，效果如图8-246所示。在默认情况下，产生的彩色蜡笔画效果是基于像素颜色进行变化的。如果想要得到单色的蜡笔画效果，可以在"彩色"选项中勾选所需颜色。

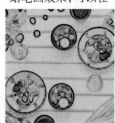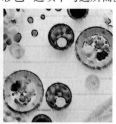

图 8-245　　　　　　图 8-246

- 蜡笔画：可以使图像产生蜡笔效果，如图8-247所示。其特点是图像基本颜色不变，颜色会分散在图像中。
- 立体派：将相同颜色的像素组成小颜色区域，创建一种立体派绘画风格。效果如图8-248所示。

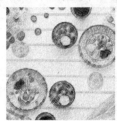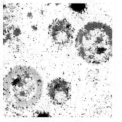

图 8-247　　　　　　图 8-248

- 浸印画：模拟使用海绵、冰块、棉花绘画的效果，如图8-249所示。

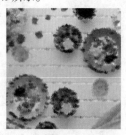

图 8-249

- 印象派：模拟油性颜料产生的效果，即将图像转

换为小块的纯色，从而创建印象派绘画风格，效果如图8-250所示。
- 调色刀：将位图的像素进行分配，使图像产生类似于使用调色板、刻刀绘制而成的效果。使用刻刀替换画笔可以使图像中相近的颜色相互融合，减少了细节，从而产生了写意效果，如图8-251所示。

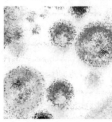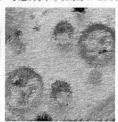

图 8-250　　　　　　图 8-251

- 彩色蜡笔画：用来创建彩色蜡笔图像，使其呈现出类似于蜡笔作品的效果，如图8-252所示。
- 钢笔画：可以使图像产生钢笔画的效果，钢笔效果通过单色线条的变化和由线条的轻重疏密构成画面的灰白调子。效果如图8-253所示。

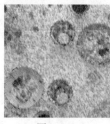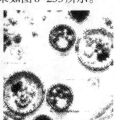

图 8-252　　　　　　图 8-253

- 点彩派：将位图中相邻的颜色融为一个个色素点，将这些色素点组合成形状，使图像看起来是由大量的色素点组成的。效果如图8-254所示。
- 木板画：可以使图像产生类似粗糙彩纸的效果，即彩色图像看起来是由几层彩纸构成的，底层包含彩色和白色，上层包含黑色。效果如图8-255所示。

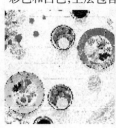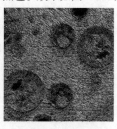

图 8-254　　　　　　图 8-255

- 素描：创建一种类似于铅笔素描作品的效果，即模拟石墨或彩色铅笔的素描效果。效果如图8-256所示。
- 水彩画：可以描绘出图像中景物的形状，同时对图像进行简化、混合、渗透，使其产生水彩画的效果，如图8-257所示。

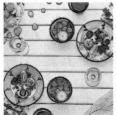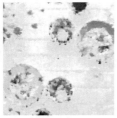

图 8-256　　　　　　图 8-257

- 水印画：可以使图像产生水彩斑点绘画的效果，如图8-258所示。
- 波纹纸画：可以使图像产生在素描纸上绘画的效果，如图8-259所示。选择一个位图，执行"效果"→"艺术笔触"→"波纹纸画"命令，打开"波纹纸画"对话框，勾选"颜色"复选框，可以基于位图原有颜色来创建效果；然后设置"笔刷压力"调节笔刷的粗糙程度。若勾选"黑白"复选框，可以创建灰色调的波纹纸画效果。

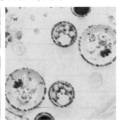

图 8-258　　　　　　图 8-259

【重点】8.3.4　模糊效果

"模糊"命令组中的命令可以使选中的位图产生虚化效果。

选择需要处理的图像，如图8-260所示。执行"效果"→"模糊"命令，在弹出的子菜单中可以看到多个模糊效果命令，如图8-261所示。不同的命令会产生不同的模糊效果，选择某个命令即可对当前对象应用该效果。

图 8-260　　　　　　图 8-261

- 调节模糊：可以选择"高斯式""平滑""定向平滑"和"柔化"四种模糊的方式。选择位图，执行"效果"→"模糊"→"调节模糊"命令，打开"调节模糊"对话框，先选择模糊的方式，"步骤"数值可用于控制模糊的强度，如图8-262所示。

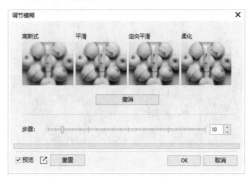

图 8-262

- 定向平滑：可以调和相同像素间的区别，使之产生平滑效果。选择位图，执行"效果"→"模糊"→"定向平滑"命令，打开"定向平滑"对话框，通过"百分比"选项调整平滑效果的强度，然后单击OK按钮完成操作，效果如图8-263所示。该效果比较微弱，可以放大图像观察。
- 羽化：用来对图像进行模糊。执行"效果"→"模糊"→"羽化"命令，打开"羽化"对话框，通过"宽度"选项调整模糊的强度。而且通过勾选"曲线""线性""高斯式"这3个不同的复选框，可以呈现出不同的羽化效果。设置完成后单击OK按钮完成操作。效果如图8-264所示。

图 8-263　　　　　　图 8-264

- 高斯式模糊：可以使位图产生朦胧的效果。选择位图，执行"效果"→"模糊"→"高斯式模糊"命令，打开"高斯式模糊"对话框，通过"半径"选项调整模糊的强度，然后单击OK按钮完成操作。

- 锯齿状模糊：用来校正图像，去除指定区域中的小斑点，产生一种柔和的模糊效果，如图8-266所示。

图 8-265　　　　　　　图 8-266

- 低通滤波器：可以调整图像中尖锐的边角和细节，使图像的模糊效果更加柔和。在此需要注意的是，该效果只针对图像中的某些元素。选择位图，执行"效果"→"模糊"→"低通滤波器"命令，打开"低通滤波器"对话框，通过"百分比"和"半径"选项设置像素半径区域内像素使用的模糊效果强度及模糊半径的大小，然后单击OK按钮完成操作。效果如图8-267所示。
- 动态模糊：可以产生位图在快速移动的模糊效果，如图8-268所示。动态模糊是将像素进行某一方向上的线性位移，来产生运动模糊效果。

图 8-267　　　　　　　图 8-268

- 放射式模糊：创建一种从中心位置向外辐射的模糊效果，中心位置的图像不变，离中心位置越远，模糊效果越强烈，效果如图8-269所示。
- 智能模糊：可以光滑表面，同时又保留鲜明的边缘，即有选择性地为画面中的部分像素区域创建模糊效果，如图8-270所示。

图 8-269　　　　　　　图 8-270

- 平滑：通常用于为图像润色，可消除位图中的锯齿，从而使位图变得更加平滑；此外，也可以用于去除JPEG图像中因过度压缩而产生的不良效果。效果如图8-271所示。该效果比较微弱，可以放大图像观察。
- 柔和：可以将颜色比较粗糙的位图进行柔化，使之产生轻微的模糊效果，但是不会影响位图的细节。效果如图8-272所示。该效果比较微弱，可以放大图像观察。

图 8-271　　　　　　　图 8-272

- 缩放：创建从中心点逐渐缩放出来的边缘效果，即图像中的像素从中心点向外模糊，离中心点越近，模糊效果越弱，如图8-273所示。

图 8-273

8.3.5 练习案例：设计产品信息卡片

文件路径	资源包\第8章\设计产品信息卡片
难易指数	★★★★★
技术掌握	高斯式模糊

案例效果

案例效果如图8-274所示。

图 8-274

操作步骤

步骤 01 执行"文件"→"新建"命令，在弹出的"创建新文档"对话框中设置文档"宽度"为250.0mm，"高度"为180.0mm，单击"横向"按钮□，设置完成后单击OK按钮，如图8-275所示。

步骤 02 制作背景。执行"文件"→"导入"命令，在弹出的"导入"对话框中单击选择要导入的背景素材"1.jpg"，然后单击"导入"按钮，如图8-276所示。

图 8-275   图 8-276

步骤 03 在工作区中按住鼠标左键拖动，控制导入对象的大小。释放鼠标，完成导入操作，如图8-277所示。

图 8-277

步骤 04 对素材进行模糊处理。选中素材，执行"效果"→"模糊"→"高斯式模糊"命令。在弹出的"高斯式模糊"对话框中设置"半径"为5.0像素，设置完成后单击OK按钮，如图8-278所示。效果如图8-279所示。为了便于操作，先将背景素材移出绘图区。

步骤 05 将背景素材不需要的部分隐藏。使用"矩形"工具，在绘图区绘制一个与绘图区等大的矩形，如图8-280所示。

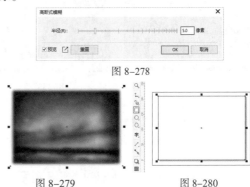

图 8-278

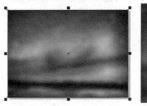 

图 8-279   图 8-280

步骤 06 选择背景素材，执行"对象"→PowerClip→"置于图文框内部"命令。当光标变成黑色粗箭头时，单击刚刚绘制的矩形即可实现位图的剪贴效果，去除轮廓线，如图8-281所示。

步骤 07 执行"文件"→"导入"命令，导入风景素材"2.jpg"，如图8-282所示。

图 8-281   图 8-282

步骤 08 在导入的风景素材下方绘制图形。使用"钢笔"工具，在风景素材下方绘制一个四边形，如图8-283所示。

步骤 09 在"调色板"中将四边形的轮廓色设置为"无"，填充色设置为粉色。效果如图8-284所示。

图 8-283   图 8-284

步骤 10 在绘制的四边形上添加文字。使用"文本"工具，在四边形上按住鼠标左键并从左上角向右下角拖动，创建文本框，如图 8-285 所示。

步骤 11 在属性栏中设置合适的字体、字体大小，设置完成后在文本框中输入合适的文字，同时设置字体颜色为白色。效果如图 8-286 所示。

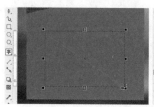 

图 8-285　　　　　　图 8-286

步骤 12 对输入的文字进行调整。使用"文本"工具在第一段文字后方单击插入光标，先按住鼠标左键向前拖动，使第一段文字被选中，然后在属性栏中更改字体、字体大小。效果如图 8-287 所示。

步骤 13 使用同样的方法为最后一段文字更改字体、字体大小。效果如图 8-288 所示。

图 8-287　　　　　　图 8-288

步骤 14 使用"矩形"工具，在四边形的右上角绘制一个矩形，如图 8-289 所示。

步骤 15 选择刚绘制的矩形，在属性栏中单击"圆角"按钮，单击"同时编辑所有角"按钮，将所有角的链接断开。然后设置"左上角半径"为 5.0mm，"左下角半径"为 5.0mm，如图 8-290 所示。

图 8-289　　　　　　图 8-290

步骤 16 在"调色板"中将矩形的轮廓色设置为"无"，设置填充色为紫色。效果如图 8-291 所示。

步骤 17 选择"文本"工具，在该圆角矩形上方单击，建立文字输入的起始点，在属性栏中设置合适的字体、字体大小，然后输入相应的文字。效果如图 8-292 所示。

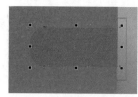 

图 8-291　　　　　　图 8-292

步骤 18 复制制作好的部分，将其移动到右侧，更改颜色、素材及文字，如图 8-293 所示。至此，产品信息卡片制作完成，最终效果如图 8-294 所示。

图 8-293　　　　　　图 8-294

8.3.6　相机效果

"相机"命令组中的命令能够模仿相机的原理，使图像产生某些摄影风格效果。

选择需要处理的图像，如图 8-295 所示。执行"效果"→"相机"命令，在弹出的子菜单中可以看到"着色""扩散""照片过滤器""镜头光晕""照明效果""棕褐色色调""焦点滤镜"和"延时"命令，如图 8-296 所示。从中选择某个命令，即可对当前对象应用该效果。

着色(C)...
扩散(D)...
照片过滤器(T)...
镜头光晕(F)...
照明效果(L)...
棕褐色色调(S)...
焦点滤镜(P)...
延时(T)...

图 8-295　　　　　　图 8-296

- 着色：主要通过调整"色度"与"饱和度"数值，使位图产生单色的色调效果，如图 8-297 所示。
- 扩散：将位图的像素向周围均匀扩散，从而使图像产生模糊、柔和、虚化效果，如图 8-298 所示。

中文版CorelDRAW 2022从入门到实战（全程视频版）（上册）

图 8-297 　　　　　　　　图 8-298

- 照片过滤器：可以在固有色的基础上改变色相，使色调变得更亮或更暗，从而达到控制图像色温效果，如图 8-299 所示。
- 镜头光晕：可以模拟摄影中经常出现的光斑效果，如图 8-300 所示。

图 8-299 　　　　　　　　图 8-300

- 照明效果：可以在二维平面中模拟出添加灯光照射的效果，如图 8-301 所示。
- 棕褐色色调：可以制作出单色旧照片效果，常用来制作老照片或怀旧复古效果，如图 8-302 所示。

图 8-301 　　　　　　　　图 8-302

- 焦点滤镜：可以在画面中设定焦点，使焦点以外的部分产生虚化的效果，如图 8-303 所示。
- 延时：可以使图像产生一种旧照片效果。选择一个位图，执行"效果"→"相机"→"延时"命令，在弹出的"延时"对话框中选择一种合适的效果，然后通过调整"强度"控制效果的强弱，如图 8-304 所示。

图 8-303 　　　　　　　　图 8-304

8.3.7　颜色转换效果

"颜色转换"命令组中的命令用于模拟胶片印染效果，使位图产生各种颜色的变化，给人以强烈的视觉冲击。

选择需要处理的图像，如图 8-305 所示。执行"效果"→"颜色转换"命令，在弹出的子菜单中可以看到"位平面""半色调""梦幻色调""曝光"4 个命令，如图 8-306 所示。从中选择某个命令，即可对当前对象应用该效果。

图 8-305 　　　　　　　　图 8-306

- 位平面：通过调节红、绿和蓝 3 种颜色的参数，使用纯色来表现位图色调。效果如图 8-307 所示。
- 半色调：可以使位图产生一种类似于彩色网格的效果。添加"半色调"效果后，图像将由不同色调且大小不一的圆点组成。效果如图 8-308 所示。

图 8-307 　　　　　　　　图 8-308

- 梦幻色调：可以将位图转换成明亮的电子图像，使其产生一种高对比的电子效果。应用该效果可以产生丰富的颜色变化，如图 8-309 所示。

● 曝光：可以使位图转换成照片底片，从而产生高对比效果，如图8-310所示。

图 8-309　　　　　　　图 8-310

8.3.8　轮廓图效果

"轮廓图"命令组中的命令主要用于检测和重新绘制图像的边缘，且只对轮廓和边缘产生效果，图像中剩余的部分将转换成中间色。

选择需要处理的图像，如图8-311所示。执行"效果"→"轮廓图"命令，如图8-312所示。从中选择某个命令，即可对当前对象应用该效果。

图 8-311　　　　　　　图 8-312

● 边缘检测：可以检测颜色差异的边缘，并将检测到的各个对象的边缘转换为曲线，得到边缘线的效果，如图8-313所示。

● 查找边缘：用于检测位图的边缘，自动将查找到的所选位图的边缘和轮廓高亮显示，将位图转换成柔和、纯色的线条效果，如图8-314所示。

图 8-313　　　　　　　图 8-314

● 描摹轮廓：可以将位图的填充色去除，从而得到位图的纯边缘轮廓痕迹效果，如图8-315所示。

● 局部平衡：可用于增大图像边缘附近的对比度，展现亮区和暗区的细节，如图8-316所示。

图 8-315　　　　　　　图 8-316

8.3.9　校正效果

"校正"命令组中只包含"尘埃与刮痕"命令。"尘埃与刮痕"命令用于消除超过设置的对比度阈值的像素之间的对比度。

选择需要处理的图像，如图8-317所示。执行"效果"→"校正"命令，在弹出的子菜单中可以看到"尘埃与刮痕"和"调整鲜明化"两种效果，如图8-318所示。

图 8-317　　　　　　　图 8-318

● 尘埃与刮痕：尘埃与刮痕命令用于消除超过设置的对比度阈值的像素之间的对比度，如图8-319所示。

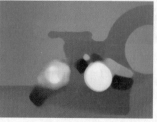

图 8-319

● 调整鲜明化：执行"效果"→"校正"→"调整鲜明化"命令，在对话框中可以选择不同的方式，进行参数的设置，如图8-320所示。

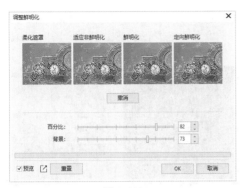

图 8-320

8.3.10　创造性效果

"创造性"命令组中的命令用于模仿工艺品和纺织品的表面，为位图添加不同的形状和纹理。

选择需要处理的图像，如图 8-321 所示。执行"效果"→"创造性"命令，在弹出的子菜单中可以看到 11 个命令，如图 8-322 所示。从中选择某个命令，即可对当前对象应用该效果。

| 图 8-321 | 图 8-322 |

- 艺术样式：利用"艺术样式"命令可以产生多种效果，如"平滑的丙烯酸""模糊""彩色蜡笔""赭色"等。图 8-323 所示为其中一种效果。
- 晶体化：可以使位图图像产生类似于晶体块状组合的画面效果，如图 8-324 所示。

| 图 8-323 | 图 8-324 |

- 织物：可以为对象和背景填充纹理，创建不同的编

织物底纹效果，如"刺绣""地毯勾织""彩格被子""珠帘""丝带""拼纸"等效果，如图 8-325 所示。
- 框架：可以使位图图像边缘产生绘画感的涂抹效果，如图 8-326 所示。

| 图 8-325 | 图 8-326 |

- 玻璃砖：可以为图像添加半透明的图案，使其产生透过玻璃看图像的效果，如图 8-327 所示。
- 马赛克：可以使位图图像产生类似于由马赛克拼接而成的画面效果，也可以通过调整数值与颜色，使图像产生不同的马赛克效果，如图 8-328 所示。

| 图 8-327 | 图 8-328 |

- 散开：可以将图像中的像素进行扩散、重新排列，从而产生特殊的效果，如图 8-329 所示。
- 茶色玻璃：可以在位图图像上添加一层颜色，看起来就像一层薄雾笼罩在玻璃上。选择图像，执行"效果"→"创造性"→"茶色玻璃"命令，在弹出的"茶色玻璃"对话框中可以通过设置"颜色"来调整玻璃的颜色，效果如图 8-330 所示。

| 图 8-329 | 图 8-330 |

- 彩色玻璃：可以产生透过彩色玻璃查看图像的效

果，如图 8-331 所示。在"彩色玻璃"对话框中可以调整玻璃片间焊接处的颜色和宽度。

- 虚光：可以在图像中添加一个虚化的"边框"，使图像边缘产生朦胧的效果，常用于模拟照片的暗角效果，如图 8-332 所示。

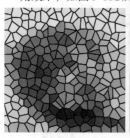 

图 8-331 　　　　　　　图 8-332

- 旋涡：可以按指定的角度旋转，使图像产生旋涡变形效果，如图 8-333 所示。选择图像，执行"效果"→"创造性"→"旋涡"命令，在弹出的"旋涡"对话框中，可根据需要选择样式笔刷效果、层次效果、粗体效果和细体效果。

图 8-333

8.3.11　自定义效果

"自定义"命令组中的"上调映射"命令，可以将带有深度变化的凹凸材质贴到图像上，经过光线渲染处理后，图像表面就会呈现凹凸不平的效果。

选择需要处理的图像，如图 8-334 所示。执行"效果"→"自定义"命令，可以看到图 8-335 所示的命令。

带通滤波器(P)...
上调映射(B)...
用户自定义(U)...

图 8-334 　　　　　　图 8-335

- 带通滤波器：可以提取出画面中具有强烈颜色变化的区域，在这部分边缘创建线条，如图 8-336 所示。

- 上调映射：可以将带有深度变化的凹凸材质贴到图像上，经过光线渲染处理后，图像表面就会呈现凹凸不平的效果，如图 8-337 所示。

图 8-336 　　　　　　　图 8-337

- 用户自定义：可以允许用户根据预定义的"卷积"数学运算来更改图像中每个像素的亮度值，以此自己定义效果，如图 8-338 所示。

图 8-338

8.3.12　扭曲效果

利用"扭曲"命令组中的命令，可以使位图发生几何变化，使画面产生特殊的变形效果。

选择需要处理的图像，如图 8-339 所示。执行"效果"→"扭曲"命令，在弹出的子菜单中可以看到 12 个命令，如图 8-340 所示。从中选择某个命令，即可对当前图像应用该效果。

图 8-339 　　　　　　图 8-340

- 块状：可以将位图分成若干小块，制作出类似于色块拼贴的效果，如图8-341所示。
- 置换：可以在原图和置换图之间评估像素的颜色值，根据置换图的值为原图增加反射点，以改变图像效果，如图8-342所示。

图 8-341　　　　　　　　图 8-342

- 网孔扭曲：可以使图像按照网格的形状扭曲，通过调整网格的扭曲形态即可调整图像的扭曲效果，如图8-343所示。
- 偏移：可以使图像产生画面对象的位置偏移效果，如图8-344所示。

图 8-343　　　　　　　　图 8-344

- 像素：可以使图像产生由正方形、矩形、射线组成的像素效果，如图8-345所示。
- 龟纹：可以对位图图像中的像素进行颜色混合，使图像产生畸变的波浪效果，如图8-346所示。

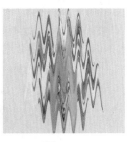

图 8-345　　　　　　　　图 8-346

- 切变：可以将图像按照设定好的"路径"进行左右移动，图像一侧被移出画面的部分会出现在画面的另外一侧，如图8-347所示。

- 旋涡：可以使图像产生顺时针或逆时针的旋涡变形效果，如图8-348所示。

图 8-347　　　　　　　　图 8-348

- 平铺：可以使图像产生由多个原图像平铺成的图像效果，如图8-349所示。选择一个图像，执行"效果"→"扭曲"→"平铺"命令，打开"拼贴"对话框，通过"水平平铺""垂直平铺""重叠"选项设置横向和纵向平铺的图片数量。
- 湿笔画：可以使图像产生类似于油漆未干时向下流淌的画面浸染效果，如图8-350所示。

图 8-349　　　　　　　　图 8-350

- 涡流：可以使图像产生无规则的条纹流动效果，如图8-351所示。
- 风吹效果：可以使图像产生类似于被风吹过的效果，可用于进行拉丝处理，如图8-352所示。选择一个图像，执行"效果"→"扭曲"→"风吹效果"命令，打开"风吹效果"对话框。其中，"浓度"和"不透明度"选项用来设置风的强度和风吹效果的不透明程度，"角度"选项用来设置风吹效果的方向。

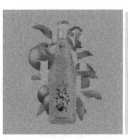

图 8-351　　　　　　　　图 8-352

8.3.13 杂点效果

"杂点"命令组中的命令用于在位图中模拟或消除由于扫描或颜色过渡所造成的颗粒效果。

选择需要处理的图像，如图8-353所示。执行"效果"→"杂点"命令，可以看到图8-354所示的命令。从中选择某个命令，即可对当前对象应用该效果。

图 8-353　　　　　　图 8-354

- 调整杂点：执行"效果"→"杂点"→"调整杂点"命令，在打开的"调整杂点"对话框中可以对杂点的类型进行选择，制作出多种效果叠加的效果，如图8-355所示。

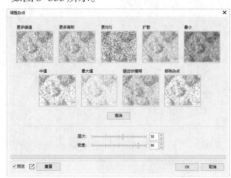

图 8-355

- 添加杂点：可以在位图图像中增加颗粒，使画面产生粗糙效果，常用于进行做旧处理。效果如图8-356所示。
- 三维立体杂点：可以制作出黑白的杂点效果，如图8-357所示。

图 8-356　　　　　　图 8-357

- 最大值：根据位图最大值暗色附近的像素颜色修改其颜色值，以匹配周围像素的平均值。效果如图8-358所示。
- 中值：通过平均图像中像素的颜色值来消除杂点和细节。效果如图8-359所示。

图 8-358　　　　　　图 8-359

- 最小：可以使图像中颜色浅的区域缩小，颜色深的区域扩大，产生深色的块状杂点，从而产生边缘模糊效果，如图8-360所示。
- 去除龟纹："龟纹"是指在扫描、拍摄、打样或印刷中产生的不正常的、不悦目的网纹。"去除龟纹"命令可以去除图像中的龟纹杂点，降低粗糙程度，但去除龟纹后的画面会变得模糊，如图8-361所示。该命令的效果不是很明显，可以尝试使用并观察效果。

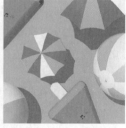

图 8-360　　　　　　图 8-361

- 去除杂点：可以去除图像中的灰尘和杂点，使图像变得更为柔和，但去除杂点后的画面也会变得模糊，如图8-362所示。该命令的效果不是很明显，可以尝试使用并观察效果。

图 8-362

中文版CorelDRAW 2022从入门到实战（全程视频版）（上册）

　　"鲜明化"命令组中的命令用于对位图进行锐化，其工作原理是改变位图图像中相邻像素的色度、亮度对比度，从而增强图像的颜色锐度，使颜色更加鲜明，细节更加清晰。

　　选择需要处理的图像(细节部分比较模糊)，执行"效果"→"鲜明化"命令，在弹出的子菜单中可以看到"适应非鲜明化""定向柔化""高通滤波器""鲜明化""非鲜明化遮罩"5个命令，如图8-363所示。从中选择某个命令，即可对当前对象应用该效果。该组命令的效果较为微弱，可以尝试操作来观察对比效果。

图 8-363

● 适应非鲜明化：可以增强图像中对象边缘的颜色锐度，使对象边缘的颜色更加鲜艳，提高图像的清晰度。效果如图8-364所示。
● 定向柔化：通过提高图像中相邻颜色的对比度，突出和强化边缘，从而使图像更加清晰。效果如图8-365所示。

图 8-364　　　　　　　　　图 8-365

● 高通滤波器：可以增强图像的颜色反差，准确地显示出图像的轮廓，产生的效果和浮雕效果相似。效果如图8-366所示。
● 鲜明化：通过提高图像中相邻像素的色度、亮度及对比度，使图像更加鲜明、清晰。效果如图8-367所示。

图 8-366　　　　　　　　　图 8-367

● 非鲜明化遮罩：可以增强图像边缘的细节，对模糊的区域进行锐化，从而使图像更加清晰。效果如图8-368所示。

图 8-368

8.3.15　底纹效果

　　"底纹"命令组中的命令用于为位图图像添加一些底纹效果，使其呈现一种特殊的质感。

　　选择需要处理的图像，如图8-369所示。然后执行"效果"→"底纹"命令，如图8-370所示。

图 8-369　　　　　　　　　图 8-370

下面将介绍部分命令的效果。
● 砖墙：可以为图像添加一种类似于砖石块拼接的

效果，如图8-371所示。
- 气泡：可以为图像添加气泡装饰效果，如图8-372所示。

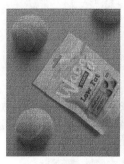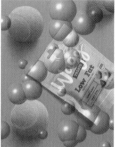

图 8-371　　　　　　图 8-372

- 画布：可以为图像添加类似于画布纹理的效果，如图8-373所示。
- 鹅卵石：可以为图像添加一种类似于砖石块拼接的效果，如图8-374所示。想要让图像拥有岩石一般的效果，可通过设置粗糙度、大小来实现。

图 8-373　　　　　　图 8-374

- 折皱：可以为图像添加一种类似于折皱纸张的效果，常用于制作皮革材质的物品。效果如图8-375所示。
- 蚀刻：可以使图像呈现出一种在金属板上雕刻的效果，可用于金币的制作。效果如图8-376所示。

图 8-375　　　　　　图 8-376

- 塑料：描摹图像的边缘细节，为图像添加液体塑料质感的效果，使其看起来更具有真实感。效果如图8-377所示。
- 石灰墙：可以使图像产生磨砂感，呈现类似于使用干画笔绘制的效果，如图8-378所示。

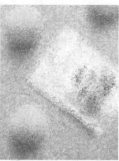

图 8-377　　　　　　图 8-378

- 浮雕：可以增强图像的凹凸立体效果，创造出浮雕的感觉。效果如图8-379所示。
- 石头：可以使图像产生磨砂感，呈现出类似于石头表面的效果，如图8-380所示。

图 8-379　　　　　　图 8-380

- 底色：可以为图像添加不规则的纹理，制作出手绘效果，如图8-381所示。

图 8-381

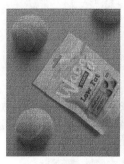 中文版CorelDRAW 2022从入门到实战（全程视频版）（上册）

8.3.16 练习案例：节日活动宣传广告

文件路径	资源包\第8章\节日活动宣传广告
难易指数	★★★★★
技术掌握	快速描摹、图像调整实验室

扫一扫，看视频

案例效果

案例效果如图8-382所示。

图 8-382

操作步骤

步骤 01 新建一个A4大小的竖向文档。接着执行"文件"→"导入"命令，将背景素材导入画面，使其充满整个绘图区。选择背景素材，执行"位图"→"快速描摹"命令，对图像进行描摹，如图8-383所示。

步骤 02 效果如图8-384所示。

图 8-383

图 8-384

步骤 03 单击工具箱中的"矩形"工具按钮，绘制一个与

画面等大的矩形，将其填充为青蓝色，如图8-385所示。

步骤 04 单击工具箱中的"透明度"工具按钮，设置矩形的"合并模式"为"乘"，如图8-386所示。

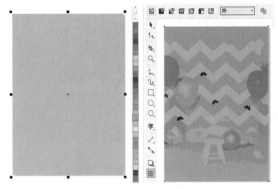

图 8-385   图 8-386

步骤 05 导入卡通素材，如图8-387所示。执行"效果"→"调整"→"图像调整实验室"命令，在弹出的"图像调整实验室"对话框中设置"亮度"为15，"对比度"为30，"阴影"为40，设置完成后单击OK按钮，如图8-388所示。效果如图8-389所示。

图 8-387   图 8-388

图 8-389

步骤 06 在画面中添加文字。使用"文本"工具，在画面右上角输入文字。选中文字，在属性栏中设置合适的

字体、字体大小，并设置文字的颜色为白色，如图8-390
所示。接下来输入另外的文字，如图8-391所示。

图 8-390　　　　　　　　图 8-391

步骤 07 使用"矩形"工具，在文字下方绘制矩形，设
置圆角半径为3.0mm，如图8-392所示。

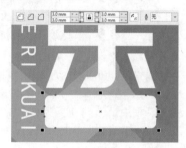

图 8-392

步骤 08 使用同样的方法在圆角矩形上输入文字，如
图8-393所示。

图 8-393

步骤 09 此时效果如图8-394所示。

图 8-394

步骤 10 将光效素材导入画面。至此，本案例制作完成，
效果如图8-395所示。

图 8-395